図解
基礎工・土工
用語辞典

編著：基礎工・土工用語辞典編集委員会

総合土木研究所

まえがき

　本書では，土木・建築における基礎工・土工に関係する用語を選択して解説した．基礎工として，上部工の荷重を地盤に伝える直接基礎・杭基礎・ケーソン基礎などの基礎構造物および基礎工事，また，土工として，地盤の掘削・運搬・締め固めなど土を動かす工事及び排水工・擁壁などの関連構造物の範囲を対象にした．基礎工・土工は，不確定性のある地盤を相手にしているので，建設工事のコスト・工期・品質の大きな変動要因になる．

　土木と建築では，共通の用語が多く使われているが，同じ意味であるにもかかわらず，異なる用語が使われている場合がある．また，同じ土木分野である道路，鉄道，港湾などでは，例えば鉄道分野で使われている用語が道路の分野で使われていないなど，各機関で独自の用語が定義されている場合がかなりある．このため，各分野における用語の定義・使われ方を踏まえて，用語の選択，解説を行う必要があった．

　各学会や各機関で発行している基準や技術図書から，基礎工・土工に関する用語を選択することに多くの労力・時間を費やしたため，用語のリストが一応完成して，解説の執筆を終えるまでに，既にかなりの年数が経過していた．

　各機関等によって基準が改定されたり，関連図書が新たに出版されたりして，用語の選定の見直しを行う必要も生じ，新規の用語や図表，写真の不足分の追加を行って，編集作業に追い込みをかけてからでも，さらに数年を要することになった．

　バブル崩壊後，日本経済の長期停滞が続いていた頃に本書の編集が始まったが，経済の好転の兆しが見られる時期に幸運にも発行することができた．

　本書の特徴は，ページの見開きで用語の解説と図表あるいは写真を対比させる構成としているため，用語の概念を理解するのに大いに役立つと考えている．

　用語の選択，解説の内容，図表，写真について適切であったかどうかは，編者として一抹の不安を感じているが，少しでも読者諸兄のお役にたてば幸いである．

　取りまとめにあたって，多くの方々にご協力を頂いたことに対して，謹んで感謝申し上げる次第である．

編集委員会一同

「図解　基礎工・土工用語辞典」編集委員会

委員長：岡原美知夫・(一社)鋼管杭・鋼矢板技術協会　代表理事
委　員：青木一二三・㈱レールウェイエンジニアリング　技術部長
　　　　加倉井正昭・パイルフォーラム㈱　代表取締役
　　　　菊池　喜昭・東京理科大学　理工学部　土木工学科　教授
　　　　原　　隆史・富山大学大学院　理工学研究部　教授
　　　　三嶋　信雄・川崎地質㈱　参与
　　　　松井　謙二・九建設計㈱九州支店　技師長

利用の手引き

1．本書は，土木や建築の技術者の利便を図って，基礎工，土工に関する用語を広く収録し，図・表・写真も加えて解説を加え，用語の英文訳を付けたものである．

2．用語解説は，左ページに五十音順に配列し，詳述した．それぞれについて理解しやすいように右ページにその図，写真等を配置した．

3．見出し語については，日本語の読みとともに英語の対訳を付けた．

4．解説文の下方に示した ⇒ の後に示した用語は，当該見出し語についてさらに理解を深めるために参照したほうがよい見出し語である．

5．付録には，ギリシャ文字，換算表を掲載した．

6．索引として，掲載してある用語を英語のアルファベット順に配置し，英・日の対訳を示した．
　　用語の右側にある数字は，その用語が収録されているページを表す．

7．本書の購入者はインターネット接続環境であれば，ホームページ（URL: https:// www.kisoko.co.jp/）より情報を設定することによりデジタル版が閲覧可能である．

[あ]

アースドリルこうほう（アースドリル工法） earth drill method
　場所打ちコンクリート杭の施工法の一つ．表層部にケーシングをセットし，ドリリングバケットのついたケリーバを回転させて掘削を行い，ドリリングバケット内にたまった土を地上に引き上げて排出する．孔壁の崩壊を防ぐために孔内に安定液を満たした状態で掘削を行う．掘削完了後スライム処理を行い，鉄筋かごを立て込んでトレミー管によりコンクリートを打設する．（図-1）

アーチカルバート arch culvert
　カルバートの一種で，上部の形状がアーチ形をした構造物．土かぶりが10m以上，内空幅が3～8m程度に用いられる剛性カルバートで，道路や鉄道などの下を横断する道路，水路などの空間を得るために，盛土内あるいは地盤内に設けられる．一般に，土かぶりが大きく，ボックスカルバートでは不経済になるような場合に用いられる．（図-2）

アールアイほう（RI法） RI method
　ボーリング孔などを用いて放射線（γ線（密度検層）および中性子線（水分検層））を土中に透過させて，ある離れた位置における放射能（散乱γ線および熱中性子）を測定することにより土の密度や含水量を求める手法．RIとはラジオアイソトープの略称である．（図-3）　⇨ラジオアイソトープ

アールオーモデル（ROモデル） Ramberg-Osgood model
　土の非線形モデルの一つであり，鋼材の応力～ひずみ関係を表すために開発されたものを地盤材料に適用したものである．4つのパラメーターが使われているが，独立なパラメーターは3つである．HDモデルよりもパラメーターが1つ多いので，より適用性が広いといえる．ただし，せん断ひずみが大きくなるとせん断力も無限となり，せん断強度の概念が欠落してしまう．（図-4）　⇨土の非線形モデル

アール．キュウ．ディ．（R.Q.D） rock quality designation
　岩盤良好度の指標．ボーリングコアにおいて岩盤の亀裂の多さを表示するための指標．RQD(%) = 100×（長さ100mm以上のコアの累計長さ÷ボーリング孔の長さ）で表され，以下の表のように区分される．（表-1）

アールシーくい（RC杭） precast reinforced concrete pile
　遠心力や振動締固めを応用して工場で作製した鉄筋コンクリート杭．一般的には円形断面であるが，三角形，四角形，六角形断面のものや，部分的に断面を大きくした節付杭もある．PC杭より安価であるが，運搬時や吊り上げ時，打撃時に杭体にひび割れが生ずる危険性があるなどの短所がある．

アールシーろばん（RC路盤） reinforced concrete track bed
　⇨コンクリート路盤

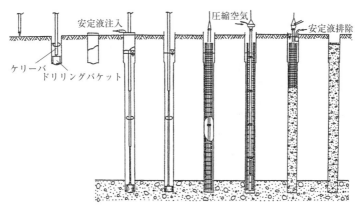

図-1　アースドリル工法

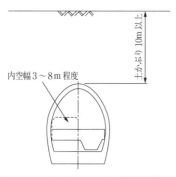

図-2　アーチカルバートの断面形状の例

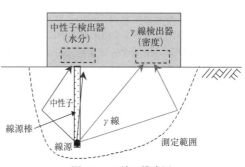

図-3　RI法の模式図

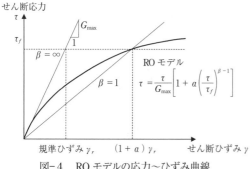

図-4　ROモデルの応力～ひずみ曲線

表-1　RQD区分

RQD	岩盤の性質
0～25%	非常に悪い
25～50%	悪い
50～75%	普通
75～90%	良好
90～100%	非常に良好

アイティしけん（IT 試験） pile integrity test
　⇨インテグリティ試験
アイランドこうほう（アイランド工法） island cut method
　　地下工事において，山留め壁が自立できるだけの法面を山留め壁近傍に残して中央部の掘削を行い，中央部の地下躯体を先行して施工した後，その地下躯体を反力にして切梁を架けながら，残りの法面の掘削を行い，外周部の地下躯体を構築する施工法．掘削面積が比較的大きく，掘削深度が浅い地下工事に適している．（図-1）
あさいきそ（浅い基礎） shallow foundation
　　基礎底面が地表面から浅い位置にある基礎で，基礎幅（B）と根入れ深さ（D_f）との比，D_f/B（根入れ幅比）がおおむね1/2以下の基礎．元来，テルツァーギの浅い基礎に対する支持力式が適用できるか否かを区分する意味で使われたが，現状では杭基礎などの対語として，また，直接基礎と同義で使われている．根入れ幅比が1/2より大きいものを深い基礎といい，支持機能の違いに着目した基礎構造の大きな分類である．（図-2）
　⇨直接基礎
アスファルトろばん（アスファルト路盤） asphalt roadbed
　　鉄道においてアスファルトコンクリート層と粒度調整砕石層などで構成される路盤．省力化軌道や有道床軌道に用いられ，列車荷重を支持し，かつ分散させて路床に伝える．ひび割れの発生が少なく路床の変形に対する追従性が高い点などの特徴を有する．（図-3）
あっきケーソン（圧気ケーソン） pneumatic caisson
　⇨ニューマチックケーソン
あっしゅくきれつ（圧縮亀裂） compression crack
　　圧縮応力により物体の表面または内部に生じる割れ目．地すべりの調査において，原因，機構の究明のため調査として，地すべり土塊の地表変位，土塊の伸縮，亀裂の生成および形態，地表傾斜の経時変化など，地すべり挙動の現地計測が行われる．特に地すべり末端部には圧縮亀裂が，また，地すべり頭部では移動方向に直角な引張亀裂が生じる．
あっしゅくしすう（圧縮指数） compression index
　　$e \sim \log p$ 曲線の正規圧密領域における傾き（対数1サイクル当たりの間隙比の変化）の絶対値．C_c と表す．C_c は圧密沈下量の予測に用いられるが，C_c は間隙比 e の変化に対して定義されるので，沈下ひずみに直接関係するパラメーターは $C_c/(1+e_0)$ となる．正規圧密粘土の場合，沈下量 S は $S = \{C_c/(1+e_0)\} \cdot H_0 \cdot \log\{(p_0+\Delta p)/p_0\}$ で表される．ここで，e_0：初期状態の圧密圧力 p_0 の下での間隙比，Δp：圧密圧力の増分，H_0：粘土層の初期厚さである．自然堆積粘土の乱さない試料に対して得られる $e \sim \log p$ 曲線では，正規圧密領域が下に凸な曲線となることが多いため，C_c を用いた沈下予測が安全側になる（沈下を過大に評価する）ように，圧密降伏応力直後の最も勾配が急な領域で C_c 求めて報告することが多い．（図-4）

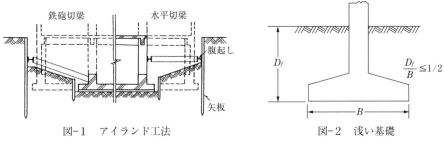

図-1 アイランド工法

図-2 浅い基礎

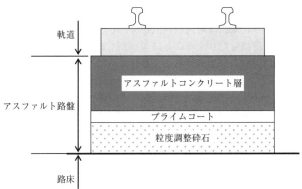

図-3 アスファルト路盤の構成

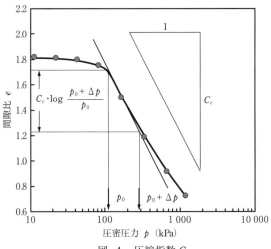

図-4 圧縮指数 C_c

あつにゅうケーソン（圧入ケーソン） jacked caisson
　オープンケーソンを沈下させる際の沈下荷重不足対策として，グラウンドアンカーを反力にして複数の油圧ジャッキで載荷することによって姿勢を制御しながら沈設する圧入併用のケーソン．（図-1）

あつにゅうこうほう（圧入工法） jacking method
　低騒音・低振動工法の一つで，既製杭，鋼矢板，ウェルなどを地中に埋め込んで設置する工法．押込み時の反力は，圧入機械の重量，すでに圧入した鋼矢板等の構造物やグラウンドアンカーなどにもたせる．

あつみつ（圧密） consolidation
　間隙水を排出しながら土が圧縮していく現象．一般に間隙水の排出には時間がかかることから，圧密という現象には時間の概念が導入されている．著しく不飽和な土では間隙空気が圧縮したり排出したりすることによって，また，礫質土や砂質土では高い透水性によって速やかに間隙水が排出されることによって，土の圧縮がきわめて短時間で起こることから，「圧密」という用語を用いずに，一般性のある「圧縮」という語を用いることが多い．圧密特性の把握は，圧密試験により調べられる．（図-2）⇨圧密試験

あつみつけいすう（圧密係数） coefficient of consolidation
　圧密が進行する速さを支配する土質定数のこと．体積圧縮係数 m_v と透水係数 k を用いて $c_v = k/(m_v \cdot \rho_w g)$ で定義される．ここで，ρ_w は間隙水の密度，g は重力加速度である．JIS A 1217 の段階載荷圧密試験では，c_v の求め方として $\sqrt{t}$ 法と曲線定規法が示されているが，実務では $\sqrt{t}$ 法が採用されることが多いようである．縦軸に沈下量の読み d の算術目盛，横軸に経過時間 t の平方根をとって圧密曲線（沈下～時間曲線）をプロットし，初期に表れる直線部分の横距を 1.15 倍して得られる直線と圧密曲線の交点に相当する時刻 t_{90} 求める．これは圧密度 90％に対応する時刻なので，$T_{v90} = 0.848$ を利用すると $c_v = H^2 T_{v90}/t_{90}$ により c_v を算出することができる．（図-3）

あつみつこうふくおうりょく（圧密降伏応力） consolidation yield stress
　粘土が弾性的な圧密挙動を示す過圧密領域から，塑性的な圧密挙動を示す正規圧密領域に移行する境界となる応力のこと．年代効果や 2 次圧密の影響を無視できるような場合には，過去に受けた最大圧密圧力が圧密降伏応力となる．先行圧密応力を受けた粘土は，過圧密状態になっており，土かぶり圧よりも大きな圧密降伏応力を示すことが知られている．一方，完新世の堆積粘土（いわゆる沖積粘土）や浚渫粘土による埋立地盤では，過去に受けた最大圧密応力が自重応力となっており，圧密降伏応力 p_c はこれに等しい場合が多い．しかし，堆積年代が古い更新世の堆積粘土（いわゆる洪積粘土）では，2 次圧密やセメンテーションなどの年代効果によって「構造」が発達しており，応力履歴的には正規圧密地盤であるにもかかわらず，先行圧密圧力に相当する自重圧力よりも大きな圧密降伏応力を示す．このような状態は疑似過圧密と呼ばれている．（図-4）

あつみつしけん（圧密試験） consolidation test
　土の圧縮性や透水性に代表される圧密特性を調べる試験．主に，$e \sim \log p$ 曲線，圧密

あつに〜あつみ

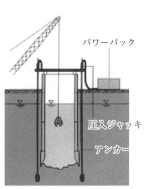

図-1 圧入ケーソン

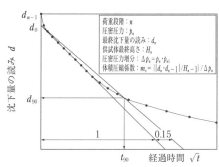

図-3 圧密係数

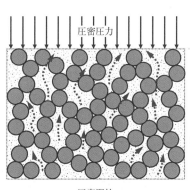

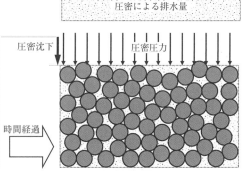

図-2 圧密

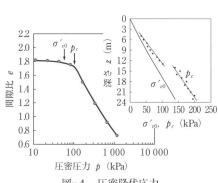

図-4 圧密降伏応力

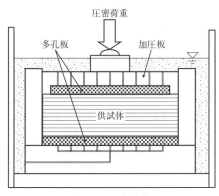

図-5 圧密試験

降伏応力 p_c, 圧縮指数 C_c, 膨張指数 C_s, 体積圧縮係数と圧密圧力の関係（$\log m_v \sim \log p$）, 圧密係数と圧密圧力の関係（$\log c_v \sim \log p$）, 透水係数と圧密圧力の関係（$\log k \sim \log p$）などの圧密特性を求める．圧密試験の方法は，「段階載荷圧密試験」（JIS A 1217）と「定ひずみ速度載荷圧密試験」（JIS A 1227）に大別される．段階載荷圧密試験では，荷重増分比 $\Delta p/p = 1$ として 24 時間ごとに載荷し，沈下量を計測する．標準的な供試体寸法は，直径 60mm，高さ 20mm である．（P.7：図-5）

あつみつちんか（圧密沈下） consolidation settlement

　軟弱地盤上に盛土や構造物を建設したとき，地盤からの排水によって時間とともにゆっくりと生じる沈下のこと．飽和粘土地盤上に築造された盛土や裏込めの端部などの偏心荷重が作用している部分では，非排水せん断変形に起因する沈下（せん断沈下あるいは即時沈下）と圧密に起因する沈下（圧密沈下）が区別されるが，盛土中央部など，ほぼ一様な荷重が幅広く作用しているとみなせる部分では，圧密沈下のみが生じる．粘土地盤の沈下予測には，サンプリングした乱さない試料に対して実施する圧密試験の結果が用いられる．（図-1）

あとぼうすい（後防水） water post-proofing
　⇨防水工

アナログ式電流計 analog ammeter
　掘削時にオーガが地中から受ける抵抗を電気的に計測する機器．

アバットメント abutment
　⇨橋台

アプローチブロック approach block
　盛土が橋台などの構造物と接続する箇所において，個々の沈下量の違いによる施工基面の段差や路床強度の違いにより発生する軌道狂いなどの現象を防ぐための台形状の緩衝区間．施工においては粒度調整砕石やセメント改良土などの良質な材料を用いて，十分に締め固める必要がある．（図-2）

アンカーしきどどめ（アンカー式土留め） anchored earth retaining structure
　山留め壁の背面側に設置したアンカー体によって支えられた土留め（山留め）．アンカー体の形式によって，安定した地盤に築造した定着体を反力として土留め壁を支えるグラウンドアンカー式土留め（地盤アンカー式山留め）と，安定した地盤に杭やコンクリート製ブロックなどの控えアンカーを設置して山留め壁頭部とタイロッドで結び土留め壁を支えるタイロッドアンカー式土留め（山留め），の2種類に大別される．（図-3）

アンカーほきょうどへき（アンカー補強土壁） anchored retaining wall
　多数アンカー工法等，補強材としてのアンカープレート付鉄筋とコンクリート製分割壁により構成された補強土壁．補強材の支圧抵抗による引抜き抵抗で土留め効果をもたらす工法である．（図-4）

アンカレイジ anchorage
　吊橋の両端に位置し，ケーブルを定着する下部構造．ケーブルの引張力に抵抗するた

あつみ～あんか

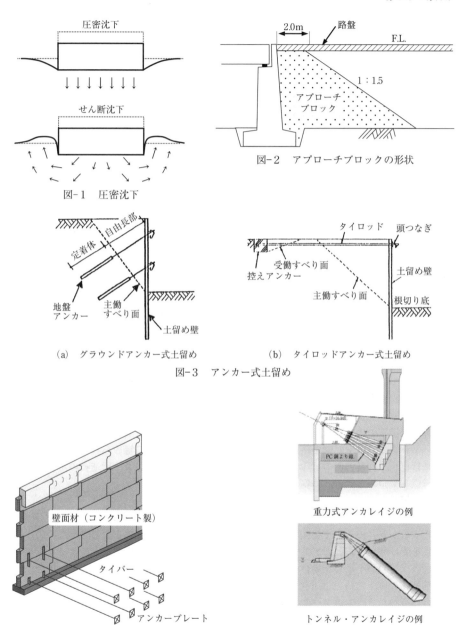

図-1　圧密沈下

図-2　アプローチブロックの形状

(a) グラウンドアンカー式土留め　　(b) タイロッドアンカー式土留め

図-3　アンカー式土留め

図-4　アンカー補強土壁の例

重力式アンカレイジの例

トンネル・アンカレイジの例

図-5　アンカレイジ

めの構造物で，ケーブル・アンカーフレーム，ケーブル定着装置，これらをコンクリート中に埋め込んだコンクリートブロックなどにより構成される．コンクリートの重量によって抵抗する通常の重力式アンカレイジと，トンネル内にケーブル・アンカーフレームを設置し，コンクリートで埋め込んだトンネル・アンカレイジがある．（P.9：図-5）

あんきょはいすい（暗渠排水） subsurface drainage; underdrainage; sub-drainage
　地中に埋設された排水施設（暗渠）による表面の残留水，地中の過剰水の排除．暗渠には，砂利，砕石，蛇かごなどを溝の中に詰めためくら暗渠と，有孔の土管，ビニル管やヒューム管などをそのまま埋設した通常の暗渠がある．農業の分野で多く用いられ，圃場の汎用性を増すための重要な施設であり，地下水位や地中水の制御にも利用できる．暗渠排水に対し，開水路（明渠）による，広域の地表水あるいは地下水の排水を明渠排水という．（図-1）

あんぜんけいすう（安全係数） safety factor
　構造物の設計に用いられる安全性を確保するための係数．限界状態設計法では，部分係数がこれに該当し，対象荷重の発生率，地盤パラメータ，評価式の再現性など，各要因の不確実性等を考慮して設定される．⇨安全率

あんぜんせい（安全性） safety
　① 現場における四大管理項目（品質，工程，原価，安全）の一つ．これらのうち，特に安全性は人命にかかわるものであるため，計画段階から安全性を考慮した入念な施工計画を策定することが重要である．
　② 構造物に要求される基本的な性能（安全性，修復性，使用性）の一つ．安全性の確保とは，例えば落橋を防止するといった「構造物の致命的な損傷を避けること」をいう．

あんぜんりつ（安全率） factor of safety, safety factor
　安全の程度を表す一つの尺度．許容応力度設計法では，構造材料の基準強度と許容応力度の比率が安全率．この安全率を材料安全率，または部材余裕と呼ぶ場合もある．また，安定計算の場合には，極限支持力と作用荷重との比率が安全率である．必要安全率は，これまで実績や経験を踏まえた試行錯誤により確定論的に定められたものも多いが，本来は荷重や材料強度のばらつき，設計・施工時の不確実性および構造物の重要性などを考慮して定められる．⇨安全係数

アンダーピニング under pinning
　既存の構造物の機能と構造を防護するために，その直下あるいは直近に新たな基礎を築造するか既存の基礎を補強して，構造物に有害な変位や沈下等を生じさせないように荷重を受け替えること．アンダーピニングは，地盤沈下や杭の腐食などによって既存の基礎の支持力が不足した場合，既存の基礎では増改築後の重量を支持できない場合，既存構造物の直下あるいは近接して構造物を構築する場合（近接施工），建物を移転する場合に行われる．アンダーピニングは，既存構造物を直接下受けする方法と間接防護する方法に大別される．（図-2）

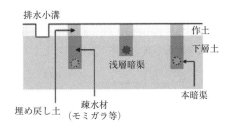

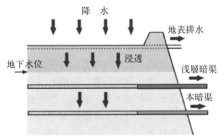

図-1　暗渠排水：浅層暗渠と本暗渠を併用する場合の例

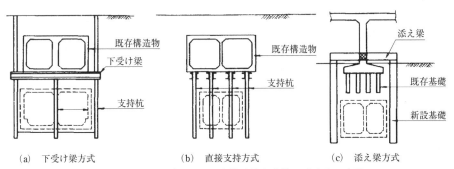

(a)　下受け梁方式　　　(b)　直接支持方式　　　(c)　添え梁方式

図-2　アンダーピニング既存構造物を直接下受けする方法

あんていえき（安定液） slurry
　場所打ち杭，地下連続壁等の施工において，掘削中の孔壁崩壊の防止，孔壁の安定化を目的として孔内に満たす比重の高い液体．水にベントナイトおよび分散剤を混合した泥水がよく用いられる．

あんていけいすう（安定係数） stability factor
　Terzaghi が提唱した斜面の安定計算に用いる無次元の係数で，次式で表される．
$$N_s = \gamma \cdot H_c/c$$
ここに，N_s：安定係数，γ：土の単位体積量，c：土の粘着力，H_c：斜面の臨界高さである．Taylor は，均一土の単純斜面に関して安定係数を斜面傾斜 β および土の摩擦角 ϕ の関係で表した．（図-1）

あんていしょり（安定処理） stabilization
　地盤や路床，路盤の性質を物理的・化学的な方法で安定性や耐久性などを改善することを目的に行われる処理．広義には，粒度調整，締固め，含水比調整，置換，凍結，補強などの物理的安定処理の方法と，セメント，石灰，瀝青材料など添加材による化学的安定処理の方法に大別される．また，処理する層の深さにより，表層安定処理，浅層安定処理，深層安定処理に区分される．

あんていレベル（安定レベル） stability level
　鉄道構造物等設計標準・同解説（耐震設計）で定義された基礎の安定度合いを示す指標で，安定レベルⅠ，Ⅱ，Ⅲに分類される．安定レベルⅠとは作用荷重が降伏支持力以下にあり基礎として無損傷，安定レベルⅡとは作用荷重が降伏支持力を超過し，場合によって基礎の補修が必要な損傷を有する場合，そして安定レベルⅢとは作用荷重が降伏支持力を超過し，補修が必要で，場合によっては補強や構造物の矯正が必要な場合をいう．⇨耐震性能

〔い〕

イーピーエスこうほう（EPS 工法） Expanded Poly-Stylor constructuion method
　発泡スチロール（EPS）の大型ブロックを一体化させながら積み重ねていくことによって盛土あるいは擁壁を構築する工法のこと．EPS は密度が通常の土砂の 100 分の 1 と軽量であること，EPS ブロックによる壁面は自立性があることなどが特徴であり，その結果，鉛直荷重の増加を抑え，壁面に作用する土圧も低減することができる．ブロックの重量が軽いため人力で施工可能であるところにも特徴がある．（図-2）

イーログピーきょくせん（e〜$\log p$ 曲線） e–$\log p$ curve
　圧密圧力の対数（$\log p$）と間隙比（e）の関係のこと．圧縮曲線とも呼ばれる．粘土の場合には圧密試験により得られる．正規圧密領域と過圧密領域はともに直線で近似され，対数 1 サイクル当たりの間隙比の変化量の絶対値をそれぞれ圧縮指数（C_c），膨張指数（C_s）と呼ぶ．圧密圧力を増加させ，過圧密領域から正規圧密領域に移行するとき，

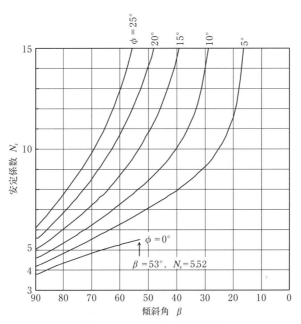

図-1　Taylor による安定係数

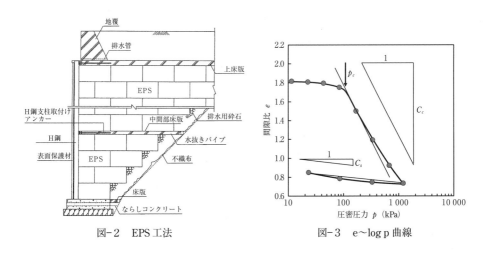

図-2　EPS 工法　　　　　　　図-3　e～log p 曲線

すなわち，土が降伏して沈下量が急激に増加するときの圧力を圧密降伏応力 (p_c) と呼ぶ．圧密沈下量は，$e \sim \log p$ 曲線を直接用いるか圧縮指数 C_c を用いて，圧密圧力の増加による間隙比の減少量 Δe を求め，$S = \{\Delta e/(1+e_0)\} \cdot H_0$ で計算される．ここで，e_0，H_0 は初期状態における間隙比と層厚である．（P.13：図-3）

いげたぐみようへき（井桁組擁壁） lattice wall

プレキャストコンクリートの部材を井桁状に組んで積み立て，その内部に割栗石などの中詰め材を充填する構造の擁壁．井桁組擁壁は，コンクリート部材と中詰め材の重量により土圧に抵抗する構造で，排水や通水性に優れており，フレキシブルで地盤の沈下や振動に順応できるため，特に山間部などで湧水や浸透水の多い箇所，地すべり地などで用いられる．（図-1）

いしゅきそ（異種基礎） composite foundation

1つの構造物に支持形式の異なる基礎を用いた基礎形式．直接基礎と杭基礎のような基礎形式が異なるもののほかに，基礎スラブの形式や支持層の異なる直接基礎，支持形式や施工法の異なる杭基礎，支持層の異なる杭基礎が該当する．異種基礎は部分ごとに異なる基礎となっているので，適用にあたっては，鉛直および水平支持特性と変形特性に対する的確な評価を行い，構造物の性能が確保されることの確認が必要である．（図-2）⇨併用基礎

いそうさ（位相差） phase difference

入力に対する応答の位相の遅れを位相差と呼ぶ．入力の周期に対して系の固有周期が短い場合は位相差は小さく，両者の周期が一致して共振すると90°ずれ，さらに系の固有周期が長くなると180°ずれる．

いちじくあっしゅくしけん（一軸圧縮試験） unconfined compression test

一軸圧縮試験は拘束圧がなくても自立する供試体の一軸圧縮強さを求める試験である．主に飽和した粘性土を対象とするが，締め固めた土やセメント混合土などにも適用できる．一軸圧縮試験は所定の大きさで成形された供試体に1%/min の圧縮ひずみを与えたとき，その最大圧縮応力，すなわち一軸圧縮強さ q_u を求めるものである．せん断試験中は非圧密非排水条件が保たれていることが必要である．また，一軸圧縮試験はボーリングやサンプリング，試料運搬，試料の押出しや成形によって乱れの影響を受けやすいので，それぞれの工程において細心の注意が必要である．

いちじくあっしゅくつよさ（一軸圧縮強さ） unconfined compressive strength

一軸圧縮試験から求められる最大圧縮応力．軟弱地盤のような飽和した粘性土の非排水せん断強さは $\phi_u = 0$ であることから，一軸圧縮強さの半分，すなわち $q_u/2$ とすることができる．試験が簡便であることから軟弱地盤では $q_u/2$ を非排水せん断強さとして設計値に採用していることが多い．また，破壊時のひずみや変形係数から，採取された試料の乱れの程度を知ることができる．砂分を含む試料では残留有効応力の減少によって，小さな $q_u/2$ となるので一軸圧縮試験の適用には注意が必要である．（図-3）

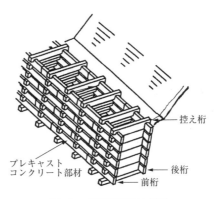

図-1　井桁組擁壁の構造

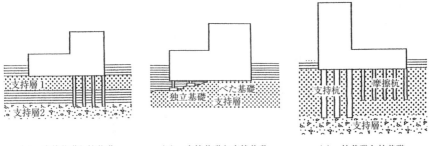

(a) 直接基礎と杭基礎　　(b) 直接基礎と直接基礎　　(c) 杭基礎と杭基礎

図-2　異種基礎の例

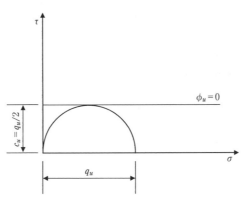

図-3　一軸圧縮試験のモールの応力円

いちじあつみつ（一次圧密）　primary consolidation
　　圧密は Terzaghi（テルツァーギ）の理論のように，圧縮されきって間げき水圧がゼロになれば終了するのではなくて，その後も引きつづき長時間のクリープ的な圧縮を示す．これを二次圧密と呼んで Terzaghi 形の圧密（一次圧密）と区別している．Terzaghi の一次元圧密理論は次のような仮定に基づいている．（図-1）⇨ダルシーの法則
　1）粘土は均質である．
　2）粘土は完全飽和である．
　3）粘土粒子も間げき水も非圧縮性である．
　4）粘土にかかる圧密荷重は圧密期間中を通じ，また全粘土層中どこを取っても一定値をとる．また粘土層の自重による応力は無視する．
　5）粘土の骨組構造の圧縮は荷重方向に一次元的に生じ横方向には生じない．
　6）粘土の間げき水の流れも圧縮方向と同じで一次元的にのみ生じる．
　7）間げき水の流れはダルシーの法則（浸透流速は透水係数と動水勾配の積で表される）に従う．
　8）有効圧密応力と粘土の圧縮ひずみ量とは直線関係にある．すなわち体積圧縮係数は圧密過程中一定値をとる．
　9）粘土の透水係数は圧密過程中変化しない．したがって圧密係数も一定である．
　10）圧密中の粘土の厚さの変化による影響は無視する．
　　⇨圧密

いちじげんはどうかいせき（一次元波動解析）　one dimensional wave propagation analysis
　　杭の衝撃載荷試験では，一般に，杭頭部にひずみ計および加速度計を取り付け，ハンマーによる杭打撃時に発生するひずみ波形および加速度波形を測定する．載荷継続時間が 0.01～0.02 秒程度と短く，杭体内を伝播する応力の波動現象を伴う試験であり，一次元波動理論に基づいて解析を行い，杭の鉛直支持力特性を評価する．一次元波動理論に基づいた解析法には，CASE 法と波形マッチング解析がある．（図-2，3）

いったいけいさんほう（一体計算法）　successive approximation method, calculation method for combined structures
　　地下連続壁を本体利用する場合の解析方法の一つで，施工時から完成まで順を追って設計を行う方法である．逐次計算法ともいう．施工時から完成後長期にわたる復水による荷重状態，あるいは施工過程における本体構造物などの死荷重と地盤反力との荷重のつり合い条件などを合理的に設計に反映することができ，より実態に近い解析方法であるが，計算が煩雑であり，設計時にあらかじめ施工手順を明らかにしておく必要がある．

いったいへきけいしき（一体壁形式）　composite wall type
　　⇨本体利用

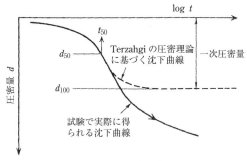

図-1　一次圧密

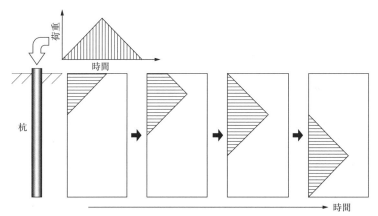

図-2　波動現象による応力波の伝播イメージ

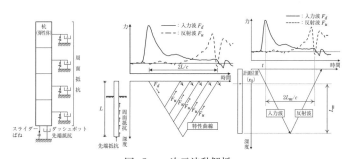

図-3　一次元波動解析

いづつ（井筒） caisson
　⇨オープンケーソン

いづつがたこうかんやいたきそ（井筒型鋼管矢板基礎） steel pipe sheet pile well-type foundation
　⇨脚付型鋼管矢板基礎

いつでい（逸泥） missing mud
　逸泥とは，掘削地盤の高い透水性あるいは伏流水などに起因して，安定液が急激に周辺地盤に浸出する現象を指していうが，この工法が安定液にベントナイトを主材とする，いわゆる泥水を使用して実用化されたために，逸水という用語も慣用的に用いられている．

いつでいぼうしざい（逸泥（逸液）防止材） prevention addives missing mud
　逸泥（逸液）防止剤とは，安定液を使用する地下連続壁工法（柱列式を含む）・場所打ち杭工法あるいはボーリングなどにおいて，逸泥（逸液）が予想される場合，または掘削中に逸泥（逸液）が発生した場合に，この現象を防止する目的で安定液に混合する添加物を総称していう．（表-1）

いぬばしり（犬走り） berm
　堤防の堤内地法面に設けられた小段のうち，堤脚部に設けられた水平な部分．法面の安定，法面の侵食や洗掘の原因となる流下水の流速の減少が図られる．また，法面の補修など維持管理の作業が容易にできるほか，小規模な法面の表層崩壊では，犬走りにより土砂の崩落を防ぐこともできる．（図-1）

いわのスレーキングしけん（岩のスレーキング試験） slaking test of rocks
　ぜい弱岩などの岩が，乾燥と湿潤の繰返しにより崩壊し細粒化する，岩のスレーキング性，耐久性を評価するための試験．旧日本道路公団では，岩のスレーキング率試験方法（JHS-110-2001）として基準化された．試験は，試料を炉乾燥，水浸，おのおの24時間を1サイクルとし，5サイクル乾湿繰返しを行った後，全乾燥土質量に対する9.5mmふるい通過乾燥土質量の割合を岩のスレーキング率として算出し評価する．

いわのはさいしけん（岩の破砕試験） crushing test of rocks
　ぜい弱岩などの岩が，粒子間の接触応力によって砕かれる，岩の破砕性を評価するための試験．旧日本道路公団では，岩の破砕率試験方法（JHS-109-2001）として基準化された．試験は，試料に所定の荷重を載荷して岩を破砕した後，全乾燥土質量に対する9.5mmふるい通過乾燥土質量の割合を岩の破砕率として算出し評価する．

インテグラルアバット integral abutment
　⇨橋台部ジョイントレス構造

インテグリティしけん（インテグリティ試験） pile integrity test
　低ひずみの弾性波を利用して杭の健全性を調査する試験で，杭に対する非破壊試験の一つ．杭頭にセンサーを設置したうえで軽打して弾性波を発生させ，その反射波を検出して杭の品質を評価する．杭先端からの反射波の到達時刻から杭長を推定する．また，杭に断面欠損やクラックなどの異常箇所があれば，そこからも反射波が発生することから，異常箇所を検出することができる（図-2）

表-1　逸泥（逸液）防止材

形　状	材　料　名	商　品　名
粉　状	パーライト 陶　土 フライアッシュ	な　し
粒　状 (鱗片状)	綿の実しぼりかす 蛭石（バーミキュライト） 雲　母 くるみの殻粉砕物	テルストップ(P),(G) テルシール テルマイカ テルプラグ
繊維状	パルプ（古紙破砕物） 無機鉱物繊維 クリソタイル系粘土 パルプ	マッドシール TN-ファイバー シークレー おがくず

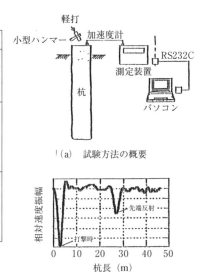

(a)　試験方法の概要

(b)　インテグリティ試験の測定波形例

図-2　インテグリティ試験

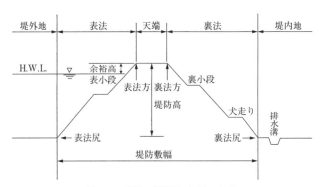

図-1　堤防の断面と各部の名称

〔う〕

ウイング wing wall
⇨翼壁

ウェル well
⇨オープンケーソン, ⇨ディープウェル, ウェルポイント, ピーシーウェル

ウェルポイントこうほう（ウェルポイント工法） well point method
　ウェルポイントと称する直径5～8cm, スクリーン長70cm程度の集水管を地下水面下に一定間隔で打ち込み, 減圧して地下水を吸引する地下水位低下工法の一種. ウェルポイントの設置間隔は, 2m以内とする場合が多く, 集水は, ウェルポイントからライザーパイプを通じて, ヘッダーパイプと呼ばれる集水管により行われる. 地下水位低下能力は, 5～6m程度である.（図-1）

うききそ（浮き基礎） floating foundation
　構造物の荷重により生ずる沈下量の低減を目的とした基礎工法. 構造物による沈下は, 構造物荷重による地中応力の増加により発生するので, 基礎の根入れによる排土荷重と構造物の荷重を一致させつり合わせることで地中応力の増加を無視できるものとし有害な沈下を防止する. 支持層が深い地盤条件や, 圧密沈下を伴う地盤条件で適用されることが多い.（図-2）

うきケーソン（浮きケーソン） floating caisson
⇨フローティングケーソン

うけばん（受盤） stratum of opposite dip
　斜面の傾斜方向と逆方向に傾斜する層理や節理などを有する岩盤または岩盤斜面. このような層理や節理は差し目と呼ばれており, すべりは生じにくいが, 受盤であっても岩盤斜面で不連続面が卓越する場合など, その方向によってはトップリング破壊を生じることもあり, 事前に十分な調査を行う必要がある. 流れ盤の対語.（図-3）

うちかべ（内壁） inner wall
　地下連続壁の本体利用において, 重ね壁形式や一体壁形式の場合に, 完成後の荷重に対して地下連続壁と共同で抵抗するために, 掘削してから地下連続壁の内側に構築する側壁をいう.

うちこみぐい（打込み杭） driven pile
　既製杭に衝撃力を加えることにより地盤中に打込み, 貫入させて設置する杭をいう. 施工速度が速く大きな支持力が得られるが, 施工に伴う騒音・振動が大きい. 衝撃力には, 杭頭部への打撃のほか, バイブロハンマーによる振動もある. 打撃用ハンマーにはディーゼルハンマーなどがあるが, 最近は低騒音の油圧ハンマーが多く用いられている.（図-4）

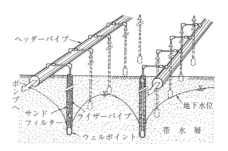

図-1　ウェルポイント工法

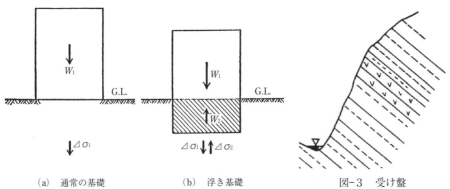

(a) 通常の基礎　　　(b) 浮き基礎

図-2　浮き基礎（フローティング基礎）の概念

図-3　受け盤

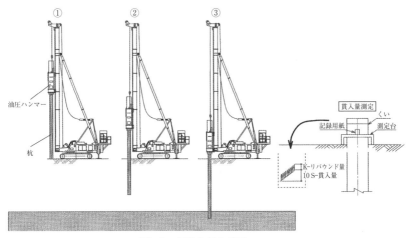

図-4　打込み杭の施工

うちどめ（打止め） end of drive
　打込み杭の施工において，支持力などを確認したうえで地盤中への打撃を完了することをいう．打止め時には，所定の根入れ長を確保しているかを確認するとともに，貫入量やリバウンド量などを測定して，杭打ち式による支持力の確認を行う．（図-1）⇨動的支持方式

うめこみぐい（埋込み杭） bored precast pile
　既製杭を掘削した地盤中に埋め込むことによって設置する杭をいう．施工法は地盤の掘削方法により，プレボーリング工法，中掘り工法，その他の工法に分類される．杭先端の支持力発現方法としては，最終打撃するもの，セメントミルクなどで先端を根固めするものなどがある．打込み杭より低騒音，低振動であるが，支持力が小さくなる．（図-2）
⇨プレボーリング工法，中掘り工法

うめもどし（埋戻し） filling
　地中に構造物を構築する際，掘削し，構造物を築造した後に掘削した土を用いて元の状態にまで埋めること．

うらうめ（裏埋め） backfilling
　岸壁，護岸背後の裏込めの上にさらに投入される土砂のこと．特に材質的な制限はないことが多いが，緩い砂や軟弱な粘土を投入した場合には，液状化対策や地盤改良を要することになる．（図-3）

うらごめ（裏込め） backfilling
　土留め構造物の直背後に投入する地盤材料のこと．裏込めは，土留め構造物に作用する土圧を低減することが目的であるので，せん断抵抗角（内部摩擦角）の大きなものが用いられる．近年では，さらに土圧低減効果を高めるために，固化させた地盤材料を用いることもある．（図-3）

うらごめざい（裏込め材） backfill material
　橋台，擁壁，護岸などの抗土圧構造物やカルバートなどの背面の裏込めに用いる材料．抗土圧構造物の裏込め材は，土圧の大きさに影響するものとして，その単位体積重量やせん断強度，水の影響が注目されてきた．道路や鉄道など仕上げ面の平坦性が重要視される構造物の裏込め材は，土圧低減のみならず沈下抑制も要求され，砂礫などの購入材，良質または改良した現地発生材を用いるほか，締固めなどの施工を考慮して選定される．

うわぐい（上杭） upper pile (upper pile unit)
　既製杭を用い2本以上の杭体を接合して杭基礎を施工する場合，杭頭部に配置される杭体．杭基礎では，構造物に作用する水平力や地震時の地盤の液状化により杭頭部および上部に作用する杭の発生応力が大きくなるため，杭上部で使用する杭体の仕様を下部と異なったものとして設計することが多い．この際の杭頭部と同じ仕様の杭体部分を指して上杭と称する場合もある．（図-4）

うわスラブ（上スラブ） top slab
　⇨頂版

うちど〜うわす

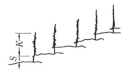

K：リバウンド量
S：貫入量

（a）打撃中にペンを静置

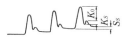

K_0：抗体のリバウンド量
S_s：地盤のリバウンド量
S：貫入量

（b）打撃中にペンを移動

図-1　打止め

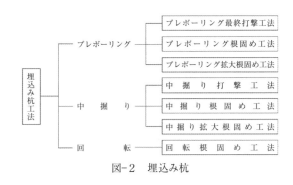

図-2　埋込み杭

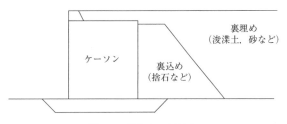

図-3　裏込め，裏埋め

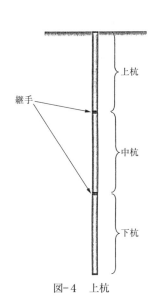

図-4　上杭

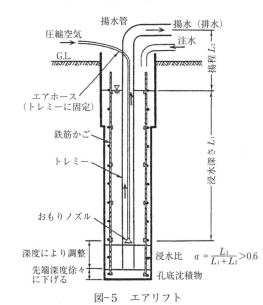

図-5　エアリフト

〔え〕

エアリフト　air lift
　場所打ちコンクリート杭のスライム処理方法の一つ．孔内に鉄筋かごを立て込んだ後でコンクリートを打設する直前に行う2次スライム処理として行われることが多い．コンクリートを打設するためのトレミー管の下部に取り付けたノズルから圧縮空気を噴出し，安定液と混合させて孔内のスライムを空気とともに浮上させて除去する．(P.23：図-5)

エアロック　air lock
　ニューマチックケーソン等において圧気工法を使用する場合，隔壁を設けて圧気側と大気側とを遮断して一定の圧気圧を保つようにしているが，両者間の出入りのために設置された2枚の開閉扉を持つ調圧室をいい，エアロックには，土砂の搬出，資材の搬入のためのマテリアルロック，作業員の出入りのためのマンロックなどがある．(図-1)

えいきゅうアンカー（永久アンカー）　permanent ground anchor
　永久構造物に対する転倒防止や浮上防止，また，恒久的な斜面の安定等の目的で用いられるグラウンドアンカー．長期にわたりその機能を果たす必要から，構造，使用材料，防食方法，維持管理に特別な配慮が必要となる．特に引張材に鋼材を用いる場合には，防食対策，防錆対策を確実に実施する必要がある．(図-2)

えいきゅうかじゅう（永久荷重）　permanent load
　構造物の供用期間中に持続して作用する荷重．固定荷重，死荷重，静荷重ともいい，代表的な永久荷重としては，桁などの自重や土圧などが挙げられる．また，プレストレス力，コンクリートのクリープ，乾燥収縮および支点移動などによって生じる荷重作用も含まれる．

えいびんひ（鋭敏比）　sensibility ratio
　一般に粘性土はねり返すことによって，土の骨格構造を破壊するため，せん断強さが低下する．ねり返しによるせん断強さの減少の程度を表わすもので，粘性土の乱さない状態における一軸圧縮強さと，含水比を変化させずに，ねり返した状態における一軸圧縮強さとの比をいう．

エーシーくい（AC杭）　autoclave curing precast pile
　特殊配合のコンクリートを蒸気養生した後，高温高圧のかまの中で2次養生を行って強度を高くした杭．高温高圧養生するためには，釜に入れて養生する必要があるため，設備が大掛かりとなる．またコンクリート混和剤を使用し，常圧蒸気養生により作製する方法もあり，現在はPHC杭に呼称が統一された．⇨ PHC杭

えきじょうか（液状化）　liquefaction
　緩い飽和砂がせん断などを受けた場合に発生し，砂粒子がばらばらになり間隙水に浮いた状態となったもの．飽和土がせん断を受けると，土粒子が間隙に落ち込もうとする

えあり〜えきじ

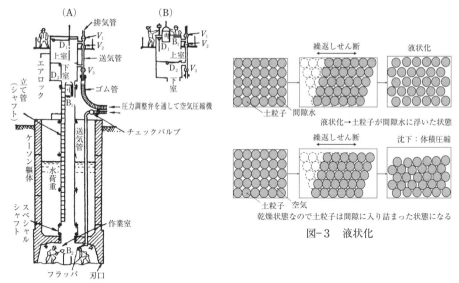

図-1 ニューマチックケーソンのエアロック

図-3 液状化

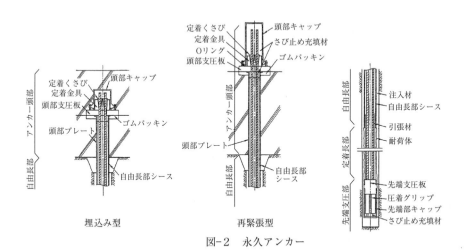

図-2 永久アンカー

が（負のダイレイタンシー，体積圧縮特性），間隙水は直ぐに排水されず間隙水が抵抗する．間隙水の抵抗は過剰間隙水圧となり，これが初期有効応力と同じ値となった場合に，土粒子間に働く有効応力がゼロとなり液状化状態となる．液状化状態の地盤では，地盤の飽和単位体積重量より重いものは沈み，軽いものは浮き上がる．（P.25：図-3）

えきじょうかじばん（液状化地盤） liquefied ground

　緩い砂地盤は地震による振動を受けると，過剰間隙水圧の上昇により地盤のせん断抵抗が減少し液状化が発生する．液状化の発生の可能性が高い地盤を液状化地盤という．液状化地盤では支持力の喪失や沈下が生じるだけでなく，水平抵抗が低減し地盤の水平変形も大きくなる．したがって，基礎の設計では液状化対策などを含めて十分な配慮が必要である．また，地中構造物などは液状化で地盤の浮力が大きくなるため，浮上がりの被害を受けることがある．

えきじょうかたいさく（液状化対策） countermeasures for liquefaction

　地盤の液状化に起因する構造物の被害を防止または軽減するために実施する対策で，液状化の発生そのものを防止する発生抑制対策と，被害を軽減する被害抑制対策に大別される．

　発生抑制対策には，地盤改良で液状化の発生を防止するか軽減する方法があり，被害抑制対策は，液状化を前提として構造物の設計を行うことや構造物の基礎を補強することにより構造物の部材損傷や変位を制限値以内に納める方法である．地盤改良による液状化対策には，締固めにより地盤の密度を増加させ液状化抵抗を高める密度増大工法，セメント等を混入して地盤を固結させる固化工法，液状化しにくい土質材料で置き換える置換工法，過剰間隙水圧の速やかな消散を図る間隙水圧消散工法，飽和度の低下と有効応力の増大を図る地下水位低下工法，地盤のせん断変形を抑制して液状化しにくくするせん断変形抑制工法などの対策工法に分類される．（図-1）

えきせいげんかい（液性限界） liquid limit

　土が液性状態から塑性状態に移行するときの境界の含水比．液性限界は土の液性限界・塑性限界試験（JIS A 1205）から求める．Atterberg（アッターベルグ）は土の水分量とその性質について提案した．これをアッターベルグ限界あるいはコンシステンシー限界という．液性限界は液性限界試験から得られた流動曲線から落下回数25回に相当する含水比として求められる．液性限界は塑性限界とともに土の分類や取扱いやすさを表す指標となっている．（図-2）

エスエルくい（SL杭） slip layer compound coated pile

　杭軸の周面摩擦力度を低減する対策をした杭の一つ．圧密などにより圧縮される地盤中に打設された杭には，ネガティブフリクションが作用し，杭体に過大な軸力が作用するおそれがある．この対策として用いられる．SL杭は杭の表面に数mmの厚さの特殊な歴青材料を塗布したものである．歴青材料の粘弾性特性によって杭の周面摩擦抵抗が低減するのでネガティブフリクションを低減させることができる．その結果，杭軸力の増加を抑えることができる．（図-3）

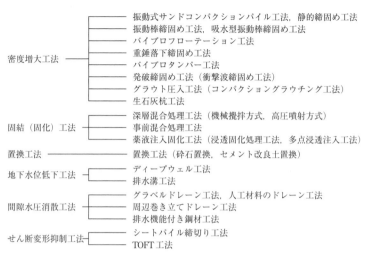

図-1　液状化対策工法の分類と主な工法

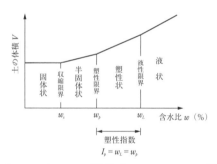

図-2　アッターベルグ限界（コンシステンシー限界）

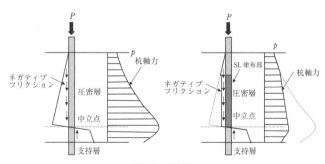

図-3　SL杭

エスジーエムけいりょうど（SGM 軽量土）　Super Geo-Material lightweight treated soil
　スラリー状にした浚渫土にセメントを添加し，さらに気泡や発泡ビーズを混ぜることによって，軽量化と固化を図った土質材料（SGM はスーパー・ジオ・マテリアルの略）．港湾工事では，水中に没する部分に浮力が作用することから，水よりもわずかに密度が大きくなるように配合を決めることが多い．SGM 軽量土は，浚渫粘土のリサイクル利用だけではなく，土圧の低減による耐震性の向上や，土かぶり圧低減による埋設構造物への負荷軽減を目的とした付加価値の高い工法として開発された．（図-1）

エスシーくい（SC 杭）　steel composite concrete pile
　鋼管を型枠代わりに，その内側にコンクリートを打設し，遠心力により作製した外殻鋼管付コンクリート杭．長所としては，PHC 杭や PRC 杭より曲げに対する耐力が高いこと，じん性が大きいことがあげられる．ただし，鋼管を使用するため，PHC 杭や PRC 杭より高価である．（写真-1）⇨既製コンクリート杭

エスティーくい（ST 杭）　step tapered pile
　遠心力を応用して作製したプレテンション方式によるプレストレストコンクリート拡径杭．長所としては，継杭で下杭に拡径杭を使用することで，先端支持力が大きく取れるため，杭先端まで同一径の杭より安価である．ただし，異形の杭のため，一般の同径杭より高価である．（写真-2）

エスはそくど（S 波速度）　secondary wave velocity
　弾性体内部を伝播する実体波には，粒子の振動方向が波動伝播方向に平行な P 波（縦波，疎密波，primary wave）と，粒子の振動方向が波動伝播方向と直交する S 波（横波，せん断波，secondary wave）とがあるが，このうち S 波の伝播速度のこと．S 波速度と弾性定数とは次式により関係づけられる．

$$V_S = \sqrt{G/\rho}$$

　ここに，V_s：S 波速度，G：せん断弾性係数，ρ：密度である．種々の地震波の中でも，S 波は地震による被害と最も密接な関係があると考えられており，地震災害の防止を目的とした地下構造探査では，S 波の増幅とかかわりの深い S 波速度の分布を把握することが最も重要であると考えられている．S 波速度を原位置で測定するには弾性波探査と呼ばれる種々の調査法があり，また試料採取による室内試験も行われている．また標準貫入試験の N 値から地盤の S 波速度を簡便に推定するための経験式も提案されている．

エッチかたこうくい（H 形鋼杭）　H-shaped steel pile
　杭材に H 形鋼を使用する杭．最初は打込み工法により施工された．近年，騒音・振動の問題により市街地での施工が困難になり，圧入工法や埋込み杭工法で施工し，H 形鋼を建て込む工法もある．また，山留め壁工法の芯材に利用し，さらに杭として利用する工法もある．（図-2）

エッチディーモデル（HD モデル）　Hardin-Drnevich model
　土の非線形モデルの一つであり，応力～ひずみ関係の骨格曲線を双曲線で与え，履歴

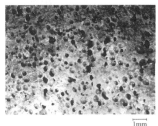
黒い穴が気泡（熊本大学提供）

図-1　SGM軽量土

写真-1　SC杭

写真-2　ST杭

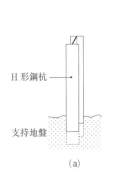
(a)

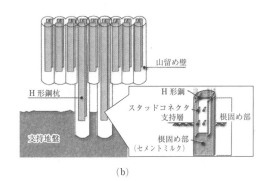
(b)

図-2　H形鋼杭

曲線を Masing 則（履歴曲線のモデル化に用いる履歴法則）を用いて表現したもの．パラメーターは土の初期せん断弾性係数 G_{max} と規準ひずみ γ_r の2つだけである．ひずみが無限に大きくなると，せん断応力はせん断強度に収束する．また，規準ひずみに相当するせん断弾性係数の値は初期せん断弾性係数のちょうど0.5倍になる．（図-1）⇨土の非線形モデル，Masing 則，修正 RO モデル

エヌち（N 値） N-value

標準貫入試験において，質量 63.5±0.5kg のドライブハンマーを 76±1cm の高さから自由落下させ，標準貫入試験用サンプラーを 30cm 地盤に打ち込むのに必要な打撃回数のこと．N 値から土層の構成，硬さの分布，支持層の深さなどの判定が可能であり，土のせん断抵抗角（内部摩擦角），杭の支持力あるいは地盤の液状化の可能性も推定できる．（図-2）

エフイーエム（FEM） finite element method

連続体を有限の要素の集合として近似して具体的な境界条件をいれて解を数値的に求める数値計算法の一つ．厳密解を求めることが困難な境界値問題を解くことができるので，地盤や構造物の挙動評価や予測に用いられる．（図-3）

エムブイほう（m_v 法） m_v method

土の圧縮性を表す係数である体積圧縮係数 m_v を用いて圧密沈下量を推定する方法のことをいう．非線形な土の変形を増分形式により線形弾性体として近似して m_v を定義していることからわかるように，m_v 法は荷重増分が小さな範囲でのみ適用できる．初期圧密圧力を p_0，圧密圧力増分を Δp としたときの沈下量 S は，両対数グラフ上に示された圧密圧力 p に対する体積圧縮係数 m_v の関係から，圧密圧力の相乗平均 $\sqrt{p_0 \cdot (p_0 + \Delta p)}$ に対応した m_v を読み取り，$S = m_v \cdot \Delta p \cdot H_0$ で求められる．ここで，H_0 は初期状態における層厚である．（図-4）

エルがたブロック（L型ブロック） L-shaped block

擁壁や岸壁に用いられる，L字型をした重力式の構造物．通常の重力式構造物では，中詰め材料などの構造物本体の重量により背後地盤を支えるが，L型ブロックでは，底辺上の裏込め材料の自重を壁体の重量に加えて安定性を検討することができる．従来は，小型の擁壁や岸壁において用いられていたが，鉄骨を用いたハイブリッド構造の採用により，大型のL型ブロックを用いた大水深岸壁の建設なども近年では可能となっている．地震等による変形時には隣接するブロック間の変形量の違い等により，裏込め材料が流失することがあるため，扶壁等による対策をしておくことが望ましい．（写真-1）

エルがたようへき（L型擁壁） L-shaped retaining wall

自重と底板上部の土砂重量により水平土圧に抵抗する．断面形状がL型の擁壁のことをいう．この擁壁は片持ち梁式の擁壁であり，片持ち梁式にはこのほかに，逆T型擁壁，逆L型擁壁がある．（図-5，図-6）

エルナプル（LNAPL） light non aqueous phase liquid

水よりも軽い非水溶性液体の総称．油類がそれに当たり，ガソリン，灯油，軽油，重油などである．これらの物質が工場などから漏れて地中に浸透することにより地盤や地

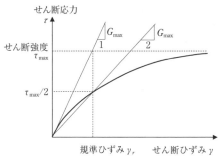

図-1　HDモデルの応力～ひずみ曲線

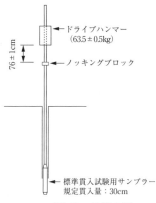

図-2　N値の図

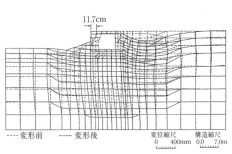

図-3　FEM

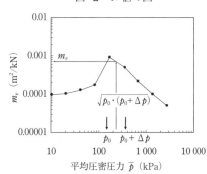

図-4　段階圧密試験結果からm_vを求める方法

写真-1　L型ブロック

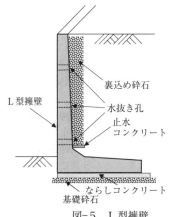

図-5　L型擁壁

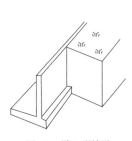

図-6　逆L型擁壁

下水を汚染することになる．これらの物質は水より軽いため，地下水面上面付近にたまり，地下水とともに拡散する性質がある．揮発性の高い成分や生分解性の高いものは比較的初期段階で濃度が減少する．油類そのものが有機化合物の混合体であるため，長い年月の間に揮発性成分だけ除去され，揮発しにくい成分が長期間残留することがある．

エレメント　element
⇨地中連続壁基礎

えんこすべりめん（円弧すべり面）　circle slip surface
　破壊のメカニズムを仮定して安定解析を行う際に，すべり線の形状が円弧であると仮定した場合のすべり面のこと．円弧すべり面を仮定した後，抵抗モーメントと滑動モーメントの比を安全率と定義して，これがある一定値以上になるように設計を行う．（図-1）

えんこすべり（円弧すべり）　circular arc slip
　破壊のメカニズムとして円弧すべり面を仮定すること，あるいは，破壊モードが円弧状になること．円弧すべりを基に安定解析することを円弧すべり解析と称し，抵抗モーメントと滑動モーメントの比で定義される安全率が最小となる円弧を探し，その安全率をもって安定性を評価する．複雑な地盤条件や境界条件に対応できるように，円弧すべりの対象となる土塊の鉛直スライス（分割片）を考え，分割片に作用する力から抵抗モーメントと滑動モーメントを求める．なお，分割片に作用する力の考え方によって解析法に名称があり，フェレニウス法，修正フェレニウス法，ビショップ法が広く知られている．（図-2）⇨修正フェレニウス法，ビショップ法

えんすいかんにゅうしけん（円錐貫入試験）　cone penetration test
　コーンを一定の早さで地盤に貫入させ，その貫入抵抗から地盤の強度を求める原位置試験をいう．標準貫入試験より深度方向の測定間隔が小さいので，比較的軟弱な地盤の調査に適している．貫入方法として静的な方法と動的な方法があり，粘性土や緩い砂には静的貫入，比較的締まった砂には動的貫入を採用することが多い．⇨サウンディング

えんたんきょり（縁端距離）　edge distance
　杭基礎の杭頭とフーチングの結合部において，最外周の杭中心からフーチング縁端までの距離．この距離が小さい場合には地震時の水平力等によりにフーチング側面のコンクリートが破損するおそれがあり，道路橋示方書ではその最小値を規定している．（図-3）

えんちょくきょくげんしじりょく（鉛直極限支持力）　ultimate bearing capacity
　地盤が支持することができる限界の鉛直荷重をいう．直接基礎の場合は下部の地盤の極限平衡状態になったときの抵抗からその支持力の大きさを求め，支持力式あるいは支持力公式と称している．その値を求めるときには，室内土質試験や標準貫入試験等から原地盤の地盤定数（粘着力 c とせん断抵抗角（内部摩擦角）ϕ）を推定して支持力式を使う．または原位置の平板載荷試験によって算定することもある．杭基礎の場合は一般に先端（極限）支持力と（極限）周面摩擦力の合算で求める．（図-4）⇨杭の鉛直支持力

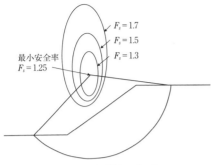

図-1 円弧すべり面

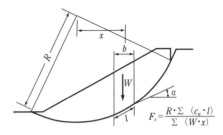

図-2 分割片による円弧すべり解析法

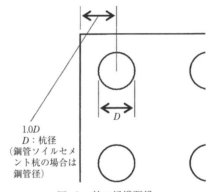

図-3 杭の縁端距離

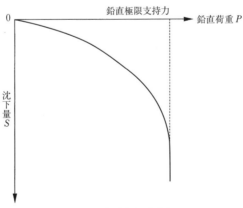

図-4 鉛直極限支持力

えんちょくじばんはんりょくけいすう（鉛直地盤反力係数） coefficient of vertical ground reaction

　基礎底面地盤における鉛直方向の地盤反力と変位量との関係を表す地盤反力係数．一般に，平板載荷試験，孔内水平載荷試験，地盤材料の三軸圧縮試験などから得られる変形係数や，標準貫入試験の N 値より推定した変形係数から推定される．鉛直地盤反力係数は k_v と表される．

えんちょくどあつ（鉛直土圧） vertical earth pressure

　鉛直方向の土の土かぶりによる圧力を鉛直土圧と呼び，土かぶり圧に対する比率を鉛直土圧係数と呼ぶ．一様・水平地盤の場合，土かぶり圧が鉛直土圧となるが，ボックスカルバートのように地中内に剛性の異なる構造物が埋設されている場合には，地盤中の変形によりアーチ作用（グラウンドアーチ）が発生し，鉛直土圧が土かぶり圧に一致しない場合があり，鉛直土圧係数が1以上となる．（図-1）

〔お〕

おうとうかいせき（応答解析） response analysis

　地震や風による振動が入力された際の地盤や構造物の挙動についての数値解析．一般に，同一の振動入力に対しても，地盤や構造物の振動特性に応じて地盤内（地表面も含む）や構造物に発生する最大加速度や最大速度は異なる．そこで，地盤や構造物の振動特性を考慮し，設計で検討すべき地点（地表面や構造物の各部）における振動を数値解析により求める必要がある．応答解析の手法にはFEMを利用したものなど種々の方法があるが，最も単純なものは1つの質点をばねで支えた1自由度系のモデルである．（図-2）

おうとうそせいりつ（応答塑性率） response plastic ratio

　荷重が作用したときに基礎あるいは部材に塑性変形が発生することを許容する設計を行う場合に用いる残留変位の程度を表す指標であり，応答変位量を降伏時の変位量で除したもの．道路橋示方書では，許容できる応答塑性率の限界値は，橋脚基礎に生じる損傷が橋としての機能の回復が容易に行い得る程度にとどまるように定めるものとされており，例えば直杭による杭基礎の場合，その目安値は4とされている．（図-3）

おうとうち（応答値） response

　作用に伴う結果．梁に静的荷重を作用させた結果生じる挙動は静的応答といい，このときの変位や断面力は静的応答値という．同様に地震などの動的荷重が作用した場合の構造物の挙動は動的応答であり，この際の構造物の変位や断面力の時刻歴は動的応答値という．

おうとうばいりつ（応答倍率） response magnification factor

　構造物等の動的応答の最大値と入力地震動の比．地震動の周波数特性，構造物の周期や減衰定数により異なった値を示す．狭い周波数帯域の地震が入力する共振的な応答時は，10倍近い値になることもある．

えんち～おうと

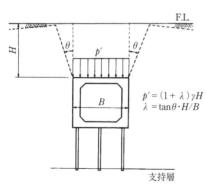

図-1 カルバートの鉛直土圧の例

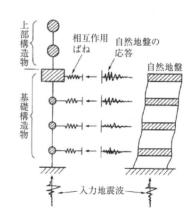

図-2 応答解析に用いる地盤構造相互作用系モデルの例（多自由度系モデル）

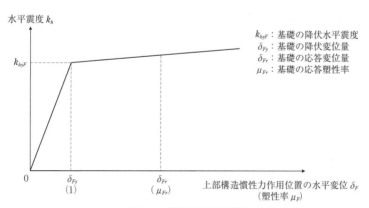

図-3 基礎の応答塑性率

おうと〜おーる

おうとうへんいほう（応答変位法） seismic deformation method
　　地震時における周辺地盤の変位や周面せん断応力などを地震時外力として与え，地中構造物や杭基礎などの変形および断面力を算定する手法．一般に，地中構造物の耐震設計に応答変位法が用いられている．また，過去の震害事例でも軟弱地盤において杭に破壊や残留変位などの被害が多く見られたため，上部構造の慣性力により生じる杭体断面力に加え，地盤変位を考慮して設計するようになっている．（図-1）

おうりょくぶんさん（応力分散） stress distribution
　　地表面の有限な範囲に載荷すると，地中の鉛直応力は深さに応じてより広い範囲に分散することをいう．等分布荷重に対する深さに応じた鉛直地中応力は，一般にブーシネスク（Boussinesq）などの弾性応力解や直線的な分散を仮定した簡便法により推定されている．

オーガ　auger
　　サンプリングや穴の掘削などを目的としたボーリングに用いるきりもみ式の器具．種々の形状をしたものがあり，地盤の種類に適合したものが用いられる．ロッドの先端に取り付け，回転させながら地盤中に圧入して掘進し，掘削した土を採取する．オーガに回転と圧入を与える方法により，ハンドオーガとマシンオーガに分類される．前者は，軟らかい地盤で，地表面から深さ5m程度までの浅い場合に，後者は，固い地盤とか深い地盤の掘削に使われる．（写真-1）

おおがたさんじくあっしゅくしけん（大型三軸圧縮試験） large-scale triaxial compression test
　　三軸圧縮試験の一種で大型の供試体を用いた試験．粘土，砂に対して行われる通常の三軸圧縮試験での供試体は直径3〜5cm，高さ8〜12cm程度であるが，砂礫などに対しては試料の粒径が大きくなるために供試体を大きくする必要があり，供試体を直径30cm，高さ60cm以上とした大型三軸圧縮試験が行われる．

オープンカットこうほう（オープンカット工法） open cut method
　　根切り面が露出した状態で，地盤を地表面から順次掘り下げる根切り工法の総称．オープンカット工法には，根切り範囲の全面を一気に根切りしていく総掘り工法と，根切り範囲で部分的に根切りを進める部分掘削工法がある．総掘り工法には，地山自立掘削工法，法付けオープンカット工法，山留め壁オープンカット工法がある．部分掘削工法には，アイランド（カット）工法，トレンチカット工法がある．（図-2）

オープンケーソン　open caisson
　　筒状構造体の中空部において，機械により底面下の土砂を掘削して所定の支持層まで沈下させる方式のケーソン基礎をいい，井筒またはウェルともいう．先端に刃口を取り付けた筒状の鉄筋コンクリート躯体の底面において，クラムシェルやグラブバケットを用いて水中掘削を行い，土砂を排出することによって沈下させ，躯体の構築と沈下を繰り返して所定の支持層に到達させてから底スラブを水中コンクリートで打設した後，頂版を構築する．（図-3，4）

オールケーシングこうほう（オールケーシング工法） overall casing method
　　場所打ちコンクリート杭の施工法の一つ．掘削孔全長をケーシングで孔壁保護するの

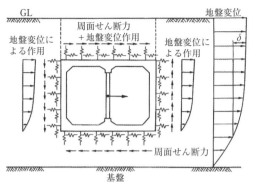

図-1　地中構造物の応答変位法の概念図

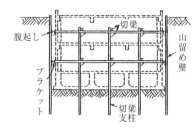

(a) 総掘り工法の例

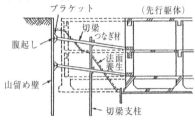

(b) 部分掘削工法の例

図-2　オープンカット工法

写真-1　マシンオーガ

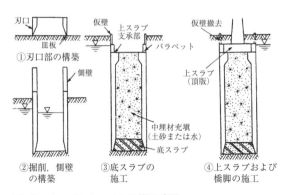

図-3　オープンケーソンの施工手順

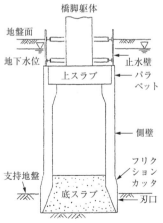

図-4　オープンケーソン基礎の標準的な構造と部材名称

が特徴である．ケーシングチューブを揺動または回転により圧入し，ハンマーグラブによりケーシング内部を掘削する．ケーシングチューブはコンクリートの打設に伴い引き抜く．わが国ではベノト社が開発した揺動方式のベノト工法が最初に導入されたことから，ベノト工法と称していた．（図-1）

おさえもりど（押え盛土） counterweight fill, loading berm
　軟弱地盤上の盛土の基礎地盤のすべり破壊に対して，所要の安全率が得られない場合に，その安全率を高めるため，または，地すべりのすべり土塊の滑動に対して，その滑動に対抗するため，抵抗力や抵抗モーメントを増加させることを目的に，盛土の法尻，または，すべり土塊の末端部に行う盛土．（図-2）

おさえもりどこうほう（押え盛土工法） counterweight fill method, loading berm method
　軟弱地盤上の盛土のすべり破壊の防止，地すべり土塊の滑動防止のために，盛土の法尻，すべり土塊の末端部に盛土して，盛土，斜面の安定を図る工法．軟弱地盤対策工のうち，荷重を制御する工法の一つとして，また，地すべり対策工のうち，地表水，地下水排除工，地すべり頭部の土塊を排除する排土工など，地すべり地形，地下水の状態などの自然条件を変化させることにより，地すべり滑動力を減少させる抑制工の一つとして用いられる．

おびこうほきょうどへき（帯鋼補強土壁） reinforced soil retaining wall with stirip
　テールアルメ工法等の鋼製の帯状補強材とコンクリート製等の分割壁による補強土壁．帯状補強材の摩擦抵抗による引き抜き抵抗力で土留め効果を発揮させる工法である．代表的な工法であるテールアルメは，フランスのヴィダル（H. Vidal）によって，1963年に開発されたものであり，鋼製の帯状補強材（ストリップ）とコンクリートや鋼製の分割壁（スキン）により構成されている．（図-3）

おびてっきん（帯鉄筋） tie hoop
　軸方向鉄筋の座屈防止，圧縮応力による柱などの横方向への拡大防止を目的として，軸方向鉄筋を取り囲むように配置した鉄筋．同様の目的で用いられる鉄筋としてらせん鉄筋があり，帯鉄筋は主に矩形柱に，らせん鉄筋は円形柱に用いられる．（図-4）

おぼれだに（溺れ谷） drowned valley
　第四紀の氷河時代の低海水準期に形成された谷が，後氷期の海面上昇や地盤の沈降により海中に沈んだ代表的な海岸地形．谷奥では堆積土砂により埋められ，軟弱地盤を形成していることが多い．この他の海岸地形としては，氷河時代の間氷期などの高海水準期に形成された海岸段丘，海岸平野に運ばれた漂砂がつくる砂państ，風により運ばれた砂が小丘をつくる砂丘，河川の上流から運ばれた堆積物が海や湖の河口部につくる三角州などがある．（図-5）

おやぐい（親杭） soldier beam
　親杭横矢板工法に用いる土圧を負担するレールあるいはH形鋼などにより，一定の間隔で地中に打ち込まれた杭．親杭の施工方法は，打込み工法とオーガなどで削孔した孔に挿入する工法の2種類がある．打込み工法は騒音・振動が発生するため都市部で用い

おさえ～おやぐ

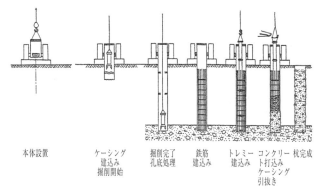

図-1　オールケーシング工法

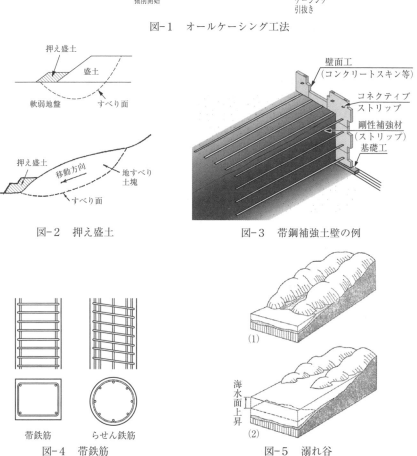

図-2　押え盛土

図-3　帯鋼補強土壁の例

図-4　帯鉄筋

図-5　溺れ谷

る場合は注意が必要である．挿入工法は周辺地盤の緩みを少なくするため，隙間を埋め戻すことが重要である．（図-1）⇨親杭横矢板工法

おやぐいよこやいたこうほう（親杭横矢板工法） soldier beam method
　レールあるいはH形鋼などの親杭を，地中に打ち込みあるいは削孔した孔に所定の間隔（通常1～2 m）で挿入する方法で，根切りに伴い各根切り底において横矢板を親杭の間にはめ込んでゆき，山留め壁を構築する方法．中程度の硬さの粘性土，地下水のない砂層およびよく締まった砂層または砂礫層等の地盤条件が良く地下水位の低い所では経済的に有利である．（図-1）

おやぐいよこやいたへき（親杭横矢板壁） soldier beam earth retaining wall
　親杭横矢板工法に用いる，親杭と親杭の間に設置する矢板．現場で簡単に切断できる木製の横矢板が多く用いられる．横矢板は親杭から外れることがないよう十分なかかり長さをとり，設置するごとにキャンバなどによりその位置を保持し，木ずりなどにより上下の矢板を緊結する．（図-1）⇨親杭横矢板工法

オランダしきにじゅうかんコーンかんにゅうしけん（オランダ式二重管コーン貫入試験）
Dutch cone penetration test, double tube-type static cone penetration test
⇨機械式コーン貫入試験

おれかく（折れ角）　angular bent
　橋台や橋脚の基礎の沈下や地震による変形などによって，桁式高架橋などの線路構造物がその接続部分で折れ曲がる現象を角折れというが，その角度を折れ角と呼び，縦方向と水平方向の折れ角がある．角折れは，列車の走行安全性や乗り心地，ならびに軌道強度に影響するため，折れ角の制限値が定められている．（図-2）

おんぱたんさ（音波探査）　sonic prospecting, acoustic exploration
　地盤調査法の物理探査のうち弾性波探査における反射法の一種．海底地盤など海上で行う地盤調査に一般的に用いられ，連続発信の音源と単成分の受波器を用いる比較的小規模な方法．水中で発振した音波が，海底や地層面などの不連続面で反射するときの反射音波を受信し，地層の境界など地盤構造を調査する．受信した反射音波は強弱に応じて濃淡の画像表示で記録され，地質断面図に類似した形で得られるので，地質構造を把握しやすい．（図-3）

〔か〕

かあつ（ちゅうにゅう）とうすいしけん（加圧（注入）透水試験）　pressure permeability test
　ボーリング孔を利用し，原位置の岩盤の透水係数を求める試験．岩盤に掘削したボーリング孔内をパッカーにより区切られた試験区間に対し，注入ロッドを通して注水し，その注水圧力と注水流量との関係から透水係数を求める試験．岩盤の透水性の把握や，グラウトによる透水性の改良効果の検討に使用する．

おやぐ～かあつ

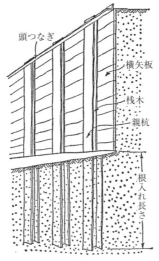

図-1 親杭横矢板

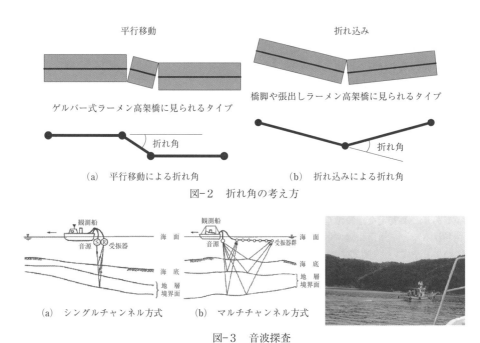

図-2 折れ角の考え方

図-3 音波探査

かあつみつ（過圧密） overconsolidation

　現在の有効土かぶり圧 σ'_{v0} が，過去に受けた最大の有効土かぶり圧 σ'_c より小さい状態のこと．実務では，圧密試験により得られる圧密降伏応力 p_c と有効土かぶり圧 σ'_{v0} を比較し，$p_c > \sigma'_{v0}$ であれば過圧密，$p_c = \sigma'_{v0}$ であれば正規圧密，現在も圧密が進行中の状態であれば未圧密であると判断する．これらの状態を表す指標として過圧密比 OCR が用いられ，OCR $= p_c / \sigma'_{v0}$ で定義される．なお，応力履歴としては，現在の土かぶり圧が過去に受けた最大の応力になって（$\sigma'_{v0} = \sigma'_c$）いても，2次圧密やセメンテーション等によって，時間の経過とともに圧密降伏応力が増加し，自然堆積粘土地盤では，OCR が 1.0 よりも若干大きくなっていることが多い．このような過圧密状態を，疑似過圧密と呼ぶことがある．（図-1）⇨正規圧密

かいさくこうほう（開削工法） open-cut method

　法切りまたは土留めによって掘削壁面の安定を図りながら地表面より地下掘削を行い，その内空に目的の構造物を築造する後，埋戻しを行う工法．

かいさくトンネル（開削トンネル） cut and cover tunnel

　地表から土留め工などによって崩壊を防止しながら掘削する開削工法によって躯体を構築して埋め戻すトンネル．都市内の地下鉄，共同溝，洞道，地下道路のうち，一般には掘削深さが比較的浅い場合に採用されるトンネルである．複雑な形状や規模の大きいトンネルを構築できるので，深さ，規模の大きい地下駅や地下道路などにも採用される．開削トンネルの多くは箱型構造であり，上，下部の水平部材を上床版，下床版，側部の鉛直部材を側壁，2ボックス構造以上の中間の鉛直部材を中壁あるいは中柱，2層以上の中間の水平部材を中床版という．（図-2）

がいしゅうへき（外周壁） outer wall

　ケーソン基礎，鋼管矢板基礎の外周部の鉛直壁．頂版からの荷重を地盤に伝達するとともに，基礎の断面剛性を確保するための主部材である．ケーソン基礎では側壁ともいう．

がいすい（崖錐） talus, talus cone, scree

　急崖または急斜面の上部から風化，剥落した岩屑が崖下または斜面の脚部に堆積して形成された円錐状の堆積物．岩屑の大きさや形は岩盤の性質などにより多様であるが，岩屑が大きく，また，角ばっているほど崖錐の表面勾配は大きい．また，崖錐は未固結であり，不安定な堆積地形を有し，透水性が大きいため，基岩との境界に帯水層が形成されるなど，崩落や地すべりを起こしやすい．特にトンネル坑口付近では，偏圧や変形が生じやすい．（図-3）

かいたんぐい（開端杭） open-ended pile

　鋼管杭や既製コンクリート杭などの中空杭で，杭先端部が開放された状態の杭．開端杭の設計では，先端支持力を推定する際に杭打込み時の閉塞効果を考慮する必要がある．

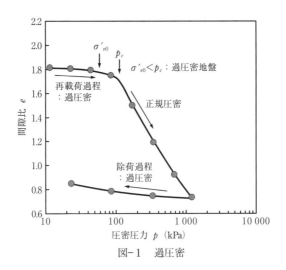

図-1　過圧密

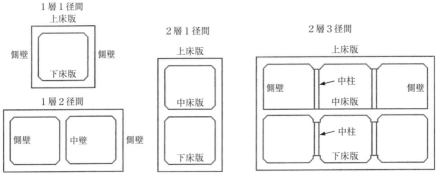

図-2　開削トンネルの各部の名称

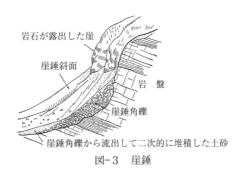

図-3　崖錐

かいてんくいこうほう（回転杭工法） screwed pile

杭を回転させながら支持層まで貫入する杭の施工法で，回転貫入杭工法とも呼び，主に鋼管杭を使用する．杭径や杭長により施工法が異なる．杭の外周にスパイラルリブやバイトを取り付けた鋼管や杭の先端に羽根を取り付けた鋼管を支持層まで回転貫入する．本工法の特徴は，残土・泥水などが出ない，低騒音・低振動である．また，杭施工時のトルク管理により，全数の支持力確認，打止め管理が正確に行える．（図-1）

ガイドウォール guide wall

地下連続壁を構築する際に，掘削位置の両側にあらかじめ築造されるトレンチ状の壁で，ガイドウォールは場所打ち鉄筋コンクリート製が多く，その役割は連続地中壁の施工位置の定規・基準，表層地盤の崩落防止，安定液の一時貯留槽，鉄筋かごの支持等である．その幅は掘削機幅＋3〜10cm程度で，下端深度を安定液の逸散防止が可能となる深さまでとする．（図-2）

かくていくい（拡底杭） belled pile

杭の先端部の径を軸部径より拡大して削孔した拡底部を有する杭．拡底杭は，場所打ちコンクリート杭がほとんどであり，その主な施工法には，アースドリル工法，リバース工法，深礎工法などがある．拡底杭は，先端支持面積が非拡底杭に比べ大きくなり，設計上，大きな鉛直支持力を考慮することができる．（図-3，写真-1，2）

かくにんしけん（確認試験） verification test

⇨特性調査試験

かくへき（隔壁） partition wall

ケーソン基礎，鋼管矢板基礎や地中連続壁基礎の内部にあって，左右の側壁間を結んで断面を分割する鉛直壁．外側からの荷重に対して水平断面の補強をするのが主な目的であるが，鉛直方向の補強のための中間支点としての役割もある．鋼管矢板基礎では隔壁鋼管矢板という．

かくへきこうかんやいた（隔壁鋼管矢板） partitioned steel pipe sheet pile

鋼管矢板基礎において，荷重規模が大きく，外径が大きい場合や小判型の場合に，基礎内部に配置する鋼管矢板をいう．基礎の剛性と鉛直支持力を増すために，頂版が過大に厚くならないように，また頂版支持地盤が軟弱で頂版コンクリートの打込み時の支持力が不足する場合などに設ける．

かさねへきけいしき（重ね壁形式） over wall type

⇨本体利用

かじゅうけいげんこうほう（荷重軽減工法） load reduction method

気泡混合軽量土や発泡スチロールブロックなど軽量地盤材料を用いて盛土を行い，自重および基礎地盤などへの負荷の軽減を図る軽量盛土工法．軟弱地盤上の盛土や拡幅盛土における周辺地盤への影響の低減，軟弱地盤上の低盛土における残留沈下の抑制など，軟弱地盤対策の一つとして適用されている．また，地すべり地上の盛土における安定性の確保など，地すべり対策の抑制工の一つとしても用いられている．（P.47：図-1）

かいて〜かじゆ

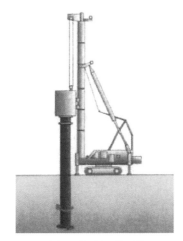
(a) 回転圧入工法の例

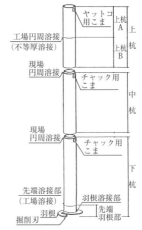
(b) 回転杭工法

図-1 回転杭工法

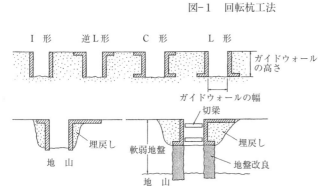

図-2 ガイドウォール

写真-1 拡底杭：拡底バケットの例

 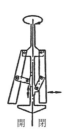  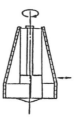

(a) 上開方式　(b) 下開方式　(c) ビット滑降方式　(d) 水平押出し方式

図-3 拡底杭：杭の拡底方式

写真-2 拡底杭先端部

かじゅ～かそう

かじゅうけいしゃりつ（荷重傾斜率） rate of load inclination
　偏心傾斜荷重において，鉛直荷重成分に対する水平荷重成分の比率のこと．水平荷重を受ける重力式護岸のように，偏心傾斜荷重を受ける構造物の支持力解析には，分割片間の力のやりとりを考慮できるビショップ法による円弧すべり解析が適用される．(図-2)
　⇨傾斜荷重

かじゅうけいすう（荷重係数） load factor
　荷重の特性値に乗ずる係数．組合せ荷重の発生確率を考慮して，設定する係数であり，限界状態設計法において用いられる部分安全係数の一つである．なお，許容応力度設計法では，許容応力度の割増係数がこれと同様な意図で用いられている．

かじゅうていこうけいすうせっけいほう（荷重抵抗係数設計法） Load and Resistance Factor Design (LRFD) methodology
　荷重，材料，部材および評価法などの不確実性やばらつきに対し，確率論的に要求性能（限界状態）を満足しうるよう荷重と抵抗に関するそれぞれの安全係数を定めた設計法．設計書式は次のとおり．

$$\frac{R_d}{\gamma_R} \geqq \gamma_s \, S_d$$

ここに，R_d：設計耐荷効果（断面耐力等），S_d：設計荷重作用効果（作用断面力），γ_R：抵抗側安全係数，γ_s：荷重側安全係数である．⇨抵抗係数アプローチ

かじょう（かんげき）すいあつ（過剰（間隙）水圧） excess (pore) water pressure
　定常状態より大きな水圧，あるいは圧密終了時の間隙水圧より大きな水圧．過剰間隙水圧は，地下水位以下の地盤において，盛土などの上載荷重が作用し全応力が増加した場合や，地震などのせん断力により地盤の土粒子骨格が体積圧縮しようとする場合に発生する．過剰間隙水圧は時間とともに排水により消散し，地盤は体積圧縮する．

かせきそがいりつ（河積阻害率） river cross section ratio blocked by piers
　計画高水時の河川幅に対し，河川内における橋脚の河川流下方向と直交する方向の総幅が占める割合．この割合が大きいほど洪水時に橋梁の被災が起こる可能性が高くなることから，河川管理施設等構造令では，河積阻害率の上限値の目安を原則として5％にすることとしている．

$$\text{河積阻害率} = \sum_{i=1}^{n} B_i / W$$

ここに，B_i：i番目の橋脚における河川流下方向と直交方向の幅，W：計画高水時の河川幅である．n：橋脚数（図-3）

かそういづつ（仮想井筒（ケーソン）） virtual caisson
　粘性土中に支持された群杭基礎において，杭中心間隔がある程度より密になると杭と杭間の土塊が一体となって，あたかも1基の井筒（ケーソン）基礎のような挙動を示すことになり，杭1本当たりの支持力が低下する．このような現象を建築では，ブロック破壊と呼んでいる．群杭としての支持力は，仮想井筒の外周摩擦力と底面支持力の合計となる．

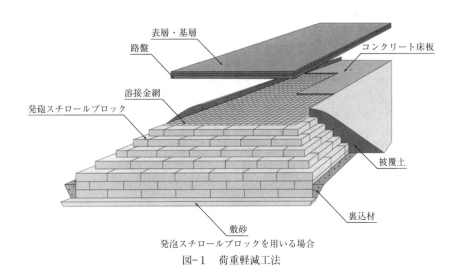

図-1　荷重軽減工法

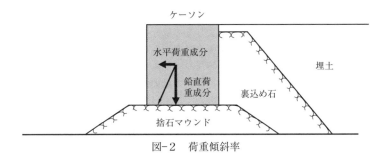

図-2　荷重傾斜率

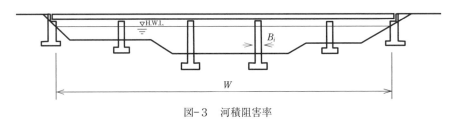

図-3　河積阻害率

かそうかいていめん（仮想海底面） virtual seabed level
　安全性の余裕を取るために想定する設計上の海底面．海面面が水平でない場合に，海底面が水平でないことを考慮した受働土圧と等しい受働土圧となるような水平な海底面を想定することがある．これを仮想海底面と呼ぶ．また，自立矢板壁の簡易設計法では，背面側の主働土圧強度および残留水圧と前面側の受働土圧強度が一致する深さを仮想海底面とすることがある．（図-1）

かそうこていてん（仮想固定点） virtual fixed point
　桟橋に用いる杭の断面を設定する際に，仮定する杭の固定点のこと．仮想的な固定点があるとしてラーメン計算を行うことがある．この際の仮定の条件として，杭頭部の反力と杭頭部の曲げモーメントが実際の杭と等しくなるように設定する方法がよく用いられる．

かそうしじてん（仮想支持点） virtual support point
　土留め工の慣用計算法による設計計算において，つり合い根入れ長のときの受働側圧合力の作用位置をいう．慣用計算法による土留め壁の断面計算，支保工の検討に用いる．（図-2）

かそうばりほう（仮想梁法） equivalent beam method
　フィックストアースサポート法に基づく控え式矢板壁の設計法の一つ．フィックストアースサポート状態にある控え式矢板壁では海底面付近に曲げモーメントが0となる点（仮想鉸点）がある．そこで，その点より上の部分の矢板壁を控えの位置と仮想鉸点を支点とした単純梁であると仮定して矢板の必要断面を求める方法．（図-3）

かそくどおうとうスペクトル（加速度応答スペクトル） acceleration response spectrum
　地震応答スペクトルの一つで，応答加速度の最大値を減衰定数をパラメーターとして，系の固有周期の関数として表示したもの．⇨地震応答スペクトル

かたぎりかたもり（片切り片盛り） half-bank and half-cut
　切土法面と盛土法面から構成される土構造物の断面構造．道路を斜面上に建設する場合，高い斜面の部分を切り取り，切り取った材料を低い部分の斜面に盛り立てる．この場合，切り取った材料を横方向に移動し，低い部分の斜面に盛り立てることにより土運搬の距離を短くすることができる．土構造物は一般に，切土部と盛土部とから構成されており，切土部と盛土部の境を切盛り境という．（図-4）

かたもちばりしきようへき（片持ち梁式擁壁） cantilever wall
　擁壁底部（主にかかと版）上の土の重量により，見かけ上底部が固定され，片持ち梁と同じメカニズムで水平方向土圧を支える設計を行う形式の擁壁．かかと版の形状で逆T式とL型に分類される．

かつかじゅう（活荷重） live load
　自動車，軌道の車両，歩行者などの構造物上を移動しながら構造物に鉛直下向きに作用する荷重．一般に，構造物の設計する部位に応じて載荷位置や載荷範囲が変わりうる．道路橋の主桁設計に用いる自動車荷重は，総重量250kNの大型車の走行頻度が比較的

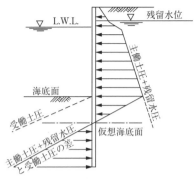

図-1　仮想海底面

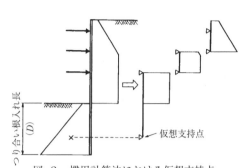

図-2　慣用計算法における仮想支持点

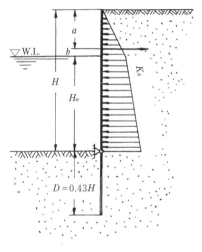

(a)　砂質土地盤

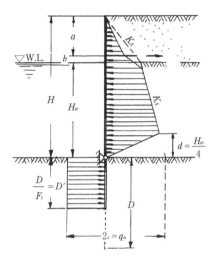

(b)　粘性土地盤

図-3　仮想梁法

図-4　片切り片盛り

高い状況を想定したB活荷重および総重量250kNの大型車の走行頻度が比較的低い状況を想定したA活荷重の2種類に区分している．なお，床版，床組の設計にはT荷重を用いる．鉄道分野では，列車荷重，軌道作業車荷重や群集荷重がこれに相当し，列車荷重は，機関車荷重，電車・内燃動車荷重および新幹線荷重からなる．また，建築分野では，積載荷重がこれに相当し，時間・空間的に変動する可能性を有する物品・人物などによる荷重である．

かっせいど（活性度） activity

粘性土の活性を定量的に表す指標．A. Skempton（スケンプトン）によって次式のように定義された．

$$A = (塑性指数 I_p) / (2\,\mu m 以下の粘土の含有量（\%）)$$

活性とは一般には，他の物質を吸着したり，これと物理あるいは化学的に結合する傾向の強さをいう．活性度によって粘土は次のように分けられている．$A < 0.75$ の不活性粘土，$0.75 \leq A \leq 1.25$ の普通の粘土，$A > 1.25$ の活性粘土．

カッティングジョイント cutting joint

地下連続壁の施工において，後行または片押しエレメント掘削時に，先行エレメント端部のコンクリートを掘削機によってカッティングして継手部の処理を行うジョイント部の処理方法．大断面・大深度の地下連続壁工事では，ロッキングパイプ等が不要のため，他の継手方式に比べ工程上有利となる場合が多い．本方式を採用する場合，先行エレメントのコンクリート面をカッティングできる掘削機が必要であり，現状では，水平多軸方式の回転式掘削機などがある．（図-1）

ガット gut

地下連続壁の施工において，コンクリート打設による構築単位であるエレメント（パネルともいう）を構成する掘削単位．ガット長は掘削機の種類，機種に依存する．鉛直精度を確保しながら掘削するために，掘削機のビット（カッター）にかかる掘削抵抗が均等になるよう1エレメントを奇数個のガットから構成することが望ましい．（図-2）

カットオフ cut-off

杭の施工において，杭頭部を所定の設計高さに切りそろえること．既製杭の施工において，杭頭レベルを所定の計画高さに打ち止めることができない場合，最終的に杭頭部を切りそろえるためカットオフを行う．カットオフは，鋼管杭ではガス切断器で，既製コンクリート杭では油圧カッター等を用いて行われる．（図-3）

かつらくがい（滑落崖） main scarp

地すべりにおいて，土塊の崩落により最上部に生じる比較的急峻な崖面．滑落面とも呼ばれ，馬蹄形をなすことが多く，条痕が付いていることもある．滑落崖の崖面を下方に延長すると，すべり面に連続している．地すべりの規模が大きな場合，地すべり地内に2次的な地すべりが発生することがあり，このときに生じる滑落崖を2次滑落崖という．（P.53：図-1）

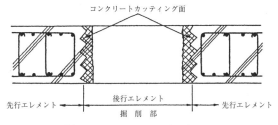

図-1　カッティングジョイント

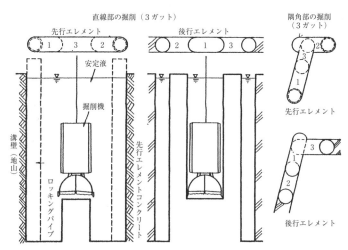

図-2　エレメントの掘削順序（3ガットの場合）

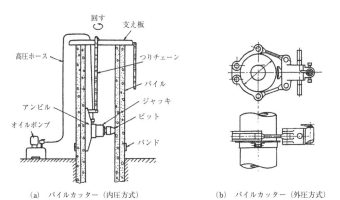

(a) パイルカッター（内圧方式）　　(b) パイルカッター（外圧方式）

図-3　カットオフ

かぶこうぞう（下部構造）　substructure
　　上部構造からの荷重を支持地盤に伝える部分の構造をいい，橋梁の橋台や橋脚といった上部構造を直接支持する躯体および躯体から荷重を地盤に伝える基礎の総称.

かぶもりど（下部盛土）　lower part embankment
　　路盤を除いた施工基面から3mまでの上部盛土の下にある盛土．（図-2）

かべしききそ（壁式基礎）　wall-type foundation
　　断面形状が，ほぼ長方形（矩形，小判型）の場所打ち杭のことをいう．壁式基礎には，エレメント1枚の基礎（単壁基礎）と複数枚の基礎（複壁基礎）がある．設計は，杭基礎として行うが，地盤反力係数の値などは形状，方向により異なる．また，壁式基礎が連続したものが地中連続壁基礎であり，開削工事の山留め壁に兼用されることもある．（図-3）⇨壁杭

かべしききょうきゃく（壁式橋脚）　wall-type pier
　　橋脚の形式の一種で，脚部の断面の横厚比が大きく細長い，壁状の形状をした橋脚．脚部の形状が柱状である柱式橋脚に対する分類であり，矩形，小判形などの形状をしたものがある．橋脚の形状は，架橋地点の状況，上部構造の設計条件，施工性，景観などを考慮して決定されるが，特に河川に架かる橋では，洪水時の流水に著しい支障を与えない構造が要求され，そのため断面形状は通常，小判形またはこれに類する形状のものが用いられる．

かまば（釜場）　sump
　　橋梁下部工やボックスカルバートなどの構造物を構築する際の掘削工事において，地下水位が高い場合や雨水などがたまりやすい場合，それらを1か所に集水し，ポンプなどで排除するために設けた穴（集水ます）．排水だめで小さな規模のものをいう．通常，掘削部の法尻や土留め工の近くに設置され，掘削の規模やポンプの処理能力などに応じて設置する箇所数が決められる．（図-4）

かまばはいすい（釜場排水）　sump drainage
　　掘削工事において，掘削底面からやや深い位置に設置された釜場に集水された湧水や雨水などをポンプなどにより外部へ排除する排水．水替え工の一つで，最も簡易な工法である．施工時における良好な作業性の確保，支持地盤の強度低下の防止などを目的に行われる．掘削底面に流入してきた湧水や雨水などを，盤面を乱さず釜場に容易に集水できるようにしておくことが必要である．

かりすいへき（仮止水壁）　temporary cutoff wall
　　ケーソン基礎において，天端位置を河川の水位または河床面より下げて設置する場合に水あるいは土砂の流入を防止し，頂版等の構築作業ができるように，ケーソンの天端に設けた仮壁．陸上に設置するケーソン基礎では仮土留め壁ともいう．ケーソンの沈設中の傾斜，衝撃による応力に耐える強固な構造でなければならないが，ケーソン完成後に解体，撤去が容易でなければならない．このため，壁本体は鋼矢板で取外しの容易なカップラ結合のタイロッドで固定する構造が多く採用されている．（P.55：写真-1）

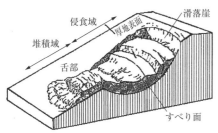

図-1　滑落崖地すべり各部の名称

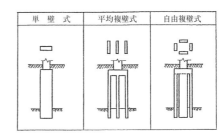

図-3　壁式基礎

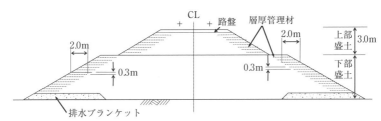

図-2　上部盛土，下部盛土，層厚管理材

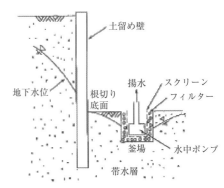

図-4　釜場

かりしめきり（仮締切り） cofferdam
　河川や港湾などに構造物を構築する際に，一定の工事区域を一時的に仮設構造物により囲んで行う水の遮断，または，その仮設構造物．山留め構造物と異なり，水圧が主要な外力となる．土砂や蛇かごなどによる仮締め切り堤，鋼矢板による一重，二重締切りなどがある．河川などを締め切る場合は，水位，流速および過去の洪水記録などの調査を十分に行い計画，設計するとともに，施工時は，十分に水替えを行い作業することが必要である．（図-1）

かりしめきりけんようこうかんやいたきそ（仮締切り兼用鋼管矢板基礎） steel pipe sheet pile foundation combined with temporary cofferdam method
　仮締切り兼用方式は，導枠を用いて鋼管矢板を打設して井筒状に閉合した後，支保工を設置しながら内部土を掘削し，底盤コンクリートを水中打設した後ドライアップする．鋼管矢板と頂版の結合工の施工後に頂版コンクリートおよび躯体を構築する．最後に仮締切り部の鋼管矢板を水中切断した後撤去して完成する．内部土の掘削は，鋼管矢板の施工時応力を軽減できる水中掘削が有利である．鋼管矢板基礎の構造形式としては，仮締切り兼用方式，立上がり方式，締切り方式があるが，最も多用されているのが仮締切り兼用方式であり，一般の仮締切りや築島が困難な大河川や湾岸部における橋梁基礎に用いられる．（図-2，写真-2）

かりしめきりけんようほうしき（仮締切り兼用方式） steel pipe sheet pile foundation combined with temporary cofferdam method
　⇨仮締切り兼用鋼管矢板基礎

カルバート culvert
　地中に埋設された箱型，管型の構造物．下水道，農業用排水路等の水路や共同溝・地下道等の道路に利用される．鉄筋コンクリート，プレストレストコンクリート，コルゲートメタル，セラミックス，硬質塩化ビニル，強化プラスチック複合材等様々な材質の製品がある．実務設計手法上の観点により，剛性カルバートとたわみ性カルバートに分類される．

かんげきすいあつ（間隙水圧） pore water pressure
　土は土粒子骨格とその間隙部分からなっており，間隙に水がある場合の間隙水の有する圧力．飽和土の場合，全応力から間隙水圧を差し引いたものが有効応力となり，土の変形や強度は有効応力に支配される．地震や盛土など外力が作用した場合に発生する間隙水圧を過剰間隙水圧という．

かんげきすいあつしょうさんこうほう（間隙水圧消散工法） pore water pressure dissipation method
　土中に排水性の高い構造体を形成して，盛土や地震による体積変化過程で発生する間隙水の移動，排出を促進させ，過剰間隙水圧の上昇を抑える工法である．軟弱粘性土地盤では盛土による圧密促進工法として，砂質地盤では液状化対策工法として用いられる．前者の圧密対策としての適用は，軟弱地盤対策工法を参照のこと．後者の液状化対策としての間隙水圧消散工法は，礫や人工材料によるドレーンを地盤中に設置することによ

写真-1 ケーソンの仮止水壁の例

写真-2 鋼管矢板基礎の施工

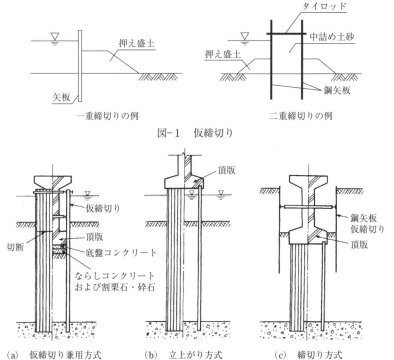

図-1 仮締切り

図-2 鋼管矢板基礎の構造形式(施工法による分類)

り地盤の透水性を高め，地震時の砂層内で生じる過剰間隙水圧の上昇を抑えて液状化を防止するものである．ドレーン材料は自然材料の単粒度調整砕石（透水係数5〜15cm/sec程度）や人工材料に合成樹脂性の細径有効長尺材など透水性の高いものが用いられる．また，液状化の被害防止のメカニズムから見て，地盤の液状化の発生そのものを防止する目的で等間隔に柱状または壁状のドレーンを設置する方法と対象構造物周辺地盤の液状化は許すが対象構造物の被害を軽減する目的で対象構造物近傍のみに設置する方法がある．排水材料には砕石（グラベル）と人工材料に分類される．グラベルドレーンによる方法は，地中構造物の周辺埋め戻しに礫，砕石材料を用いて構造物の直下および周面の地震時の過剰間隙水圧の上昇を抑制し，浮き上がりを防止する周辺巻立てドレーン工法（図-1 (a)，(b)）と地中に砕石パイルを造成するグラベルドレーン工法（図-1 (c)）に分類される．人工材料のドレーンには表-1に示すものがある．その外，鋼管杭や鋼矢板の側面に排水機能を有する部材を取り付け，地盤の締固め効果と排水効果を同時に期待する排水機能付き鋼材工法がある．（図-1，表-1，図-2）

かんげきひ（間隙比） void ratio

　土の間隙部分の体積と土粒子骨格部分の体積の比．緩い状態の土ほど間隙比は大きな値となり，土の密度，含水比などと関係し，土の状態を表す量である．土によって間隙比のとりうる値は異なり，砂質土では0.5〜1.5，粘性土で1.0〜3.0，泥炭で5〜20程度である．（図-3）

かんげきりつ（間隙率） porosity

　間隙部分の体積と土の全体積の比を百分率で表したもの．緩い状態の土ほど間隙率は大きな値となるが，とりうる値に限界があり1.0以上にはならない．間隙率は間隙の大きさが問題となる場合に便利な量で，例えば薬液により間隙を充填する場合の必要な薬液量の計算などに用いられる．（図-3）

がんざばり（岩座張り） rip rap masonry

　盛土や切土などの法面保護工のうち，構築物による法面保護工で石張り工の一種．トンネル掘削のずりや現地で発生した雑石などを用いて盛土の法面に，風化，浸食および崩落などを防止することを目的に石張りするもの．土捨場などの盛土の下部の洗掘防止などに用いられることもある．（写真-1）

がんすいひ（含水比） water content

　水の質量m_wと土粒子の質量m_sの比を百分率で表した値．含水比は土の含水比試験方法（JIS A 1203）から求められる．含水比から乾燥密度，間隙比，飽和度など工学的に重要な諸数値が導かれる．また，含水比によって土の分類や工学的な取扱いやすさの程度を判断することができる．（図-3）

かんせいりょく（慣性力） inertia force

　質量mの物体に外力Fが作用して加速度$α$が生じる場合の運動方程式$F=mα$を書き換え，$F+(-mα)=0$とすれば，Fと$-mα$という2つの力のつり合い問題に帰着させることができる（ダランベールの原理）．このときの，見かけ上の力$-mα$を慣性力といい，加速度$α$の方向に対して逆向きに作用する．

かんげ〜かんせ

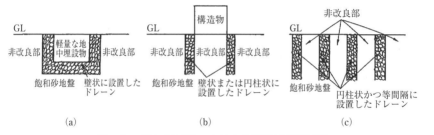

図-1　グラベルドレーンによる間隙水圧消散方法

表-1　人工材料ドレーン

機　能	呼び名	
杭＋ドレーン	孔あき抗	
	排水機能付き抗	
補強材＋ドレーン	排水機能を有する補強材	
ドレーン	パイプドレーン	排水管
		排水パイプ
		細径有孔パイプ
		樹脂系積層パイプ
	板状ドレーン	

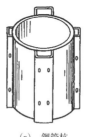

(a) 鋼管杭　　(b) 鋼矢板

図-2　排水機能付き鋼材工法

写真-1　岩座張り

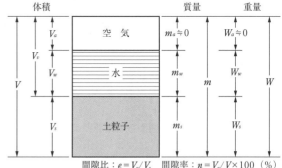

図-3　土の構成模式図

間隙比：$e = V_v/V_s$　　間隙率：$n = V_v/V \times 100$ （%）
含水比：$w = W_w/W_s \times 100$ （%）

かんそうみつど（乾燥密度） dry density
　土の単位体積当たりの土の乾燥質量．乾燥密度 ρ_d は，$\rho_d = m_s/V$ で表される．ここで，m_s は土粒子の質量，V は土全体の体積である．乾燥密度は $\rho_d = \rho_t/(1+w/100)$ から求めることができる．ここで，ρ_t：湿潤密度，w：含水比である．（P.57：図-3）

かんそくさいかこうほう（緩速載荷工法） slow load method
　軟弱地盤上に盛土を構築する際に，基礎地盤のすべり破壊を起こさないよう，盛土の盛立速度を制御し，圧密の進行に伴う地盤のせん断強さの増加を図りながら，ゆっくりと盛土を行う工法．軟弱地盤対策工のうち，基本的，経済的な工法の一つであり，他の工法に先行または併用して用いられる．放置期間を置かず徐々に盛土を行う漸増載荷工法と，放置期間を置き段階的に盛土を行う段階載荷工法があるが，通常は後者によるものが多い．

かんちゅうこんごうこかしょりこうほう（管中混合固化処理工法） pneumatic flow mixing method
　化学的安定処理工法の一種で，浚渫土などを空気圧送船で圧送する際に固化材を添加し，圧送管内で発生するプラグ流による乱流効果を利用して浚渫土と固化材を攪拌混合する技術．本工法は，圧送時に混練りも行うために固化処理設備が簡略化できること，初期設備投資が安価であること，大型空気圧送船を用いることなどで急速大規模施工が可能となることが挙げられる．圧送中の粘性土プラグの内部では，管壁との摩擦によってプラグの形が常に変化し，またプラグの崩壊や再形成が断続的に生じており，このプラグの形状変化を利用して粘性土と固化材を混練する．（図-1）

がんのあっしゅくつよさ（岩の圧縮強さ） rock compression strength
　岩の圧縮強度であり，最大地盤反力度の評価などに用いる．道路橋示方書では，母岩の一軸圧縮強度から最大地盤反力度の目安を区分している．ただし，硬岩の場合には亀裂の多少により大きく影響されることから，圧縮強さだけでなく孔内水平載荷試験による変形係数も参考として推定するのがよい．

がんぺき（岸壁） wharf, pier, quay, jetty
　船舶を係留し，荷役等の作業が可能な港湾構造物の総称．正しくは係船岸と呼び，その構造形式としては，重力式（ケーソン式）・矢板式・桟橋式・セル式などがある．（図-2）

かんようほう（慣用法） conventional method
　道路土工仮設構造物指針で従来から慣用的に用いられてきた土留めの設計法．断面を設計するときの土圧にこれまで数多くの現場で計測された支保工反力の逆算土圧を用いることに特徴がある．したがって，慣用法を用いる場合には，この断面決定用土圧の規定根拠となった計測範囲から適用範囲が限定されることに注意しなければならない．対象地山が一般的な場合には，3〜10m の範囲で慣用法を用いることができる．（図-3）

かんりがたしょぶんじょう（管理型処分場） controlled type waste-landhill
　有害物質の溶出基準は満足するが有害物質を含んでいるものや，汚濁した浸出液を排出する危険性の高いものを受け入れる処分場．有害物質が処分場の外に拡散することが

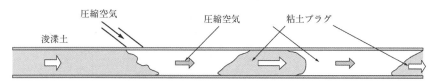

図-1 管中混合固化処理工法

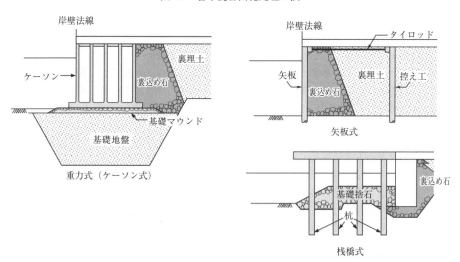

図-2 岸壁

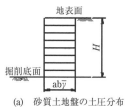

(a) 砂質土地盤の土圧分布

掘削深さHによる係数	
$5.0\text{m} \leqq H$	$a = 1$
$5.0\text{m} > H > 3.0\text{m}$	$a = \dfrac{1}{4}(H-1)$

(b) 粘性土地盤の土圧分布

地質による係数

b	c	
砂質土	粘性土	
2	$N > 5$	4
	$N \leqq 5$	6

図-3 慣用法で用いる断面決定用土圧

ないように，表面を覆土するとともに，埋立地の底面や側面から浸出液が漏れないように遮水工を設置することが必要である．また，浸出水の排水処理が必要である．

〔き〕

きかいしきコーンかんにゅうしけん（機械式コーン貫入試験） mechanical cone penetration test
　オランダで開発・発展した試験方法であり，オランダ式二重管コーン貫入試験と呼ばれ，ダッチコーンの略称でも呼ばれる静的コーン貫入試験の一つである．先端コーンの貫入抵抗とロッドの周面摩擦を分離して測定するため，ロッド部分が二重管構造となっている．軟弱層下部にある支持層の確認や粘土の強度の連続的な評価，軟弱層に狭在する砂層の確認などに用いられる．（図-1）

きかいしきつぎて（機械式継手） mechanical type joint
　鋼管杭および既製コンクリート杭を現場で機械的に接合する方法である．機械式継手は，予め鋼管の上下端部に工場で溶接された継手部材を現地で自重等により嵌合させる構造である．溶接継ぎ手に比べて，①気象条件の影響を受けにくい，②作業時間を短縮できる，③施工管理が容易である，等の特徴を有する．（図-2，図-3）⇨継手

きぐい（木杭） timber pile, wooden pile
　材料は，赤まつ，からまつ，べいまつが多い．直径は100〜300mm，長さは10m以下のものが大半である．太い方（杭頭部）の切り口を元口あるいは木口，細い方（杭先端部）の切り口を末口という．腐食のおそれがあるため，地下水位面以下で用いる必要がある．昭和初期まで多く用いられていたが，現在ではほとんど用いられていない．

きこうしつ（気閘室） air lock
　⇨マンロック

きじゅんけいかんちょう（基準径間長） reference span
　河川に架かる橋における径間長で，河川管理施設等構造令第63条に示される次式により得られる径間長．

$$L = 20 + 0.005\,Q$$

ここで，L：径間長（m），Q：計画高水流量（m^3/s）である．河川に架かる橋を計画する場合，河川管理者に対し，関連法規などに基づき，径間長，橋台や橋脚の位置および形状，桁下高，護岸，管理用通路などについて協議する必要がある．

きじゅんへんいりょう（基準変位量） reference displacement
　地盤は本来弾性体ではないが，設計を容易にするために一般に弾性体として扱われる．基準変位量とは，弾性体と扱った地盤の見かけの剛性に当たる地盤反力係数を設定するときに用いる基準とする変位量のこと．道路橋示方書では，基礎が降伏に至るような大きな変形が生じると基礎の安定性が損なわれることから，レベル1地震時において基礎の変形を弾性領域にとどめるような設計を行うこととしており，基準変位量にはこの弾

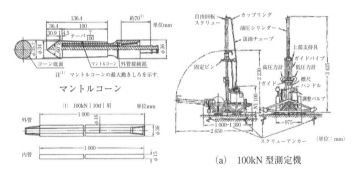

(a) 100kN 型測定機

図-1 機械式コーン貫入試験装置の例

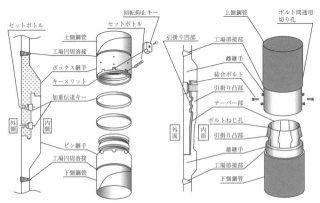

図-2 鋼管杭の機械式継手の例

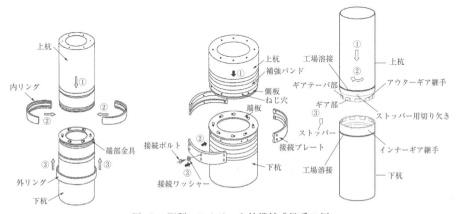

図-3 既製コンクリート杭機械式継手の例

性限界を与えている．杭の水平載荷試験における降伏変位量・杭径比のデータなどに基づき，これを基礎幅の1％（≦5.0cm）としている．

ぎじようへきこうほう（擬似擁壁工法） virtual retaining wall method

擬似擁壁工法とは，例えばロックボルトと吹付けモルタルなどによる表面保護工で打設領域を拘束することにより，その地山部分を擬似擁壁体として斜面の安定を行う工法．設計上，擬似擁壁体は剛体として取り扱うことが多い．（図-1）

きせいぐい（既製杭） precast pile

あらかじめ工場などで製造し，現場に運び込んで使用する杭．鋼杭や既製コンクリート杭，木杭などがある．これに対し，施工位置で製造される杭は場所打ちコンクリート杭と呼ぶ．（図-2）⇨場所打ちコンクリート杭

きせいぐいこうほう（既製杭工法） precast pile method

既製杭を施工する方法．既製杭の施工法を大別すると，杭を直接地盤に挿入する方法と削孔しながら挿入する方法とがある．前者を打込み杭あるいは押込み杭と呼び，後者を埋込み杭と呼ぶ．打込み杭は杭頭をハンマー等でたたきながら施工する工法であり，騒音振動問題から，市街地では施工されていない．このため，都市の施工における多くの既製杭は埋込み杭工法によって行われている．（図-3）

きせいコンクリートくい（既製コンクリート杭） precast reinforced concrete pile, prefablicated reinforced concrete pile

予め工場等で製造するコンクリート杭．種類としては鉄筋コンクリート杭（RC杭）のほかに，遠心力を利用して作成したプレストレストコンクリート杭で蒸気養生や高温高圧蒸気養生によりコンクリート強度を高めた杭（PHC杭），杭体のせん断耐力を高めるためにPHC杭に鉄筋を入れた杭（PRC杭），そしてせん断耐力と曲げ耐力を大幅に増加させるために外側を鋼管にして内部にコンクリートを入れて遠心力で一体化させた杭（SC杭），杭体に節を設けた杭（節杭），杭体の途中で杭径を変えた杭（ST杭）等がある．（図-2）⇨ RC杭，PHC杭，PRC杭，SC杭，節杭，ST杭

きそ（基礎） foundation

下部構造の躯体部分からの荷重を地盤に伝える構造部分をいう．道路橋では，根入れ深さ，設計法，施工法により分類されている．（図-4）

ぎそう（ぎ｛艤｝装） outfittings

ニューマチックケーソンにおいて，マテリアルロック，マンロック，シャフトなどを取り付けることをいう．ぎ装の語源は，造船所で船体に船橋，マスト，煙突などを装着することをいい，フローティングケーソンが造船所で製作することが多かったので，このような造船用語が慣用的に使われている．

きそじばん（基礎地盤） foundation ground

構造物を支持する地盤の総称もしくは構造物の基礎に接する地盤．構造物の鉛直荷重を支える地盤は特に支持地盤（bearing stratum）と呼び区別する場合が多いが，深い基礎を用いる場合の表層は水平力を支える支持地盤でもある．

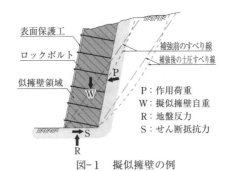

図-1 擬似擁壁の例

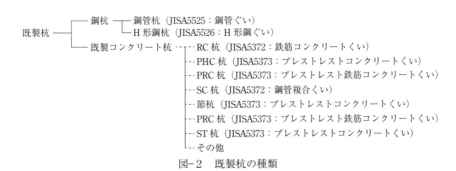

図-2 既製杭の種類

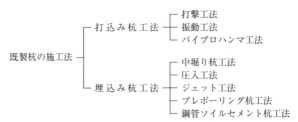

図-3 既製杭の施工法による分類

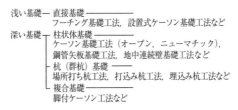

図-4 基礎の分類

きそスラブ（基礎スラブ） foundation, slab, base slab
　　基礎構造（あるいは基礎）を構成する基礎部材の一つをいう．フーチング基礎ではフーチング部分を指し，べた基礎，杭基礎ではスラブ部分をいう．（図-1）⇨基礎部材

きそのけいしゃかく（基礎の傾斜角） inclination angle of foundation
　　建物外周部の基礎の沈下量において最大値と最小値との差を，その間の距離で除して求めた角度をいう．通常は，居室等がある場合は人が不快に感じない角度に収め，また建物内の設備機器等に障害の出ない範囲に制限される．（図-2）

きそのこうふく（基礎の降伏） yielding of foundation
　　基礎構造部材や地盤抵抗の塑性化，基礎の浮上がりのいずれかにより，上部構造の慣性力の作用位置での水平変位が急増し始めるときの基礎の状態をいう．道路橋の基礎の設計において橋の安全性の照査に用いられる限界状態の一つ．

きそのそせいりつ（基礎の塑性率） plastic ratio of foundation
　　地震力などの外力が下部構造に作用し，基礎が塑性化した場合の塑性化の程度を表すもので，上部構造の慣性力の作用位置における最大変位量を基礎が塑性化したときの同位置における変位量で除して算出する．道路橋示方書では，許容できる基礎の塑性率の限界値は，橋脚基礎に生じる損傷が橋としての機能の回復が容易に行いうる程度にとどまるように定めるものとされている．

きそのへんけいかく（基礎の変形角） deformation angle of foundation
　　隣り合う2つのフーチング間，またはパイルキャップ間の相対沈下量をその間の距離で除した角度から基礎の傾斜角を差し引いた角度をいう．沈下による建物の構造的な障害は，基礎の変形角の大きさが許容限度を超えることによって発生する．（図-2）

きそぶざい（基礎部材） foundation member
　　基礎を構成する構造部材で，直接基礎においては，基礎スラブ，基礎梁およびフーチングが相当し，杭基礎においては，基礎梁，基礎スラブ，杭頭接合部，杭体および杭体の継手部等が相当する．（図-3）

きぞんくいのちょくせつひきぬきこうほう（既存杭の直接引抜き工法） direct pile pull out method
　　既存杭の頭部にワイヤをかけたり，専用のチャッキング装置を取り付け，クレーンや多滑車を用いて直接引き抜く方法．杭を引き抜いた後に空隙ができ，地盤を緩めるといった問題点がある．また，杭が継ぎ杭の場合には下杭が抜けない可能性もある．（写真-1）

きばん（基盤）［岩］ base(rock)
　　地盤の硬さを示す一つの指標であるせん断波速度が約400m/s程度以上でかつ相当な層厚を有する地層を（工学的）基盤と呼び，この表面を基盤面と呼ぶ．せん断波速度は，必ずしもPS検層などの特別の手段ではなく，N値，土質地層年代，深度などと関係付けた経験式によって通常のボーリングによる地盤調査結果からも推定することができる．

きほうこんごうど（気泡混合土） foam treated soil
　　盛土や埋戻し土の軽量化，裏込め土圧の軽減などを目的に，土を軽量化させる技術の

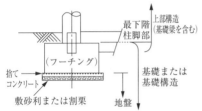

図-1 基礎スラブ：独立フーチング基礎

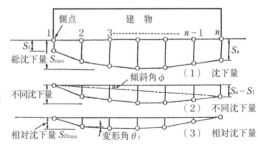

図-2 基礎の傾斜角（基礎の変形角）

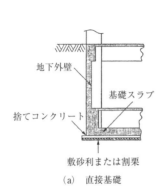

(a) 直接基礎　　　　　　(b) 杭基礎

図-3 基礎部材

(a) 既存杭引抜き　　(b) 既存杭長検尺，先端確認

写真-1 既存杭の直接引抜き工法

一つとして，土に気泡とセメント等の固化材を混ぜて軽量化と安定化を図ったもの．建設残土や浚渫土を母材としてリサイクル利用することもできる．目的に応じて気泡量や固化材量を調整することにより，所要の密度と強度に調整することができ，かつ，流動性や充填性に富むことから，ポンプ圧送により比較的容易に現場打設することが可能である．（図-1）

ぎゃくかいせき（逆解析） back analysis
　一般には，観測値からモデルそのものあるいはモデルの未知パラメーターを設定する方法のこと．逆問題ともいう．地盤工学の分野では，盛土の施工管理，山留め掘削，地下水の移動，トンネル工事などにこの手法が用いられている．地盤工学の分野でこの手法を用いる際の問題点として，(1)観測誤差の存在，(2)観測に関して空間的時間的な制約が大きいことがあげられる．また，逆解析では，問題によっては，解が求まらない，解が一意に決まらない，解が不安定であるなどの問題が生じることがある．この問題を克服するためのさまざまな研究がなされている．

ぎゃくちゅう（脚柱） pier stud
　橋脚の下部構造や桟橋の基礎構造における柱の部分．桟橋の基礎構造として，杭式，円筒または角筒式，橋脚式などがあるが，後者ほど大きな水深や荷重にも適用が可能である．また，ダム，河川および水路などの放流設備におけるヒンジ形式の水門扉で，支承部と扉体を結合する扇状の構成部材を脚柱（stud）と呼ぶことがある．

ぎゃくつきがたこうかんやいたいづつきそ（脚付型鋼管矢板井筒基礎） steel pipe sheet pile skirt-type foundation
　一部の鋼管矢板を比較的良好な中間層に止めて，残りの鋼管矢板を支持層まで伸ばした構造である．鉛直支持力に余裕があって支持層が深い場合に用いられることがある．一般には，鋼管矢板の全数を支持層に根入れさせた井筒型鋼管矢板基礎が用いられる．（図-2）

ぎゃくティーがたようへき（逆T型擁壁） reverse T-shaped retaining wall
　片持ち梁式擁壁の一種で，たて壁と底版とからなり，片持ち梁となるたて壁が背面からの主働土圧に抵抗する擁壁．たて壁の取り付く位置により逆T型と呼ばれる．背面側の底版上に裏込め土の重量が作用して安定を保つため，重力式の擁壁に比べてコンクリート量が少なくてすむ．（図-3）

ぎゃくティーしききょうだい（逆T式橋台） reverse T-shaped abutment
　フーチングが躯体の前後に大きく張り出し，T字を逆にした形状をした橋台．橋台の高さが5～6m以上必要になると重力式橋台や半重力式橋台と比較して経済的となるため，多く使用されている．（図-4）

キャサグランデがたかんげきすいあつけい（キャサグランデ型間隙水圧計） Cesagrande type piezometer
　キャサグランデ（Casagrande）型間隙水圧計とは，管内に導いた地下水の水位を直接計測する開放型（オープンタイプ）間隙水圧計の一種である．開放型間隙水圧計は，ケー

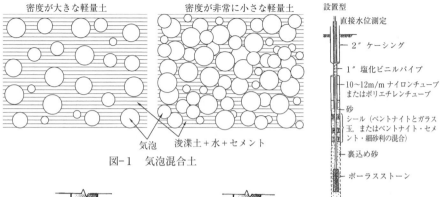

図-1　気泡混合土

図-5　キャサグランデ型間隙水圧計

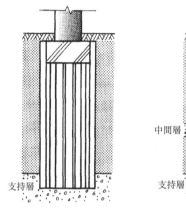

（a）井筒型　　（b）脚付型

図-2　鋼管矢板基礎の構造形式

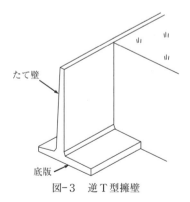

図-3　逆T型擁壁

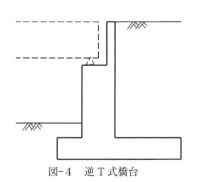

図-4　逆T式橋台

シング法とキャサグランデ型（シングルチューブ法）に分けられ，ケーシング法は現場透水試験時のようにスタンドパイプ（ケーシング）内の平衡水位を測定するものであり，キャサグランデ型は先端の多孔質チップから細い導管に地下水を流入させてその水位を図るもので原理は同じである．（P.67：図-5）

キャパシティデザイン　capacity design
　損傷の発生位置およびその程度をコントロールできる範囲に収めるように，部材各部の挙動を階層化，すなわち損傷を許容できる部分には靱性を，せん断破壊や塑性化させない部分には耐力を付与することにより，設計で想定する挙動を実際に生じさせる耐震設計の考え方．ニュージーランドにおける橋の耐震設計で最初に実用化された．

きゅうちゃくすい（吸着水）　absorbed water
　粘土粒子の表面に，物理化学的な作用により吸着されている水分．土の間隙に液相として毛管水，自由水とともに存在している土中水の一部であるが，間隙中を移動することが困難な水である．吸着水は一般に負に帯電している粘土粒子に電気的に吸引されている水分子と，粒子表面の酸素原子と水素結合している水分子からなる．吸着水膜の厚さと性質は，土のコンシステンシー，凍上，透水性，せん断強度など土の工学的性質に影響を与える．

きょうきゃく（橋脚）　bridge pier, pier
　橋梁の下部構造で，2径間以上の橋梁の中間部にあり，上部構造からの荷重を基礎地盤に伝達し，支持する構造部分．ピアともいう．橋脚の形式，構造は，架設地点の状況，上部構造の設計条件，施工性，経済性，維持管理，景観などを総合的に検討し決定される．橋脚の形式には，壁式橋脚，柱式橋脚，ラーメン橋脚などがあり，山岳部の道路など，高橋脚となる場合については，鋼管・コンクリート複合構造橋脚などの採用も検討される．（図-1）

きょうきゃくしききょうだい（橋脚式橋台）　pier-abutment
　⇨ピアアバット

きょうざ（橋座）　bridge seat
　上部構造を支持するための支承を設置する橋台または橋脚上の面．橋座部は，支承を通じて上部構造を支持する箇所であるため，特に地震時などにおいて大きな水平力が作用するなど，桁の沈下や落橋につながらないように支承からの鉛直力や水平力に対して，十分な耐力を有するよう設計される．また，橋座部は水がたまりやすく，支承や桁の腐食を生じることが多く，このため，橋座部に適切な排水勾配を設けるなどの配慮が必要である．

きょうだい（橋台）　abutment
　橋梁の下部構造で，橋梁の両端で土工部と橋梁部を接続する箇所にあり，上部構造からの荷重および一般には背面盛土からの土圧などを基礎地盤に伝達し，支持する構造部分．アバットまたはアバットメントともいう．橋台の形式，構造は，架設地点の状況，上部構造の設計条件，施工性，経済性，維持管理，景観などを総合的に検討し決定され

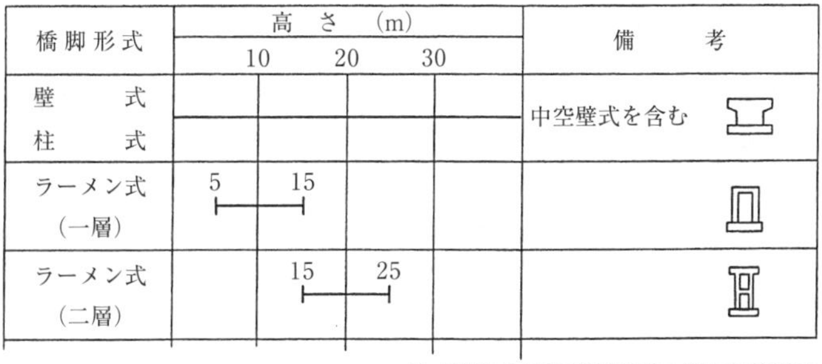

橋脚形式
高さ (m)
10 20 30
備考
壁式
柱式
中空壁式を含む
ラーメン式（一層）
5 15
ラーメン式（二層）
15 25

日本道路公団設計要領第二集に加筆修正

図-1　橋脚形式の選定の目安

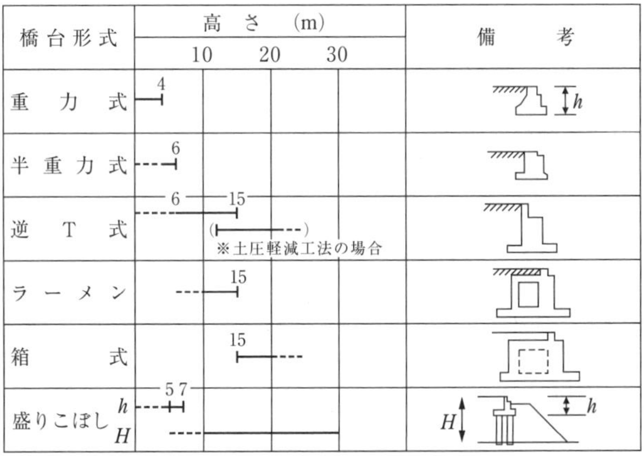

橋台形式
高さ (m)
10 20 30
備考
重力式
4
h
半重力式
6
逆T式
6 15
※土圧軽減工法の場合
ラーメン
15
箱式
15
盛りこぼし h H
5 7
H
h

（日本道路公団設計要領第二集に加筆修正）

図-2　橋台形式の選定の目安

上部構造
橋台
橋台及び基礎の剛性により変形を拘束
上部構造
橋台
基礎の変形により追随
橋台背面の地盤抵抗

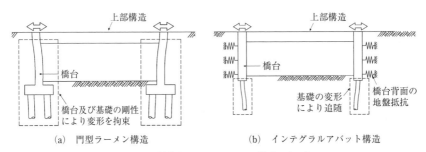

(a)　門型ラーメン構造　　(b)　インテグラルアバット構造

図-3　橋台部ジョイントレス構造の概要

る．橋台の形式には，逆T式橋台，ラーメン式橋台，箱式橋台，盛りこぼし橋台などがある．(P.69：図-2)

きょうだいぶジョイントレスこうぞう（橋台部ジョイントレス構造） joint less abutment
　路面からの排水処理の不具合による腐食，特に支承部等の腐食が維持管理上問題になっていることから，比較的短い支間の単純橋などで，支承と伸縮装置を省略した橋台部ジョイントレス構造が平成24年度に改訂された道路橋示方書下部構造編に規定された．温度変化等に伴い上部構造に生じる変形に対して，橋台躯体および基礎の剛性により変形を拘束する門型ラーメン形式と変形に追随するインテグラルアバット形式がある（P.69：図-3）．

きょうどうこう（共同溝） common duct
　電気，電話，上下水道，工業用水，ガス等の公益物件を集約的，計画的に収容するため，道路管理者が道路の地下に設ける施設．各施設の設置に伴い道路を何度も掘り返すことを防止し，道路構造の保全および円滑な道路交通の確保を図る．また，架線を埋設することにより，都市景観の改善や都市防災機能の向上にも寄与できる．共同溝の建設，管理および費用負担等は，「共同溝の整備等に関する特別処置法」に定められている．

きょうどぞうかりつ（強度増加率） undrained strength ratio
　正規圧密状態にある粘土の非排水せん断強度 c_u を圧密圧力 p_0 で正規化した値（$m = c_u/p_0$）のこと．一般に，対象としている粘土に固有の定数となる．自然堆積粘土地盤は，やや過圧密状態になっていたり，応力履歴的には正規圧密であったとしても，年代効果により圧密降伏応力 p_c が大きな見かけの過圧密状態になっていたりする．このため，圧密圧力に相当する有効土かぶり圧 σ'_{v0} で正規化するのではなく，圧密降伏応力 p_c で正規化（$m = c_u/p_c$）することによって，強度増加率はその粘土固有の定数となる．バーチカルドレーン工法による強度増加を見込む設計などで用いられる土質パラメーターである．なお，円弧すべり解析などで地盤の非排水せん断強度を入力する際に用いられる深さ方向の強度増加割合（$k = c/z$）も強度増加率と称されることがあり，混同しないように注意が必要である．(図-1)

きょうへき（胸壁） parapet wall
　橋台の上部にあり，橋座面より上に作用する背面盛土の土圧および表面載荷荷重を支持する壁体．最近では通常パラペットと呼ぶ．踏掛版を設置する場合はその荷重も考慮した設計，また，パラペットに落橋防止構造を取り付ける場合は，落橋防止構造がその機能を発揮できるように設計がなされる．(図-2)

きょくげんしじりょく（極限支持力） ultimate bearing capacity
　⇨鉛直極限支持力

きょくげんつりあいほう（極限つり合い法） limit equilibrium method
　慣用解析法で用いられる主なる解析法で，斜面の安定解析などに用いられる．斜面の安定計算を行う場合，通常は破壊以前の安定な斜面を対象とすることから，すべり面の位置や形状は不明である．したがって，一般にはいくつかの仮想すべり線を想定し，す

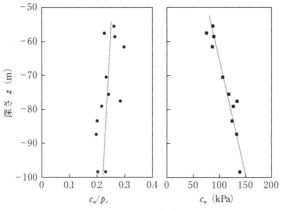

図-1 強度増加率

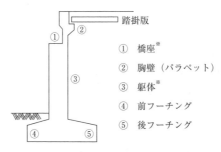

① 橋座※
② 胸壁（パラペット）
③ 躯体※
④ 前フーチング
⑤ 後フーチング

図-2 胸壁の構造（逆T式橋台）

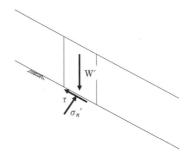

図-3 極限つり合い法

べり土塊に作用する滑動力と抵抗力のつり合いから，それぞれの仮想の限界平衡状態を与える安全率を求め，その最小値をもって斜面のすべり破壊に対する安全率とし，斜面の安定性を評価する．(P.71：図-3)

きょうおうりょくど（許容応力度） allowable stress
材料の基準強度に安全率を考慮して低減した強度．材料の基準強度とは鋼材の場合は降伏強度または座屈強度が，コンクリートの場合には圧縮強さがこれにあたる．

きょうおうりょくどせっけいほう（許容応力度設計法） allowable stress design method
設計荷重に応じた構造部材に発生する最大応力度を許容応力度以下に止めることによって構造物の安全性を確保しようとする設計法．設計で考慮する荷重の中には，地震荷重のように稀にしか起こらない性質のものもあるので，各種荷重の組み合わせにおいて許容応力度の割り増しを行う．

きょうしじりょく（許容支持力） allowable bearing capacity
設計において許容される支持力の限界値であり，地盤の極限支持力を所定の安全率で除して得られる支持力，基礎の材料強度から決まる支持力および許容される変位量から決まる支持力のうちの最小の値をとる．

きょうへんいりょう（許容変位量） allowable displacement
構造物の安全性や機能を保持するうえで許容しうる変位量の制限値．深い基礎の設計では，過大な基礎の変位が有害な残留変位の原因となるため，それを抑えるためにこの制限値が設けられている．道路橋示方書では常時，暴風時およびレベル1地震時の許容変位量を原則として基礎幅の1％としており，またレベル2地震時では基礎天端の回転角で0.02ラジアンを目安としている．

きりど（切土） cut, cutting
道路，鉄道，ダム，宅地，空港など，各種施設の空間を得るため，原地盤を安定な勾配で切り取り構築される土構造物．切り取った箇所を切土部といい，原地盤を切り取ってできる人工の斜面を切土法面という．切土を構築するにあたっては，地山の硬さ，亀裂の状況，風化の程度など地盤の状況をよく調査し，切土法面の安定が得られるよう，切土法面勾配，切土法面保護工などを決定する必要がある．また，構築後の維持管理も重要である．(図-1)

きりばり（切梁） strut
山留め工事において，土圧や水圧などの外力を，山留め壁および腹起しを介して圧縮力で支えるために根切り面内に設けられる．向い合った山留め壁の間に水平に架け渡して山留め壁を支持する部材として使われる．トレンチカット工法において同じように架け渡して山留め壁を支持する使い方や，アイランド工法において，施工済の躯体から斜め上方に架け渡して山留め壁を支持する使い方などもある（図-2，P.75：図-1）．⇨トレンチカット工法，アイランド工法

きりばりおんどおうりょく（切梁温度応力） strut stress by temperature
山留め壁で端部が拘束された切梁が気温の変化によって軸方向に伸び縮みするために

きよよ～きりば

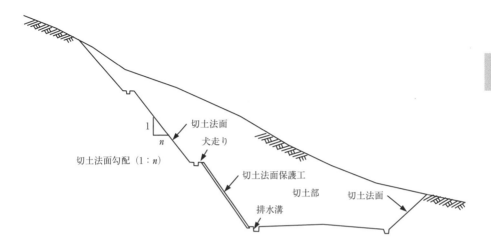

図-1　切土各部の名称

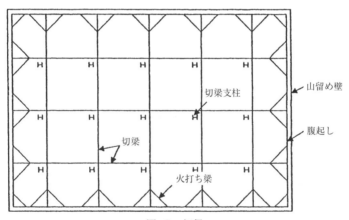

図-2　切梁

発生する応力をいう．切梁長さが50mを超えるような大規模工事では，温度応力による切梁軸力が全体の軸力の半分程度となることもあり注意が必要である．

きりばりしきどどめ（切梁式土留め）　earth retaining wall supported by strut
　山留め壁に作用する土圧・水圧を，切梁および腹起し等の支保工により支持し，根切りを進める工法．根切り・山留め工事において最も一般的に用いられる工法である．向かい合う山留め壁の土圧・水圧に対して切梁で支えるため，根切り平面が不整形の場合や敷地に大きな高低差がある場合は採用することは難しい．また，平面規模が大きくなると切梁が長くなり，変形を押える効果が小さくなるため，採用することは難しい．（図-1）

きりばりしちゅう（切梁支柱）　strut post
　鋼製支保工において切梁の自重や切梁軸力の鉛直成分などの鉛直力に対して切梁を支えるとともに，切梁の面外座屈を防止するために用いられる鉛直部材のこと．棚杭ともいう．（図-1）

きりばりはんりょく（切梁反力）　strut load
　山留め壁の変形や崩壊を防ぐために設けた切梁に作用する土圧や水圧などの側圧に対する反力．

きりばりブラケット（切梁ブラケット）　strut bracket
　鋼製切梁架設時に切梁支柱へ切梁を預けるために設ける切梁受けの部材．通常アングル材がよく用いられ，押え切梁ブラケットとともに切梁を切梁支柱へ固定する．（写真-1）

きりばりプレロード（切梁プレロード）　strut pre-load
　切梁を設置した後，山留め壁の応力・変形を減少させるため，切梁架設までの山留め壁の変位とその後の根切りに伴う切梁位置での変位を抑える目的で，油圧ジャッキを用いて切梁にあらかじめ導入する軸力．

きりもりさかい（切盛り境）　boundary of cutting and filling
　土構造物における切土部と盛土部の境．切盛り境は，雨水や地山からの浸透水などが境界面を流れやすく弱部となりやすい．このため，排水処理は非常に重要となり，地下排水工を適切な箇所に設ける必要がある．また，施工中においても切盛り境に仮排水路，盛土部に排水（横断）勾配を設けるなど排水対策が必要である．

きれつけいすう（亀裂係数）　coefficient of fissures
　対象とする岩盤の弾性波速度を（v）と新鮮な岩片の弾性波速度を（v_c）から，$(v/v_c)^2$で表わされる係数．岩盤の弾性波速度は，割れ目が多いと低下する傾向があることに着目している．しかしながら，弾性波速度を低下させる要因はいくつもあるため，風化の程度を含めた総合的な劣化の程度を表す指数と考えた方がよい．

きんせつせこう（近接施工）　adjacent construction
　既設構造物の機能に重大な影響を与えるおそれがある既設構造物近傍の工事，が広義の意味であり，地上工事で施工機械等が近接構造物に直接的に損傷を与える場合と，地下工事に伴う地盤変形により間接的に損傷を与える場合がある．一般には，後者の意味

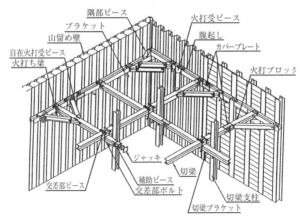

図-1 切梁式土留め（山留め）

写真-1 切梁ブラケット

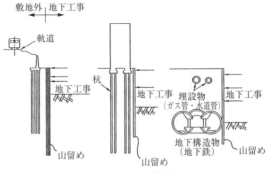

図-2 近接施工

で使われ，新設構造物の杭工事や掘削・根切り工事によって周辺地盤の変位が発生して，既設構造物の安全性や機能性に影響を与えるおそれのある既設構造物近傍の工事を意味する．具体的な設計・施工は，各機関が定める規準による．（P.75：図-2）

きんせつもりど（近接盛土） adjacent embankment

新設される構造物に近接した盛土．新設構造物の施工時や供用時において，その機能を損なうことがないか，事前に影響範囲を評価し，必要な対策や計測管理を行い，設計・施工を進めることが重要である．

きんとうけいすう（均等係数） uniformity coefficient

土の粒径分布の広がりを表すための指標．粒径加積曲線の通過質量百分率が10％および60％に相当する粒径をそれぞれ D_{10} および D_{60} とするとき，均等係数 U_c は $U_c = D_{60}/D_{10}$ で表される．均等係数は土の粒径分布曲線の傾きを代表しており，U_c 値が大きければその土は広い範囲の粒径から成っていることになる．$U_c > 10$ の土を粒度分布がよいという．

〔く〕

くい（杭） pile

構造物の荷重を地盤に伝えるために地中に設置される柱．地盤に打ち込まれ，あるいは埋め込まれる既製杭と，地盤中で杭体を築造する場所打ち杭とがある．また，支持機構の観点から，杭の先端を良質な支持地盤に到達させて先端抵抗を期待する支持杭と，周面抵抗のみを期待する摩擦杭に分類される．

くいうちき（杭打ち機） pile driver (pile driving machine)

杭の施工に用いる施工機械．陸上工事では機動性を持った自走式の機械が主流を占める．機材は，ベースマシーン，杭の打設装置（ハンマー，オーガ，モータなど），および杭の施工性を確保するためのガイドを有するリーダより構成されている．リーダの保持方法により，懸垂方式と三点支持方式に分類される．海洋では，杭打ち船や自己昇降式海上作業足場を用いる．杭打ちやぐらと称されることもある．（図-1）

くいうちこうしき（杭打ち公式） pile driving formula

杭の打込み時の動的貫入抵抗から，静的な支持力を推定するために用いる推定式．杭頭部をハンマーにより打撃した際に杭頭部に与えられた打撃エネルギーと杭の貫入に要するエネルギーが等しいものと仮定するエネルギーつり合い式と，打撃により発生する応力波の伝播問題として扱う波動理論式がある．かつては杭の静的支持力の推定に用いられたが，ばらつきが大きいためにその推定精度の問題からあまり使われなくなった．現在では主として打込み杭の打止め時の施工管理に用いられている．

くいうちしけん（杭打ち試験） pile driving test

打込み杭により杭を施工する際に，杭が損傷なく所定の深度まで施工できることを確認するために行う試験施工．打撃回数，ラム落下高，杭の貫入量とリバウンド量，作業

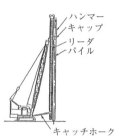 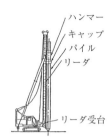  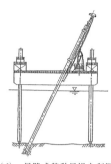

(a) 懸垂式杭打ち機　　(b) 三点支持方式　　(c) ロープつり式　　(d) 昇降式移動足場を利用
　　　　　　　　　　　　　杭打ち機　　　　　　杭打ち機　　　　　した杭打ち機（海洋）

図-1　杭打ち機の例

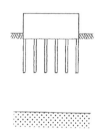 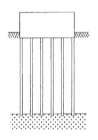 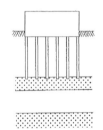

(a) 摩擦杭基礎　　　(b) 支持杭基礎　　　(c) 支持杭基礎
　　　　　　　　　　　　（完全支持杭）　　　（中間層支持）
　　　　　　　　　　　　　　　　　　　　　　（不完全支持杭）

図-2　杭基礎の種類

 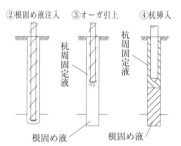 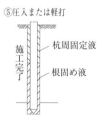

図-3　杭周固定液

時間，騒音，振動などを記録し，杭の施工性と，施工上の問題点の把握，施工に必要な打撃ハンマー容量，キャップやクッションの仕様，杭長，強度，断面を決定し，施工管理に供する．また，杭打ち試験により，施工する杭のおよその支持力推定を行うこともできる．⇨動的支持力式

くいきそ（杭基礎） pile foundation

構造物の荷重を杭により地盤に伝達させ支持する形式の基礎．杭基礎は支持形式により，杭先端を支持層に設置し，主として杭先端抵抗で荷重を支持する支持杭基礎と，杭先端が支持層に達しておらず，主として杭の周面摩擦抵抗で支持する摩擦杭基礎に大別される．支持杭基礎で，強固な支持層に杭先端を設置しているものを完全支持杭，中間層に支持しているものを不完全支持杭と称することがある．（P.77：図-2）

くいしゅうこていえき（杭周固定液） pile shaft circumference solidified by cement slurry

埋込み杭を打設する際に使用する杭周面と地盤との間に介在させて杭の軸部と地盤を固定させるセメントミルクをいう．（P.77：図-3）

くいせんたんほきょうバンド（杭先端補強バンド） reinforcement band of pile toe

PHC杭などのコンクリート系の既製杭を打込み工法にて施工する場合などに杭先端部が破壊しないように補強するバンドのことをいう．鋼管杭でも，先端支持地盤や中間地盤が砂礫の場合，先端に補強バンドを取り付けることがある．中掘り工法の場合は，PHC杭では，先端部にフリクションカッターを付け，鋼管杭の中掘り先端根固め工法では，鋼管の板厚だけでは先端支持力に耐えられないことが多いので，先端補強バンドが用いられている．（図-1）

クイックサンド quick sand

上向きの浸透流が大きい場合，粘着力のない砂は見かけ上無重力状態となり，砂粒子が水の中で浮遊する．この砂の状態をクイックサンドという．地下水位以深の砂地盤において，地震時の振動で過剰間隙水圧が発生し，有効応力がゼロとなる液状化も一種のクイックサンドである．（図-2）

くいとうけつごうぶ（杭頭結合部） a part of pile-footing connection

杭とフーチングとを結合する部位．杭とフーチングとの結合は，一般に剛結合とヒンジ結合に分類されるが，許容される水平変位が厳しい場合に有利なことや耐震上の安全性の観点より剛結合が多く用いられる．

くいとうしょり（杭頭処理） pile head treatment

施工後の杭頭部を，掘削時に設計図書の所定レベルとなるよう施工すること．既製杭では所定レベル以上の杭体の切断撤去，場所打ちコンクリート杭では，余盛りコンクリートの破砕撤去を行う．施工は杭の強度が発現した後行い杭頭部が損傷しないよう留意する．杭が所定レベルより低い場合は，設計者と協議し適切に補強する．既製杭では切断機，場所打ちコンクリート杭では破砕剤や付着防止材を用いる方法もある．（図-3）

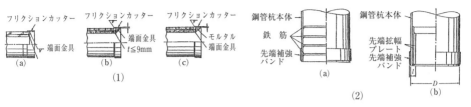

図-1 杭先端補強バンド

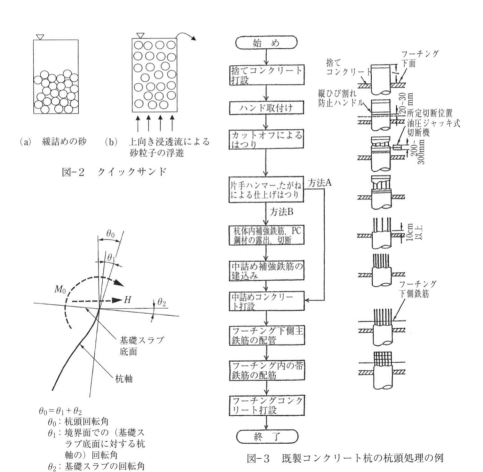

図-2 クイックサンド

図-4 杭頭接合部の回転剛性

図-3 既製コンクリート杭の杭頭処理の例

くいとうせつごうぶのかいてんごうせい（杭頭接合部の回転剛性） rotational rigidity of pile head

基礎（基礎スラブ）と杭との境界面（基礎スラブ底面）における接合条件で，回転角としては図のθ_1を対象とする．一般には回転剛性は$K_\theta=M_0/\theta_1$で定義する．基礎（基礎スラブ）の回転を無視できる場合には$\theta_0=\theta_1$（$\theta_2=0$）となる．(P.79：図-4)

くいの（えんちょく）きょくげんしじりょく（杭の（鉛直）極限支持力） bearing capacity of a pile (in vertical direction)

杭が地盤によって支持することができる限界の鉛直荷重をいう．鉛直の語を省略して単に杭の支持力と称することもある．一般に，杭の鉛直支持力は先端支持力と周面摩擦力からなり，杭の鉛直載荷試験，支持力算定式，または杭打ち試験などによって推定される．（図-1）⇨鉛直極限支持力

くいのえんちょくこうばんさいかしけん（杭の鉛直交番載荷試験） axial reciprocal load test of pile

杭頭に静的な軸方向交番荷重を加える試験．構造物のロッキング動などによって杭に作用する軸方向交番荷重に対する履歴減衰特性や復元力特性などの支持力特性について評価することや，構造物のロッキング動などに対する杭の設計鉛直支持力および設計引抜き抵抗力を確認することを目的として実施される．通常は杭に加わる常時鉛直荷重相当の初期荷重を載荷した後，交番荷重を増加させながら計画最大交番荷重まで載荷する．この試験方法は2002年に改訂された地盤工学会基準「杭の鉛直載荷試験の方法・同解説」で新たに基準化された．（図-2）

くいのえんちょくさいかしけん（鉛直載荷試験（杭の）） vertical load test

地盤工学会で基準化されている鉛直載荷試験において，杭に静的な荷重を加える静的載荷試験には，杭頭に軸方向押込み力を加える押込み試験，先端載荷方式によって軸方向力を杭の先端付近に加える先端載荷試験，杭頭に軸方向引抜き力を加える引抜き試験，杭頭に軸方向交番荷重を加える鉛直交番載荷試験の4種類があり，杭に動的な荷重を加える動的載荷試験には，軸方向の急速荷重による押込み力を加える急速載荷試験と，軸方向衝撃力を加える衝撃載荷試験の2種類がある．このほかにも，鉛直荷重を長期間保持する長期（鉛直）載荷試験や，軸方向の振動荷重を加える振動試験などがある．

えんちょくしじりょく（鉛直支持力） bearing capacity
⇨鉛直極限支持力

くいのおしこみしけん（杭の押込み試験） static axial compressive load test of pile

杭頭に静的な軸方向押込み力を加える試験．杭の鉛直支持力特性に関する資料を得ることや杭の設計鉛直支持力を確認することを目的として実施される最も一般的な試験方法である．実際の杭と同じ荷重条件で行うため鉛直支持力特性を評価する際の信頼性が高い．反力抵抗体にはグラウンドアンカーや実荷重を用いる場合もある．（図-3，写真-1）

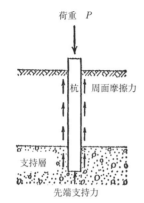

図-1　杭の（鉛直）極限支持力

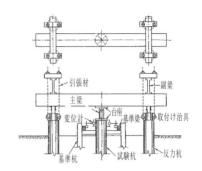

図-3　杭の押込み試験における試験装置

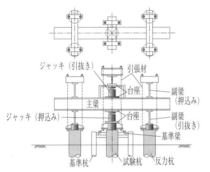

図-2　杭の鉛直交番載荷試験における試験装置

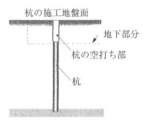

図-4　杭の空打ち部

写真-1　杭の押込み試験

くいの

くいのからうちぶ（杭の空打ち部） void part over a pile

　杭の施工地盤面から杭頭レベルまでの杭体が施工されない部分．空打ち部分は杭の施工後，放置すると崩壊による作業障害や墜落などによる事故を生じるおそれがあるため，埋戻しを行う．埋戻しに当たっては，施工された杭の性能に問題を生じることのないよう注意し，コンクリートの初期硬化を待つなどする．（P.81：図-4）

くいのきゅうそくさいかしけん（杭の急速載荷試験） rapid load test of pile

　杭体の波動現象は無視できるが，速度および加速度に依存する杭体と地盤の抵抗は無視できない載荷を行う載荷試験である．急速載荷を与える方法として，反力体慣性力方式，軟クッション重錘落下方式，急速ジャッキ方式などがある．反力体慣性力方式は，杭頭に載せた反力体を特殊な推進剤の燃焼ガス圧力により打ち上げ，その慣性反力を杭頭に載荷させる方式で，スタナミック試験がよく知られている．急速載荷試験から静的抵抗成分を分離して求めるには，一般に除荷点法を用いる．この試験方法は2002年に改訂された地盤工学会基準「杭の鉛直載荷試験の方法・同解説」で新たに基準化された．（図-1）

くいのこうしょうけい（杭の公称径） nominal pile diameter

　杭の公称径とは，製作（施工）機械や工法により構築されると考えられる杭の仕上り直径．場所打ち杭の場合には，工法および使用機械より異なって設定される．（表-1）
　⇨杭の設計径，杭の有効径

くいのさいかしけん（杭の載荷試験） pile loading test

　実際に使用される状態またはこれに近い状態の杭に荷重を載荷して，荷重と変位量の関係などを求める試験をいう．杭の載荷試験は，荷重の載荷方向から，鉛直（杭軸）方向の荷重を載荷する鉛直載荷試験と水平（杭軸直角）方向の荷重を載荷する水平載荷試験に分類できる．

くいのしょうげきさいかしけん（杭の衝撃載荷試験） impact load test of pile

　杭体の波動現象や地盤の速度および加速度に依存する抵抗が顕著となる載荷を与える動的載荷試験である．衝撃載荷試験の目的は，従来の静的鉛直載荷試験と同様な目的以外に，打止め管理や杭体応力，打撃エネルギーの伝達効率（ハンマー効率）の評価など，杭の施工管理にも利用される．衝撃載荷試験では，載荷継続時間が0.01から0.02秒程度と短く，杭体内を伝播する応力の波動現象を一次元波動理論に基づいて解析を行い，杭の鉛直支持力特性を評価する．この試験方法は2002年に改訂された地盤工学会基準「杭の鉛直載荷試験の方法・同解説」で新たに基準化された．（図-2）

くいのすいへいさいかしけん（杭の水平載荷試験） lateral loading test of pile

　杭軸直角方向の荷重に対する杭の挙動を把握するために行う載荷試験．杭の軸直角方向の挙動は，荷重の性質（載荷速度，期間，載荷の方向），荷重の載荷高さ，杭頭部の固定状況，杭の曲げ剛性，杭の根入れ長さ，単杭か群杭かによって異なるので，載荷試験実施とその結果の適用に当たってはこれらの点に関する実杭と試験杭との差異についての注意が必要である．杭の載荷試験方法については地盤工学会で基準が定められている．（P.85：図-1）

くいの

表-1 杭の公称径・設計径

工　法		公　称　径	設　計　径
場所打ち杭	(a) オールケーシング	ケーシングチューブ刃先（カッティングエッジ）の外径	ケーシングチューブ刃先（カッティングエッジ）の外径
	(b) リバース	回転ビットの外径	回転ビットの外径
	(c) アースドリル	回転バケットに取り付けたサイドカッターの外径	回転バケットに取り付けたサイドカッターの外径. ただし, 安定液使用の場合には(公称径 − 0.05)*m
深礎工法	(d) 波形鉄板, リング枠	リング枠の外径	リング枠の外径
	(e) ライナープレート	ライナープレートの連結用ボルト孔中心の径	ライナープレートの内径
	(f) ライナープレート＋補強リング	ライナープレートの連結用ボルト孔中心の径	補強リングの内径
	(g) モルタルライニング	モルタル等土留め構造の内径	モルタル等土留め構造の内径

※道路橋示方書の場合

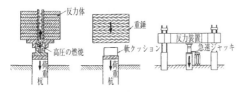

(a) 反力体慣性力方式　(b) 軟クッション重錘落下方式　(c) 急速ジャッキ方式

図-1 杭の急速載荷試験の載荷方式

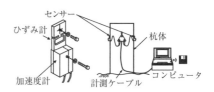

図-2 杭の衝撃載荷試験における計測装置例

くいの

くいのすいへいしじりょく（杭の水平支持力） lateral resistance of pile

　杭の水平抵抗力のこと．杭軸直角方向力を受ける杭の抵抗力は杭が移動することによって生じる地盤反力と杭体の曲げ剛性によるものである．したがって，杭の水平抵抗力の推定には，地盤反力の特性を把握することが必要となる．わが国では，杭の水平抵抗力のモデルとして弾性床上の梁理論を用いる場合が多い．この場合には，地盤反力のモデル化が重要である．このモデルとして，わが国では，チャンの式，港研方式などが広く用いられている．設計上期待できる杭の水平抵抗力は，変位量の制限によって決まる場合が多い．このため，設計上の杭の水平抵抗力は，載荷点の高さ，杭頭の固定状態によって影響を受ける．

くいのせいてきさいかしけん（杭の静的載荷試験） static load test of pile
⇨杭の動的載荷試験

くいのせっけいけい（杭の設計径） design pile diameter

　杭の設計径とは，設計上全断面有効とする杭の直径であり，杭の種類に応じて公称径や公称径を低減して設定される．具体的には鋼杭ではさびしろが差し引かれ，場所打ち杭の場合には工法および使用機械より異なって設定される．（P.83：表-1）⇨杭の公称径，杭の有効径

くいのせんたんさいかしけん（杭の先端載荷試験） pile-toe load test

　杭体の先端付近にジャッキを設置して，試験杭の先端抵抗力と押上げ抵抗力（周面抵抗力＋杭の自重）とを互いに反力として静的な軸方向力を載荷する試験．杭の先端支持力特性や周面抵抗に関する資料を得ることや設計先端支持力等の確認を目的として実施される．この試験方法は，a new simplified method for load testing，オスターバーグ試験（Osterberg test），O-cell test，新載荷試験法，簡易載荷試験法，杭先端載荷試験法，支持力相反載荷試験法との名称でも呼ばれる．2002年に改訂された地盤工学会基準「杭の鉛直載荷試験の方法・同解説」で新たに基準化された．計画最大荷重よりも予想される押上げ抵抗力の極限値が小さい場合には，反力杭等の補助的な反力装置を併用することもある（補助反力併用方式）．（図-2, 3）

くいのどうてきさいかしけん（杭の動的載荷試験） dynamic load test of pile

　杭の載荷試験は，荷重の性質から静的載荷試験と動的載荷試験に大別できる．静的載荷と動的載荷は，杭体と地盤の速度および加速度に依存する抵抗が無視できるか否かで区分される．具体的には縦波が杭体を一往復するのに要する時間（$2L/c$）に対する載荷時間（t_L）の比である相対載荷時間 $T_r(=t_L/(2L/c))$ の大きさで区分され，静的載荷は $T_r \geqq 500$，動的載荷は $T_r < 500$ である．また，動的載荷のうち急速載荷と衝撃載荷の区分は，杭体の波動現象を無視できるか否かで区分され，急速載荷は $500 > T_r \geqq 5$，衝撃載荷は $T_r < 5$ である．実際に行われている載荷試験の載荷時間 t_L は，静的載荷試験が数十分〜十数時間，急速載荷試験が0.1〜0.2秒，衝撃載荷試験が0.01〜0.02秒である．（図-4）

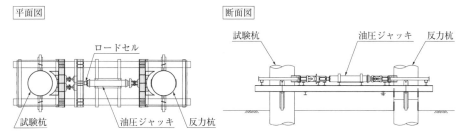

図-1　水平載荷装置例

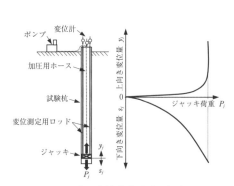

図-2　杭の先端載荷試験の概念図

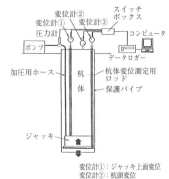

図-3　杭の先端載荷試験

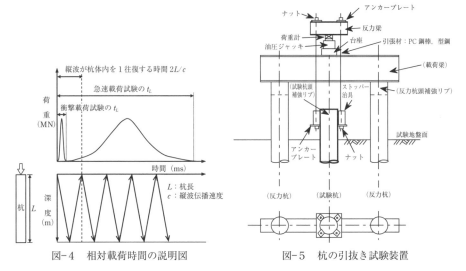

図-4　相対載荷時間の説明図

図-5　杭の引抜き試験装置

くいのひきぬきしけん（杭の引抜き試験） axial tensile load test of pile

　杭の鉛直載荷試験の一種で，杭頭に軸方向引抜き力を加える試験方法をいう．杭の引抜き抵抗力特性に関する資料を得ることや設計引抜き抵抗力の妥当性を確認することを目的として実施される最も一般的な試験方法である．反力抵抗体には反力杭や載荷板を用いることが多い．(P.85：図-5)

くいのひきぬきていこうりょく（杭の引抜き抵抗力） pulling resistance of pile

　杭に作用する引抜力に対する杭の抵抗力は，回転杭を除き，杭軸の周面抵抗のみが期待できることになる．杭が引き抜かれるときの抵抗には極大値があるため，設計上の注意が必要である．一般に杭軸の周面抵抗は押込み時の周面抵抗と等しいと考える場合が多いが，前記の理由から安全性の余裕を高めに設定することが必要である．回転杭は，杭体に作用する引抜力に対し，杭体の周面摩擦力に加えて，杭先端の羽根のアンカー効果による抵抗を見込むことができる．(図-1)

くいのゆうこうけい（杭の有効径） effective pile diameter

　杭の有効径とは，杭の設計径のことをいう．鉄道標準では設計径を有効径と呼ぶ．
⇨杭の設計径，杭の公称径

くうきかんげきりつ（空気間隙率） air content by volume, air void ratio

　土の全体の体積に占める，土中の空気およびその他のガスの体積の割合．空気率ということもあり，百分率で表す．道路や住宅造成など，盛土の品質管理を行うための管理項目の一つとして土の締固め管理があり，この管理基準値が各機関において定められており，密度比または間隙比，空気間隙率または飽和度，強度や変形などが用いられている．このうち，空気間隙率または飽和度は，一般に細粒土系の盛土に採用されている．

ぐうはつかじゅう（偶発荷重） accidental load

　船舶や車両の衝突，火災や爆発など，構造物のサイトや重要性，および環境条件から特別に考慮する荷重．

クーロンどあつ（クーロン土圧） Coulomb's earth pressure

　クーロンの土圧理論による土圧のこと．クーロン土圧論は土くさび論とも呼ばれる．剛な壁で支えられている裏込め土が直線のすべり面に沿って破壊するときの壁面土圧について，くさび自重と壁面およびすべり面に作用する力の極限つり合いから壁面土圧を求める理論．多くのすべり面の中で，土くさびがすべり落ちるときに壁面に働く力が最大となるものを主働土圧，押し上げられるときに最小となるものを受働土圧とする．塑性論的には上界法として捉えられる．(図-2, 3)

くたい（躯体） body, frame body

　土木，建築構造物において，全体を構造的に支える部材，あるいは，それらで構成される骨組構造体の総称．建築構造物では，内装，外装などの仕上げや設備などを除いた部分で，鉄骨構造における，梁，柱，ブレースなど，または，コンクリート構造における，梁，柱，スラブ，壁などの部材およびそれらで構成される構造体．土木構造物では，橋台や橋脚の柱など，本体部分をいう．

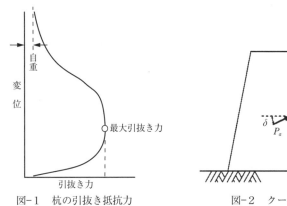

図-1　杭の引抜き抵抗力

図-2　クーロン土圧（主働土圧）

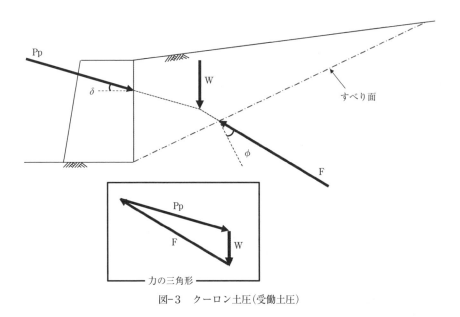

図-3　クーロン土圧（受働土圧）

くつさ～くりの

くっさく（掘削）　excavation
　構造物を構築する際に，地盤や岩盤などを掘る作業．掘削方法や掘削機械は，工事の規模，現場の条件，岩質や土質などにより選定される．岩石を掘削するには，発破工法，または，リッパ（爪）工法などが用いられる．前者は，岩の硬さに制約はなく，後者は，比較的軟らかい岩の場合に用いられる．土砂を掘削するには，ブルドーザ，ショベル系掘削機，スクレーパ系掘削機などが用いられる．

くっさくえき（掘削液）　drilling mud (fluid)
　掘削液とは，場所打ち杭や地下連続壁の掘削を行う際，孔壁の崩壊や押出しを防ぐために用いられる清水や泥水のことをいう．これらのうち泥水は，以下の機能を有しており清水より優れるが，清水と比較してスライム処理を十分に行う必要がある．a．孔壁に不透水性の泥壁を作り水に弱い孔壁を保護し，水圧とともに孔壁崩壊を防ぐ，b．逸水や湧水の抑制，c．送水停止時のスライム沈下を防止，d．掘削具に対する潤滑作用．

くっさくけい（掘削径）　drilling diameter
　掘削径とは，場所打ち杭の掘削に伴う孔壁間の最長離隔（直径）のことをいい，杭の掘削機械に応じて次のように定義される．オールケーシング杭：ケーシングチューブ刃先（カッティングエッジ）の外径，リバース杭：ドリリングビットの外径，アースドリル杭：ドリリングバケットに取り付けたサイドカッターの外径．

くみぐいしんそきそ（組杭深礎基礎）　column group-type bored deep foundation
　⇨深礎基礎

グラウンドアンカー　ground anchor
　先端部を良質地盤に定着させ，定着部を反力として山留め壁などの仮設構造物または本設構造物を引張力で支持する部材．地盤中に設置される定着体（アンカー体），自由長部（引張部），およびアンカー頭部から構成される．仮設構造物に用いられる仮設グラウンドアンカー，本設構造物の全供用期間にわたって用いられる永久（本設）グラウンドアンカーがある．また，供用後に引張材を撤去する除去式と引張材を撤去しない残置式の区別もある．（図-1）

くりかえしさんじくきょうどひ（繰返し三軸強度比）　cyclic triaxial strength ratio
　繰返し三軸強度比とは，土の繰返し非排水三軸試験により，ある繰返し載荷回数（N_c）である両振幅ひずみ（DA）に達する繰返し応力振幅比のことをいう．ここで繰返し応力振幅比とは，繰返し軸差応力の片振幅（σ_d）の1/2を有効拘束圧（σ_0'）で除したものをいい，図では（$\sigma_d/2\sigma_0'$）のみで表記されることもある．道路橋示方書で液状化判定を行う場合の繰返し三軸強度比（R_L）は，繰返し載荷回数20回で両振軸ひずみが5％となる繰返し応力振幅比を用いている．なお，液状化判定に用いる場合の繰返し三軸強度比は，液状化強度比と呼ばれることもある．（図-2）

クリノメータ　clinometer
　地質調査に用いる用具で，地層や断層などの走向，傾斜を測定するための器具．走向は，クリノメータの方位の表示が，通常の磁石と異なり，N－Sに対して，EとWが逆

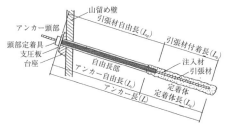

図-1　グラウンドアンカー

① 磁針
② 目盛（方位）
③ 目盛（傾斜）
④ 傾斜測定用の振り子
⑤ 水準器

図-3　クリノメータ

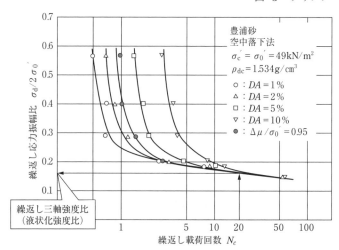

図-2　繰返し三軸強度比

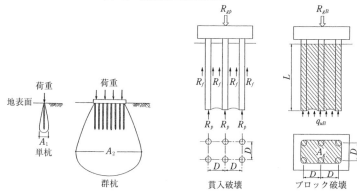

(a) 群杭と単杭の等しい地中応力に対する圧力球根　　(b) 群杭の支持力機構説明図

図-4　群杭

になっていることから、クリノメータの長辺を層理面に密着させて水平に保つことにより、磁針のN極が示す方向が走向として直読できるようになっている。ただし、測定される走向は、磁方位であるので、地質図などに記入するときには補正が必要である。(P.89：図-3)

くろぼく（黒ぼく） Kuroboku soil
腐植に富む粘性土であり、火山成黒ぼく（火山灰質有機質土）と非火山成黒ぼくとに分けられ、前者は北海道から九州の火山灰土地帯に、台地、丘陵、山麓や山頂平坦面上に、粘性土化した火山灰を母材として過去の草原植生下に広く分布している。後者は、火山灰に由来しないもので、母材は段丘堆積物上の氾濫ロームの場合が多く、本州中部、特に東海地方の洪積台地で過去の草原下に分布している。

ぐんぐい（群杭） pile group
複数本数の杭が近接して施工された杭の集団。杭間隔がある影響範囲内となると、群杭を構成している杭の相互に支持力、変位に対する影響が生じ、単杭の場合とは異なった支持力、変形性状（群杭効果（effect of pile group））を示す。群杭効果は、群杭が鉛直荷重、水平荷重および負の摩擦力を受ける場合に生ずる。(P.89：図-4)

ぐんぐいこうりつ（群杭効率） efficiency of pile group
群杭において、構成される単杭の支持力の総和に対する杭群全体の支持力の割合。鉛直と水平の2つの場合があり、鉛直においては杭間隔が短くなると杭群全体が一体となって破壊するようになり、中央の杭の摩擦力がほとんどどなくなって全体の支持力が低下する。また水平においても一体となって動くため、中央の杭の水平抵抗がほとんどなくなって全体の支持力が低下する。(図-1)

ぐんしゅうかじゅう（群集荷重） sidewalk live load
活荷重の一種で、歩行者や自転車が通行する橋梁の設計においてそれらが通行する場所に載荷する等分布荷重。現行の道路橋示方書では、床版および床組の設計には歩道等に $5.0kN/m^2$、主桁の設計にはその支間長に応じて歩道等に $3.0〜3.5kN/m^2$ の範囲の等分布荷重を用いることが規定されている。

〔け〕

けいしゃかじゅう（傾斜荷重） inclined load
土圧や地震時慣性力などの水平荷重を受ける構造物から地盤に作用する荷重合力のこと。構造物前面側の斜め下方を向いた荷重となるため、傾斜荷重と呼ばれている。土木構造物の多くは、主に自重により発生する荷重を受けるが、裏込めを有する構造物、すなわち護岸や擁壁等のような抗土圧構造物では、構造物の自重に加えて、水平土圧を受けるために、鉛直荷重と水平荷重の合力が構造物下の地盤に作用する。地震時の安定性を震度法により静的に検討する際には、主働土圧に加えて慣性力も水平力となる。(図-2)
⇨荷重傾斜率

けいしゃけい（傾斜計） inclinometer
傾斜計は、盛土荷重による土の流動変位量の測定や、工事掘削による地盤壁面の変状

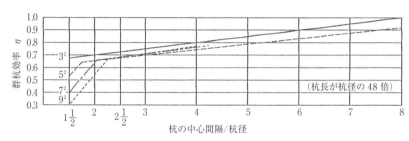

図-1　粘性土における群杭効率の実験結果

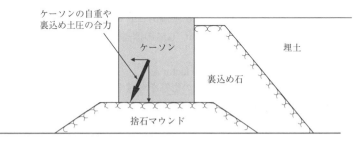

図-2　傾斜荷重

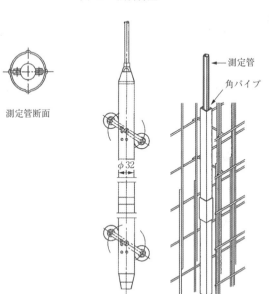

図-3　傾斜計

量の測定を行うため，適切な位置に設けたボーリング孔内に，測定管を挿入し，土の移動とともに変状した測定管の部分の傾斜を測定し，この傾斜から水平移動量を検出する装置である．埋設されるパイプは，特に製作した4方向に溝をもつ引抜きアルミ管で，前後，左右方向を測れるとともに反転測定も可能なので，精度の高い測定値が得られる．また，構造上，二つの固定ローラーがパイプ内壁に押し付けられて基準面を出しているので，溝の変状やローラーの摩耗に対しても高い精度を保持する．（P.91：図-3）

けいしゃへんかんせん（傾斜変換線） break line of slope

地形，斜面の傾斜が著しく変化する点（傾斜変換点）の連なり．性質の異なる地形面の境界を地性線といい，傾斜変換線（遷急線，遷緩線），山稜線（分水線），谷底線（合水線）などがある．地形より地質構造やその形成過程をある程度読み取れることなど，傾斜変換線は地質学的に，また，災害の予測の点でも重要な意味を持つ．地形図や空中写真などから読み取ることができるほか，GISの標高情報を解析することにより求められる．（図-1）

けいじょうけいすう（形状係数） shape factor

支持力式において，基礎の平面形状の影響を考慮するための係数．一般には，以下に示すテルツァーギの支持力式における α，β をいい，矩形断面（長辺 L，短辺 B）の場合には $\alpha = 1 + 0.3\ (B/L)$，$\beta = 0.5 + 0.1\ (B/L)$，円形基礎の場合には $\alpha = 1.3$，$\beta = 0.6$ としている．

$$q = \alpha \cdot c \cdot N_c + \beta \cdot \gamma \cdot B \cdot N_\gamma + p_0 \cdot N_q$$

けいそくかんり（計測管理） monitoring

① 圧力計や変位計あるいはレベルやトランシットなどの計測器によって，側圧や土留めの応力・変形，切梁軸力，周辺地盤の変状などを計測し，計測結果から土留めの安全性を管理し工事を進めること

② 土留めに限らず，施工に伴う対象構造物の変状等を計測し，安全性を管理し工事を進めること全般を計測管理という⇨情報化施工

けいりょうこんごうじばんざいりょう（軽量混合地盤材料） lightweight treated geo-material

盛土や埋戻し土の軽量化，裏込め土圧の軽減などを目的に，土に気泡や EPS ビーズ（発泡ビーズ）等を混ぜて軽量化を図り，さらにセメント等の固化材で強度を発現させる地盤材料のこと．原料土には，建設残土，浚渫土，現地発生土等が使われることが多く，リサイクル技術の一つとしても位置付けられている．

けいりょうもりど（軽量盛土） lightweight embankment

通常の土よりも軽量な材料を用いて構築される盛土．荷重や土圧の軽減を図ることを目的とし，軟弱地盤や地すべり地上での盛土，拡幅盛土，橋台背面の裏込めなどに適用される．基礎地盤の処理に要する費用の低減，工期の短縮などの利点がある．また，ボックスカルバートなどを用いた中空構造物による盛土も含まれる．軽量盛土材には，EPS ブロック，気泡混合軽量土，発泡ビーズ混合軽量土，石炭灰，水砕スラグ，火山灰土な

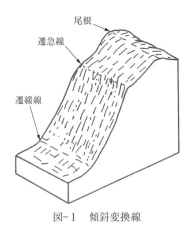

図-1　傾斜変換線

(a) 軟弱地盤上の盛土での
　　沈下低減側方流動抑制

(b) かさ上げなどの堤防盛土に
　　おける沈下低減・すべり抑制

(c) 両壁面を有する盛土
　　における土圧軽減

(d) 拡幅盛土による荷重
　　および土圧軽減

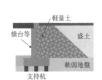

(e) 構造物取付部における
　　段差防止や土圧軽減

図-2　軽量盛土

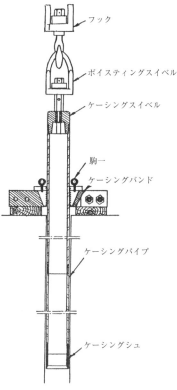

図-3　ボーリング時に設置したケーシングの引上げ状況

どがある．(P.93：図-2)

ケーシング casing

　孔壁の崩壊防止，水止めを目的として孔内に挿入する薄肉の鋼管．ボーリング時においては，ケーシングの挿入は崩壊防止等にきわめて有効であるが，一方で口径が小さくなること，ケーシングが挿入されていると検層ができなくなる場合があるなどの欠点もある．(P.93：図-3)

ケーシングオーガこうほう（ケーシングオーガ工法）　casing auger method

　既存杭や地中障害等を撤去するときに用いる工法．既存杭もしくは地中障害物の周辺の地盤との摩擦を，中空のケーシングオーガを回転させながら地盤に貫入することで地盤の縁を切り，撤去もしくは解体する工法である．ケーシングを引き抜くときに埋戻しを行うため，引抜き工法に比べて地盤を緩めることが少ない．(図-1，写真-1)

ケーシングチューブ　casing tube

　場所打ちコンクリート杭をオールケーシング工法（ベノト工法）で施工する場合に，削孔内部の崩壊を防止する目的で掘削と同時に圧入される所定の大きさの鋼管をいう．オールケーシング工法（ベノト工法）では，先端にカッティングエッジを取り付けたケーシングチューブが用いられ，揺動（15°程度の回転を繰り返す）により摩擦を切りながら圧入する．(図-2，写真-2) ⇨オールケーシング工法

ケースほう（CASE法）　CASE method

　杭頭にひずみゲージと加速度計を取り付け，測定した入射波と反射波から一次元波動方程式の解を用いて，リアルタイムに全抵抗を推定し，これをもとに測定位置以深の全体の静的抵抗成分を推定する方法．Case Western Reserve Universityより開発されたことからCASE法という．荷重～変位関係を得ることはできないが，杭打撃中に全貫入抵抗力を測定することが可能であるため，杭の支持力の施工管理法として用いられる．しかし，全貫入抵抗力は動的な成分も含んだ貫入抵抗力であるため，必ずしも静的支持力とは一致しない．

ケーソン　caisson

　① 函体を地上で製作し，その底部の土を掘削しながら地中に沈設させて築造する基礎をいい，オープンケーソンとニューマチックケーソンがある．施工条件から杭基礎が適当でない場合や特に大きい支持力と剛性が必要な場合に適している．基礎の平面形状は，円形，矩形，小判型がある．(図-3)

　② 港湾において防波堤や岸壁を構築するために用いる函型の躯体．一般に矩形断面の構造物で，内部は隔壁により複数の隔室に分割されている．陸上ヤードやドライドック等においてあらかじめ製作され，設置位置まで運搬された後，内部隔室に土砂等を投入して構造物を形成する．用いる材料によって，コンクリートケーソン，鋼製ケーソン，ハイブリッドケーソン等の種類がある．(図-4)

ケーソンこうほう（ケーソン工法）
　⇨ケーソン

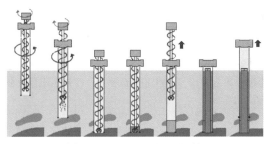

図-1　ケーシングオーガ工法

写真-1　ケーシングオーガ工法

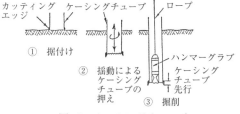

図-2　ケーシングチューブ

写真-2　ケーシングチューブ

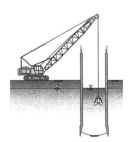

オープンケーソン

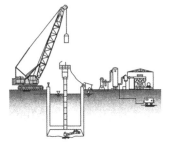

ニューマチックケーソン

図-3　ケーソン

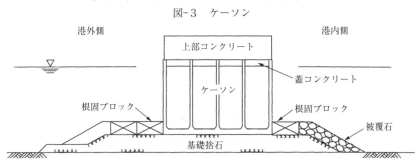

図-4　ケーソンを用いた防波堤の例

ケーち（K値）　*K*-value, coefficient of subgrade reaction
　一般に，舗装の路盤上，路床面の地盤の剛性を表す地盤反力係数をいい，平板載荷試験より得られる場合が多い．この場合の単位は，例えば kN/m^3 である．横方向の地盤反力係数としても用いられる．また，鉛直土かぶり圧に対する水平土圧の割合である土圧係数のことも K 値といい，静止土圧係数を K_0，受働土圧係数を K_p，主働土圧係数を K_a と表記する．この場合の単位は無次元である．

けたざ（桁座）　bridge seat
　⇨橋座

けみこぱいるこうほう（ケミコパイル工法）　chemicopile method
　ケミコパイル工法は，軟弱地盤中に生石灰を主成分にした地盤改良材であるケミコライム（商品名）をパイル状に圧入・造成し，ケミコライムの土中水の急激脱水と地盤の強制圧密を図るとともに強固なケミコパイルとの縦型複合地盤を形成する地盤改良工法であり，生石灰杭工法の代表的工法である．昭和40〜50年代には生石灰杭工法といえばケミコパイル工法と称していた．（図－1，写真－1）⇒生石灰杭工法

げんあつちんか（減圧沈下）　caisson-sinking by reduced air pressure
　ニューマチックケーソンにおいて，沈下作業が困難になったときに作業室内の気圧を下げ，負圧によってケーソンを沈下させることをいう．ニューマチックケーソンの場合は0.1気圧の減圧で $10kN/m^2$ の荷重を載荷したのと同じ効果が発揮されるので安易に実施されることがある．しかし，減圧により周辺地盤にも同じ負圧が作用することになることから周辺地盤を引き込んでしまい，周辺地盤を乱すだけでなく，先端地盤の支持力を低下させる．これを防止するために一般の技術規準では減圧沈下を禁止している．

げんいちしけん（原位置試験）　in-situ test
　現場において実施される試験．一般に，地盤の設計定数を求めるため，土のサンプリングを行い，物理試験や力学試験を実施することが多いが，原位置試験では土のサンプリングは行わず，地表面やボーリング孔を利用して地盤の情報を直接得る．原位置試験には物理探査・検層，サウンディング，地下水調査，載荷試験や現場密度試験がある．サウンディングのことを原位置試験ということもある．

げんいちベーンせんだんしけん（原位置ベーンせん断試験）　field vane shear test
　十字型のベーン（羽根）を地中に挿入し，このベーンを回転させることによって生ずる抵抗（トルク）から地盤のせん断強さを求める方法．ベーンせん断試験はベーンを6°/minで回転させることによって得られるトルクを測定し，最大トルクからベーンせん断強さを算定する．ベーンせん断試験は原位置で行われることが多く，ボアホール式と押込み式がある．ボアホール式は，あらかじめボーリングによって削孔し，その後ベーンを地中に押し込み，回転抵抗を測定する方法であり，押込み式は保護ケースに入ったベーンを直接地中に押し込んだ後に保護ケースからベーンを押し出し，回転抵抗を測定する方法である．ベーンせん断強さは，ボアホール式より押込み式の方が大きな値が得

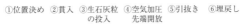

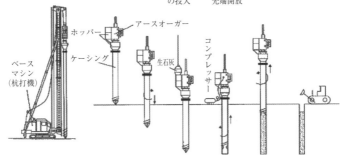

図-1 ケミコパイル

写真-1 ケミコパイルの施工

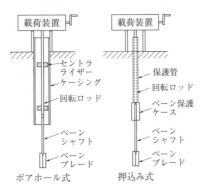

図-2 原位置ベーンせん断試験装置

られるといわれている．(P.97：図-2) ⇒ベーンせん断強さ
げんかいじょうたい（限界状態） limit state
　構造物または部材の性能を満足しなくなる限界の状態．対象とする性能に応じて使用限界状態，修復限界状態，終局限界状態および疲労限界状態などが定義される．それぞれの限界状態は，例えば次のように表現される．使用限界状態：著しい変形が生じて通常の使用に適さなくなる限界の状態，修復限界状態：所定の修復を実施できなくなる限界の状態，終局限界状態：それ以上の荷重には耐えられない限界の状態，疲労限界状態：変動荷重の繰り返し作用により疲労破壊する限界の状態．(表-1) ⇒限界状態設計法
げんかいじょうたいせっけいほう（限界状態設計法） limit state design method
　構造物や部材が要求性能を満足せず，設計目的を果たさなくなるすべての限界状態について検討する設計方法．限界状態の照査では十分な信頼性を満足することが要求され，信頼性設計レベル1では設計に用いる作用荷重，断面力算定式，材料強度，耐力（終局強度）算定式などに，それぞれのばらつきや不確実性などを考慮した部分係数が用いられる．⇒部分係数，抵抗係数アプローチ，荷重係数アプローチ
げんかいそせいへんけいりょう（限界塑性変形量） limit plastic deformation
　靱性を有する構造部材において耐力の低下を生じる限界の変形量をいう．(図-1)
けんじゃく（検尺） inspection measurement, inspection of drilling length
　材料の長さや断面寸法などを確認または検査するために行う測定．土木の分野では一般に，ボーリング調査において掘削が完了したときに，孔内から引き抜かれたロッドなどより掘進長を確認することをいう．また，基礎杭や地下連続壁などの工事において掘削が完了したときに，掘削深さを確認することをいう場合もある．
げんすい（減衰） damping
　振動時に，振動のエネルギーが失われ，振動が徐々に衰えていく現象および機構．振動のエネルギーが散乱して減少していく逸散減衰，材料の履歴特性に応じて熱等に変換されて失われていく履歴減衰など，いくつかの機構が考えられる．一般には，ダッシュ・ポット（粘性のある流体で満たされたピストン）のような速度比例型の粘性抵抗によりモデル化されることが多い．減衰が非常に大きい場合には過減衰といって振動は生じない．振動が発生する臨界レベルの減衰を臨界減衰という．(図-2)
げんすいじょうすう（減衰定数） damping factor
　ある振動系における減衰を，臨界減衰に対する比で表したもの．臨界減衰比ともよばれる．臨界減衰とは振動が発生する臨界レベルの減衰であり，これを超える減衰は過減衰といい，振動が発生しない状態となる．関連した概念に減衰比（damping ratio）と対数減衰率（logarithmic decrement）という言葉がある．減衰振動が始まって，同位相の n 回目の極値 P_n と $n+1$ 回目の極値 P_n+1 の比（P_n/P_{n+1}）は振動回数に関係なく一定値となり，これを減衰比という．減衰比の自然対数をとったものが対数減衰率であり，減衰定数，減衰比および対数減衰率には一定の関係があるため，1つが求まれば，他は容易に求めることができる．(P.101：図-1) ⇒減衰

表-1 橋の限界状態

各部材の限界状態	橋脚（塑性化又はエネルギー吸収を考慮する部材）	橋脚（上部構造に副次的な塑性化を考慮する場合）	基礎	免震支承と橋脚
橋脚	損傷の修復を容易に行い得る限界の状態	損傷の修復を容易に行い得る限界の状態	力学的特性が弾性域を超えない限界の状態	限定的な塑性化に留まる限界の状態
橋台	力学的特性が弾性域を超えない限界の状態	力学的特性が弾性域を超えない限界の状態	力学的特性が弾性域を超えない限界の状態	力学的特性が弾性域を超えない限界の状態
支承部	力学的特性が弾性域を超えない限界の状態	力学的特性が弾性域を超えない限界の状態	力学的特性が弾性域を超えない限界の状態	免震支承によるエネルギー吸収が確保できる限界の状態
上部構造	力学的特性が弾性域を超えない限界の状態	副次的な塑性化に留まる限界の状態	力学的特性が弾性域を超えない限界の状態	力学的特性が弾性域を超えない限界の状態
基礎	副次的な塑性化に留まる限界の状態	副次的な塑性化に留まる限界の状態	速やかな機能回復に支障となるような変形や損傷が生じない限界の状態	副次的な塑性化に留まる限界の状態
フーチング	力学的特性が弾性域を超えない限界の状態	力学的特性が弾性域を超えない限界の状態	力学的特性が弾性域を超えない限界の状態	力学的特性が弾性域を超えない限界の状態
適用する橋の例	免震橋以外の一般的な桁橋等	ラーメン橋	橋脚躯体が設計地震力に対して十分大きな耐力を有している場合や液状化の影響のあるようなやむを得ない場合	免震橋

※下線は今回の改定で記述の変更があった箇所

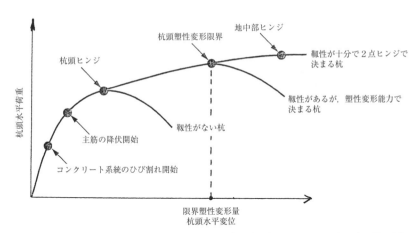

図-1 杭頭の水平荷重—水平変位関係における各状態（コンクリート系の長い杭の例）

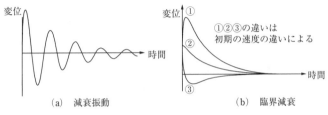

図-2 減衰

けんせつおでい（建設汚泥） construction sludge
　発生土のうち，掘削等により排出される発生土で，泥土状をしており，また，薬液等を含んでいる．廃棄物処理法に規定される産業廃棄物に該当する．

けんせつはっせいど（建設発生土） construction surplus soil
　発生土のうち，建設汚泥を除いたもの．さらに，浚渫土と浚渫土以外の建設発生土に分類される．泥土状をした浚渫土以外の建設発生土は第1種から第4種の建設発生土に分類される．これらの種類の分類にはコーン指数が用いられる．

けんせつふくさんぶつ（建設副産物） construction by-products
　建設工事に伴って産出する物品の総称．平成14年5月の建設リサイクル法の完全施行以来，建設工事に伴って算出する副産物を分別することにより減容化する努力がなされている．建設副産物には，建設発生土のようにそのまま原材料となるものや少ない加工によって原材料として利用できる可能性のあるものといった再生資源が多くある．また，一部には，アスベストのように有害なものもあり，これらは廃棄物として適正に処理されるべきものである．（図-2）

げんちとうさ（現地踏査） site reconnaissance
　建設事業の調査，設計段階において，現地の状況，地形，土質，地質などの基本的な情報を把握するため，実際に現地に立ち入り，調査する作業．特に，地形，土質，地質などは設計，施工に与える影響が大きく，このため，現地踏査にはその影響の度合いを判断し，将来にわたり支障となるような問題を回避，軽減する能力および豊富な経験が必要である．また，現地踏査の結果は，総合的に検討し，設計，施工に反映することが重要である．

げんばけいそく（現場計測） monitoring on site, field measurement
　建設現場において，不確実性を伴う諸事項，問題などに対して現地で行う計測．建設工事の多くは，地盤とのかかわりが大きく，不均質な材料を取り扱うため，設計時での仮定，推定と実際の現場での挙動とは異なることがある．現場計測は，実際の挙動を把握するうえで重要な作業であり，情報化施工にも利用される．現場計測の結果は，安全かつ経済的な施工方法，新しい設計方法の提案，開発にも役立てることができる．

げんばシービーアール（現場CBR） CBR value in situ
　現場における路床や路盤の支持力を直接測定する現場CBR試験より求められる値．CBR試験は，試験を行う場所の違いにより，室内CBR試験と現場CBR試験に分類される．現場における強度を直接測定することになるため，トラフィカビリティの判定や路床，路盤工の施工管理などに利用されている．道路の舗装設計で，設計CBRを求める場合には，室内CBRによることを原則としている．

げんばとうすいしけん（現場透水試験） in-situ permeability test
　ボーリング孔を用いて帯水層の透水係数を決定する原位置試験方法．ボーリング孔内水位を一時的に低下または上昇させ，水位の経時変化を計測する非定常法と一定量で揚水または注水し，孔内水位が一定になる値を計測する定常法がある．地盤の透水係数が高い

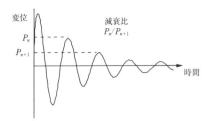

図-1 減衰定数

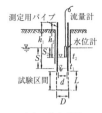

(a) 非定常法

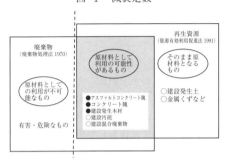

図-2 副産物の分類

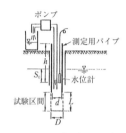

(b) 定常法（揚水による）

図-3 現場透水試験

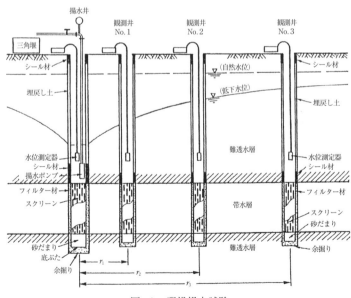

図-4 現場揚水試験

場合は，水位の経時変化を計測することが困難となるため，定常法を適用する．（P.101：図-3）

げんばようすいしけん（現場揚水試験） pumping test

揚水井戸と周辺の地下水位低下を観測する観測井戸を用いて帯水層の水理定数を決定する原位置試験方法．一定流量で揚水し，周辺地下水位を計測した結果からThiem（ティーム）式，Jacob（ヤコブ）式，Theis（タイス）式等の井戸公式にて透水係数，貯留係数，影響圏半径等を算出する．現在，結果の信頼性が最も高い試験法である．（P.101：図-4）

げんばようせつつぎて（現場溶接継手） field welding joint
　⇨継手

〔こ〕

コア core

ボーリングによりコアバーレル内に取り込まれた円柱状の土や岩石，またはその破片．採取したコアの観察により，地層などの地盤の状況，地質の判定，土や岩石の区分判定，また，コアの形状，硬軟，割れ目や風化の状態，コアの採取率などから岩盤の状態の評価ができる．コアを圧縮試験や引張試験などの力学試験の供試体として用いることもできる．ゾーン型フィルダムの遮水ゾーンもコア（impervious core）という．（写真-1，図-1）

コアバレル core barrel

地盤をビットで切り取ったコアを収めるためのパイプ状のものでコアチューブともいう．コアバレルは主にシングルチューブコアバレルとダブルチューブコアバレルに分けられる．柔らかい地盤や砂地盤ではシングルチューブのものが用いられることが多く，硬質粘土や岩盤にはダブルコアチューブのものが用いられることが多い．（図-2，3）

コアボーリング core boring, core drilling

コアバレルなどを用いて土や岩石のコアを採取しながら掘進するボーリング．岩や硬い土の調査に適している．ビットには，メタルクラウン，ダイヤモンドビットがあり，前者は軟らかい土から軟岩程度，後者はそれ以上の硬さのものに適している．コアボーリングに対し，切削した土や岩をすべて孔外に排出するボーリングをノンコアボーリングという．　⇨コアバレル

こううかくりつねん（降雨確率年） return period of rainfall

ある強度の降雨がどの程度の頻度で発生するかを表した年数．排水施設の規模，能力などを設計する際に用いられ，その重要度，地域の特性，周辺環境，経済性などを考慮して決定される．一般に大きな強度の降雨ほどその確率は低くなる．高速道路の排水施設の計画では，3〜10年，下水道の雨水排水の計画では，5〜10年の降雨確率年が一般的に採用されている．

げんば〜こうう

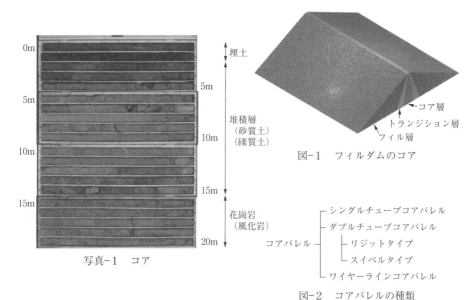

写真-1 コア

図-1 フィルダムのコア

図-2 コアバレルの種類

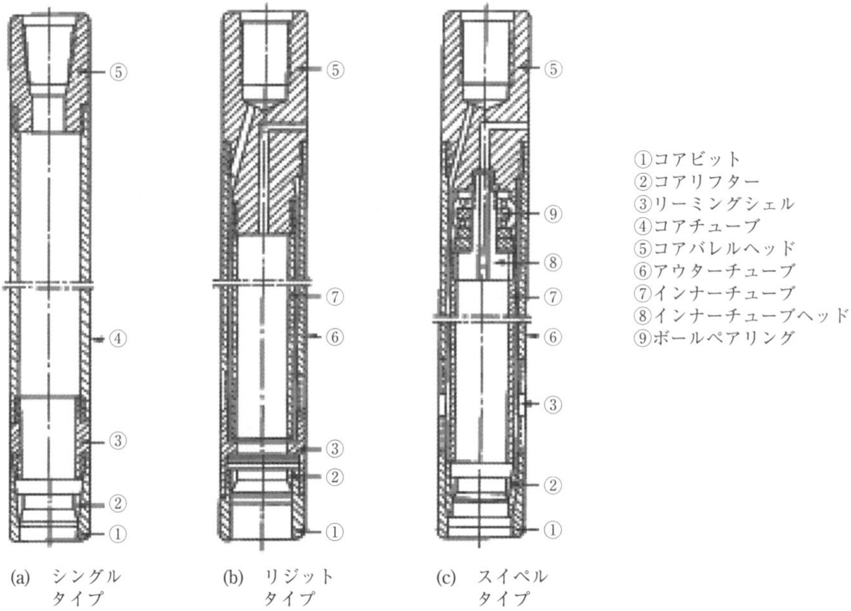

コアバレル
- シングルチューブコアバレル
- ダブルチューブコアバレル
  - リジットタイプ
  - スイペルタイプ
- ワイヤーラインコアバレル

① コアビット
② コアリフター
③ リーミングシェル
④ コアチューブ
⑤ コアバレルヘッド
⑥ アウターチューブ
⑦ インナーチューブ
⑧ インナーチューブヘッド
⑨ ボールベアリング

(a) シングルタイプ
(b) リジットタイプ
(c) スイペルタイプ

図-3 コアバレルの断面図

こううきょうど（降雨強度） rainfall intensity

降雨の強さを表すもので，一定時間当たりの降雨量．通常は1時間当たりの降雨量（mm/h）で表す．一般に降雨の強さは時間の経過とともに変動し，時間の幅を大きくとるほど単位時間当たりの降雨強度は小さくなる．また，降雨強度の大きい降雨は，継続時間が短く，頻度も少ない傾向にあり，降雨強度が小さい降雨はその逆である．排水施設の設計に用いられ，降雨確率年，降雨の継続時間，地域特性などより降雨強度式を利用して算出される．（図-1）

こうがくてききばん（工学的基盤） base layer, engineering bedrock

表層地盤の下にあって，表層地盤の地震時の挙動に対して基盤とみなすことができる地盤の上面を工学的基盤面という．一般には，十分な支持力等が見込めると判断されるなど，設計において，最下層として扱われる層が工学的基盤であると考えられていることが多い．具体的には，例えば港湾の分野では，岩盤もしくはその土層以深のN値が50以上の砂質土，一軸圧縮強度が$650kN/m^2$以上の粘土層，あるいは，せん断波速度が300m/s以上の土層が工学的基盤であり，その上面を工学的基盤面として考える．建築の場合はせん断波速度が400m/s程度以上で定義されている．最近では，設計地震動は工学的基盤が露頭している解放面を基準として与えられることが多く，設計地震動を与える工学的基盤としては，その上面を境界面（工学的基盤面）としてせん断波速度の差が大きくなるような層を設定することが望ましいと考えられている．類似の概念として，地震学では深部の地震動がほとんど変化しない領域を地震基盤という概念がある．一般に，地震基盤はせん断波速度が3 000m/s程度の層であり，工学的基盤面よりもかなり深い位置にある．（図-2）

こうがん（硬岩） hard rock

岩質が硬質で堅固な岩で，掘削をするときに発破工法が必要となるような岩．土工の分野での岩質の分類で，施工性を主に分類したものである．硬岩と軟岩に分類され，硬さや亀裂の程度によりさらに細かく分類される場合がある．弾性波速度が$2～3 km/s$程度以上の場合が多い．（表-1）

こうかんぐい（鋼管杭） steel pipe pile

形状は円形中空断面で通常は先端部を閉塞しない開端杭の場合が多い．鋼管杭の長所は曲げや引張りに対して強度と変形性能に優れており，コンクリート杭のようにひび割れによる剛性低下が生じないので，弾性範囲が広く材料の均質性が高い．しかし，腐食のおそれがあるため，腐食しろを見込むか防食対策を行う必要がある．（P.107：写真-1）

こうかんソイルセメントくいこうほう（鋼管ソイルセメント杭工法） composite pile method of steel pipe pile and soil cement

外側表面全長にスパイラル状のリブを設けた鋼管を地盤中に造成したソイルセメント柱の中に建て込んで杭を築造する工法．鋼管とソイルセメント柱との合成効果が期待でき，大きな支持力を得ることができる．鋼管の埋設を，ソイルセメント柱を造成しながら同時に行う方法と，ソイルセメント柱を造成した後に行う方法の2種類がある．（図-

こうう～こうか

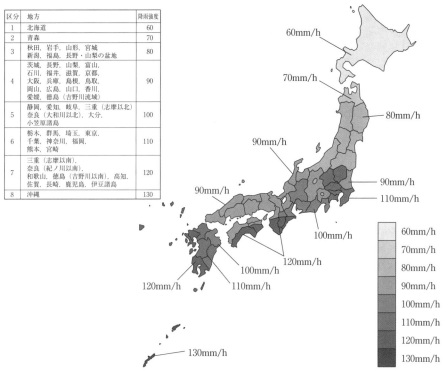

区分	地方	降雨強度
1	北海道	60
2	青森	70
3	秋田，岩手，山形，宮城，新潟，福井，長野・山梨の盆地	80
4	茨城，長野，山梨，富山，石川，福井，滋賀，京都，大阪，兵庫，島根，鳥取，岡山，広島，山口，香川，愛媛，徳島（吉野川流域）	90
5	静岡，愛知，岐阜，三重（志摩以北），奈良（大和川以北），大分，小笠原諸島	100
6	栃木，群馬，埼玉，東京，千葉，神奈川，福岡，熊本，宮崎	110
7	三重（志摩以南），奈良（紀ノ川以南），和歌山，徳島（吉野川以南），高知，佐賀，長崎，鹿児島，伊豆諸島	120
8	沖縄	130

図-1　路面排水工等に用いる標準降雨強度（3年確率60分間降雨強度）

《地震動伝搬のイメージ》

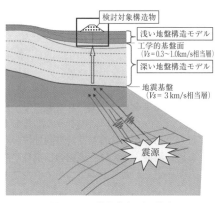

図-2　工学的基盤面の設定

表-1　土工における岩または石の分類（道路土工要領）

名称	説明	適用
硬岩	亀裂がまったくないか，少ないもの，密着の良いもの	弾性波速度 3,000m/sec 以上
中硬岩	風化のあまり進んでいないもの（亀裂間隔30～50cm程度のもの）	弾性波速度 2,000～4,000m/sec
軟岩	固結の程度の良い第4紀層，風化の進んだ第3紀層以前のもの，リッパ掘削できるもの	弾性波速度 700～2,800m/sec
転石群	大小の転石が密集しており，掘削が極めて困難なもの	
岩塊・玉石	岩塊・玉石が混入して掘削しにくく，バケット等に空げきのできやすいもの	玉石まじり土，岩塊起砕された岩ごろごろした河床

1）
こうかんちゅう（鋼管柱） steel pipe column
　　大きな軸力を負担するために，鋼材の厚さが大きいものが多いことから，遠心力成形の鋳鋼管や厚肉鋼管を用い，上・下端に支承を取り付けてある．開削トンネルや地下駅の中柱や鋼製橋脚の柱に用いられている．

こうかんやいた（鋼管矢板） steel pipe sheet pile
　　鋼管に溶接した継手金物を取り付けて互いに連結できるようにした矢板．鋼管矢板は鋼矢板としての特長をもつほかに，断面係数が非常に大きいため水平抵抗力が大きい．また，鋼管杭としての機能も持っており，鉛直支持力を大きくとることができる．これらの利点を生かして，岸壁，土留め（山留め）壁，仮締切り，鋼管矢板基礎などに用いられている．鋼管矢板の継手金物はその用途によって種々のものがある．（図-2）

こうかんやいたいづつきそ（鋼管矢板井筒基礎） steel pipe sheet pile well-type foundation
　⇨鋼管矢板基礎

こうかんやいたきそ（鋼管矢板基礎） steel pipe sheet pile foundation
　　鋼管矢板を円形，小判形，矩形などの閉鎖形状に打設し，継手管にモルタルを詰めて連続壁体とするとともに鋼管矢板頭部と頂版を剛結合して剛性を高めた基礎をいう．鋼管矢板を井筒状の閉鎖形状にすることから鋼管矢板井筒基礎ともいう．（P.109：図-1）

こうかんやいたどどめへき（鋼管矢板土留め壁） retaining wall of steel pipe sheet piles
　　地山の崩壊を防ぐ目的で，継手金具が取り付けられた鋼管杭を連結して構築された土留め壁．鋼矢板などに比べて剛性が高く，大きな水平抵抗力が期待できるため，掘削深さや規模が大きい土留めに用いられる．止水性が良く，地下水位が高い場合にも適用が可能である．

こうきょうどこうかんぐい（高強度鋼管杭） high strength steel pipe pile
　　一般の鋼管杭には，SKK490（設計基準強度（降伏強度）が315N/mm^2，引張り強さが400N/mm^{2}以上）が使われているが，高強度鋼管杭の設計基準強度は400N/mm^2，引張り強さは570N/mm^{2}以上である．高支持力杭などに用いられているが，一般に，板厚，鋼材の重量が削減されるので，現場溶接時間の短縮および施工性が向上する．

こうけんほうしき（港研方式） PHRI method
　　杭の軸直角方向の抵抗力のモデル化として弾性床上の梁理論を用いた場合の地盤反力モデルの一つ．旧運輸省港湾技術研究所（国立研究開発法人港湾空港技術研究所の前身）で提案されたためこの名前がある．このモデルは実験結果を元に提案されたもので，地盤反力がたわみの0.5乗に比例する関係があるとしたものである．このような非線形なモデル化のために，解析解が求められないのが難点であるが，杭の軸直角方向抵抗の非線形性をかなり適切に表現できる方法である．なお，港研方式には，地盤の抵抗性が深度に比例して大きくなるとしたS型と深度によらず一定としたC型の2つのモデルがある．

写真-1　鋼管杭

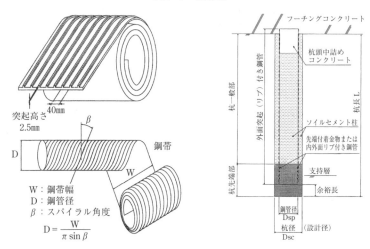

図-1　鋼管ソイルセメント杭の概要および外面突起（リブ）付き鋼管

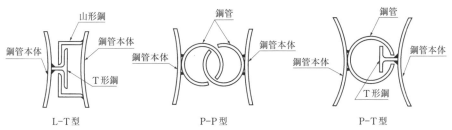

図-2　鋼管矢板の継手構造

こうしじりょくくい（高支持力杭）　high bearing capacity pile
　埋込み杭の一種で，建築基準法により，鉛直載荷試験結果に基づいた支持力式の評価から従来の先端支持力係数 $a=250\mathrm{kN/m^2}$ より大きな先端支持力が国土交通大臣認定工法として認められた杭を総称したものである．先端部の詳細や施工法などは各工法で様々だが，高支持力杭と称しているものの多くは杭先端部に従来よりも大きな，あるいは長い根固め部を持ち先端支持力の増加を図っている．このために施工時における根固め部の形状の確実な構築と強度発現がより重要になり，対象工法はこの為に必要な施工体制と管理技術でその品質を保証することが前提となる．杭体は既製コンクリート杭だけでなく，鋼管杭を使った工法もある．また鋼管の回転貫入杭の中にも高支持力（$a=250\mathrm{kN/m^2}$ 以上）を認められたものがあり，高支持力杭の範疇に入る．（図-2）

こうじようきじゅんめん（工事用基準面）　working datum level
　港湾工事において利用される基準面で，潮位がそれ以下にはほとんど下がらない低い面．WDL ともいう．この高さは，一般的に基本水準面（CDL，chart datum level）と一致する．潮汐は地形の影響を強く受けるため，工事用基準面はそれぞれの港によって定められている．港湾では船舶を対象とするので，工事用基準面を設定し，船舶の安全な航行に必要な水深を確保する必要がある．

こうしわくこう（格子枠工）　gridiron crib works
　盛土や切土などの法面保護工のうち，構築物による法面保護工で法枠工とも言う．格子状の多数の枠組を配列して法面を覆う構築物で，プレキャスト格子枠工，場所打ち格子枠工，吹付け格子枠工がある．プレキャスト格子枠工は，工場製品の枠部材を法面上で組み立てる工法で，コンクリートブロック製，鋼製，プラスチック製がある．現場打コンクリート格子枠工は，のり面に型枠を設置しコンクリートを打設して大断面の法枠を構築する工法で，平坦でのり高が低いのり面に適している．吹付格子枠工は，のり面に金網製型枠等を設置しモルタルやコンクリートを吹付けて枠を構築する工法で，高所や凹凸面のあるのり面に対して施工が可能である．（図-3）

こうしんちゅう（構真柱）　temporary prop
　逆打ち工法において施工時に上部躯体の荷重を支持するための仮設の柱で，本設の地下躯体の柱の一部として使用する場合が多い．材料としては主に鋼材を使い，仮設の杭に相当する構真台柱（本設の杭を兼ねる場合もある．）の施工時に同時に施工する．呼称としては逆打ち支柱と呼ぶこともある．（P.111：図-1）⇨逆打ち工法

こうすいじき（高水敷）　flood channel
　河道において大雨等による高水時のみ水が流れる平坦な部分のこと．河川敷とも呼ばれる．これに対し，常時水が流れる低い部分を低水敷という．高水敷は，貴重種の動植物の生息場所として植生が残されている場合や，洪水時の流下能力を高めるために平坦に整備され，ふだんは公園や運動場などの憩いの場として活用される場合などがある．
（P.111：図-2）

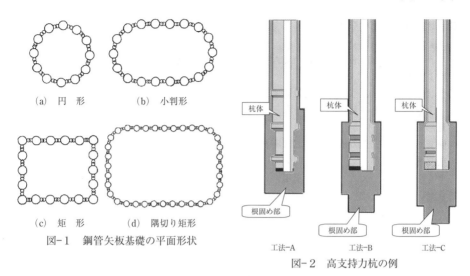

図-1　鋼管矢板基礎の平面形状

図-2　高支持力杭の例

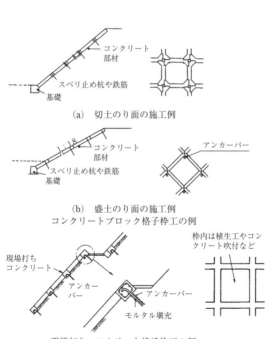

図-3　格子枠工

こうせ

こうせいきょうきゃく（鋼製橋脚）　steel pier
　躯体部分が鋼材で作られた橋脚．橋脚部材を工場で製作し，現地での施工期間を短くできるため，都市圏などにおいて近接する道路の交通を開放しながら施工する場合などによく用いられる．

こうせいきりばりこうほう（鋼製切梁工法）　steel bracing
　山留め支保工の形式の一つである切梁方式に分類される支保工．鋼製切梁には，通常H形鋼にボルト穴が加工されたリース材が使用され，転用が可能で工事費用が比較的安価である．支保工の形式としては実績が多く，信頼性が高い一般的な支保工である．切梁部材の継手が多く，また温度応力の影響も大きいので，切梁自体の変形量が比較的大きくなるため，大スパンでの適用性は低い．

ごうせいぐい（合成杭）　composite pile
　材質の異なる複数の材料を用いて製作した杭．既製杭の外殻鋼管付コンクリート杭（SC杭），場所打ち杭の場所打ち鋼管コンクリート杭等がある．複合する材料の特質を適切に組み合わせることにより高い機能の杭ができる．⇨ SC杭

こうせいちかれんぞくへき（鋼製地下連続壁）　steel diaphragm wall
　安定液掘削工法または原位置土攪拌工法により造成された溝中に，鋼製連壁部材を建て込んだ地下連続壁．安定液掘削工法により地盤を掘削し，鋼製連壁部材を建て込んだ後にコンクリート充填または安定液を固化するコンクリート等充填鋼製地下連続壁と，原位置土攪拌工法によるソイルセメント中に鋼製連壁部材を建て込むソイルセメント鋼製地下連続壁がある．鋼製連壁部材は，平行フランジ型の鋼製土留め壁材料で，フランジの両端部に嵌合タイプの継手が設けられたものである．（図-3，4）

ごうせいパイプカルバート（剛性パイプカルバート）　rigid pipe culvert
　剛性カルバートの一種．鉄筋コンクリート管，プレストレストコンクリート管，セラミックパイプなどがある．埋設形式には，管を直接地盤またはよく締め固められた地盤上に設置し，その上に盛土をする突出型と管を自然地盤またはよく締め固めた盛土に溝を掘削して埋設する溝型の2種類の形式があり，それぞれ設計も異なる．基礎形式には，砂基礎，砕石基礎またはコンクリート基礎などがある．（P.113：写真-1）

ごうせいボックスカルバート（剛性ボックスカルバート）　rigid box culvert
　剛性カルバートの一種．場所打ちコンクリートによる場合とプレキャスト部材による場合があり，前者は，土かぶりが舗装厚または0.5～20m程度，後者は，製品の規格などにより，土かぶりが舗装厚または0.5～6m程度の範囲で適用されている．近年，発泡スチロールをカルバート上部に敷設し，土圧を軽減させる工法が開発されている．剛性カルバートには，ボックスカルバート，アーチカルバート，パイプカルバートがある．（P.113：写真-2）

こうせきじばん（洪積地盤）　diluvium
　更新世（洪積世）に形成された地盤．第四紀の前半の地質時代で約200万年前から最終氷期の極大期の約1万8000年前までの時期に海成堆積物や火山性堆積物により形成

こうせ

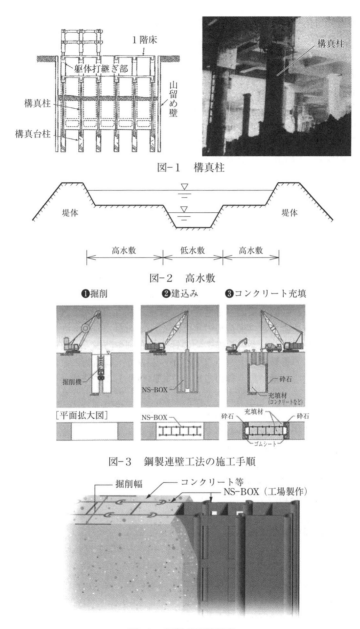

図-1 構真柱

図-2 高水敷

図-3 鋼製連壁工法の施工手順

図-4 鋼製地下連続壁

された地層，岩体である．台地や丘陵は密実な砂や砂礫層などで構成され，平野部では沖積層の基盤として広く分布する．土木，建築構造物の基礎地盤として良好な条件である場合が多い．

こうせきそう（洪積層） diluvium, diluvium deposit
⇨洪積地盤

こうぞうかいせきけいすう（構造解析係数） structural analysis factor
　限界状態設計法において，構造解析の不確実性を考慮するために用いる安全係数．例えば，部材の断面力を算定する場合に平均値を算定することを原則としているので，平均値からの変動を構造解析係数で考慮する必要がある．⇨安全係数

こうぞうさいもく（構造細目） structural details
　設計基準などにおいて規定されている条項を決めるに当たり前提とした構造細部の条件や状態で，その条項を適用する際に守らなければならない事項．載荷試験などに基づいて設計を行う場合には，その試験に用いた供試体の構造細部の条件を設計に反映させる必要がある．

こうぞうぶつけいすう（構造物係数） structural factor
　限界状態設計法において，構造物の重要度，限界状態に達したときの社会的影響を考慮するために用いる安全係数．構造物が限界状態に至ったときの再建，あるいは補修に要する費用といった経済的要因等も考慮して設定される．⇨安全係数

こうぞうぶつのじゅうようど（構造物の重要度） importance of structure
　地震が発生した後などにおける構造物の社会的役割や防災上の位置づけ，構造物の機能が失われることの影響度の大きさなどをかんがみて，構造物ごとに設定する重み付け．道路橋示方書耐震設計編では，橋の重要度を道路種別および機能・構造に応じて重要度が標準的なA種の橋ととくに重要度が高いB種の橋の2種類に区分している．

こうぞうぶつのはいすい（構造物の排水） drainage of structure
　橋梁などの構造物の上にたまる水を配水管で排水することや，トンネルなどの構造物の内部に浸入した水を排水溝で排水することをいう．

ごうたいきそ（剛体基礎） rigid foundation
　剛体基礎とは，基礎体の剛性が周辺地盤の剛性と比較して非常に大きい基礎のことをいう．このような基礎の場合には，図-1に示すように，水平力を受けた際に基礎体自体の変形が小さいことから，基礎の抵抗は基礎の全長にわたって地盤の支持力に依存し，基礎の安定上地盤の極限平衡状態の安定が問題となる．一般には，基礎と地盤との相対剛性を評価するβlが2.0以下の直接基礎やケーソン基礎を剛体基礎として取り扱う場合が多い．ただし，杭基礎であっても太くて短い杭など，βlが2.0を下回る場合には，剛体基礎としての安定照査も必要な場合がある．なお，近年，基礎部材の非線形性を考慮した設計も行われるようになり，剛体基礎としての設計が行われないことがあるが，終局限界状態の基本的な安定条件として設計者は認識しておく必要がある．（図-1）
⇨βl，弾性体基礎，柱状体基礎

写真-1　パイプカルバート

写真-2　ボックスカルバート

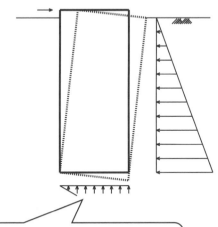

剛性が大きい（剛体に近い）：
基礎自体の変形が小さいことから，全長にわたって地盤の支持力に依存し，極限平衡状態の安定が問題となる．

図-1　剛体基礎

こうて～こうな

こうていかんりきょくせん（工程管理曲線） schedule control curve
　工事の工程管理を行うため，工事の進捗状況を表した図表．工事の期間を横軸に，工事の進捗率，出来高を縦軸に作成したものである．当初の計画時における予定の進捗率や累計出来高と現在の進捗状況を比較することにより，工事の進捗の度合い，当初計画との工程の差異の要因などを把握し，必要に応じて是正，見直しをして残りの工事の工程を修正する．また，予定の進捗率や出来高に対して，上限，下限の曲線を作成する場合もある．（図-1）

こうていしょり（孔底処理） clean-up of bore bottom
　地下連続壁や場所打ち杭の施工において，掘削完了後に孔底に堆積したスライムを孔内から排除する施工工程．スライムが孔底に堆積した状態で，コンクリートを打設すると，コンクリートの品質低下を招いたり，杭先端部の下部にスライムが残存するので，杭の支持性能が低下する．孔底処理法としては，掘削直後に掘削機を用いて行う1次孔底処理の底浚い方式やコンクリート打設直前に行う，2次孔底処理としての水中ポンプ・トレミー管等を用いた揚水方式等がある．（図-2）⇨スライム

こうていずひょう（工程図表） schedule chart
　工事を予定の期間内に完成させるため，各工種，作業ごとの施工順序や所要日数を示した図表．バーチャート，ネットワーク式工程表（PERTやCPM），座標式工程表などがある．これらを用いて工程管理を行うことにより，適正な時期に適正な人数や量の作業員の確保，材料や機械の調達をするなど，最適な状態で工事が進められるよう管理，運営し，所定の工期，品質，コスト，安全などを確保することが必要である．

こうないさいかしけん（孔内載荷試験） loading test in borehole
　ボーリング孔を利用して地盤を載荷する試験で，一般には孔内水平載荷試験をさす．これ以外の主な試験としては，加圧プローブをボーリング孔内の試験深度に挿入し，加圧によりボーリング孔壁に一定の垂直応力を作用させた状態で加圧プローブを一定速度で引上げ，垂直応力を段階的に上げて各段階でせん断力を測定して地盤のせん断強さ等を求めるせん断摩擦試験，ボーリング孔底に平板を設置して鉛直方向に載荷して深い位置の鉛直方向の支持力特性を調べる深層載荷試験がある．⇨孔内水平載荷試験

こうないすいへいさいかしけん（孔内水平載荷試験） lateral road test in borehole
　ボーリング孔壁面に対して垂直方向に載荷し，そのときの圧力と孔壁面の変位から地盤の変形係数，降伏圧力および極限圧力等を求める試験の総称である．ボーリング孔壁面が滑らかでかつ自立するすべての地盤および岩盤が対象となる．地盤工学会では，加圧部がゴムチューブ製で等分布荷重を載荷する等分布荷重載荷方式の孔内水平載荷試験の名称をプレッシャーメータ試験とし，指標値としての地盤の変形係数，降伏圧力および極限圧力を求める「地盤の指標値を求めるためのプレッシャーメータ試験方法」，地盤の変形特性を求める「地盤の物性を評価するためのプレッシャーメータ試験方法」の2つの基準を制定した．一方，剛体載荷板により等変位載荷方式の孔内水平載荷試験の

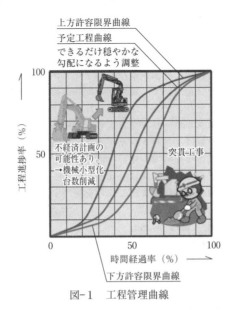

図-1　工程管理曲線

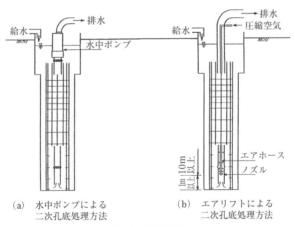

(a) 水中ポンプによる　　(b) エアリフトによる
　　二次孔底処理方法　　　　二次孔底処理方法

図-2　孔底処理

名称をボアホールジャッキ試験とし,「ボアホールジャッキ試験方法」として制定した．地盤の指標値を求めるためのプレッシャーメータ試験方法では，あらかじめ掘削されたボーリング孔の所定の試験位置にプローブを挿入して試験を実施するプレボーリング式が一般的である．地盤の物性を評価するためのプレッシャーメータ試験方法では，掘削部を先端に有するプローブを用いて，試験孔の掘削作業の後にプローブを抜くことなく試験を実施するセルフボーリング方式が推奨されるが，孔壁の乱れが少なく，応力解放の影響が小さい場合にはプレボーリング方式も認められている．剛載荷板により載荷するボアホールジャッキ試験は，プレッシャーメータ試験に比べて大きな荷重を加えられることから載荷圧力の大きな箇所での変形特性を評価するために利用されることが多い．プレッシャーメータ試験機の基本構成は，孔壁面を加圧するプローブ，孔壁圧力・変位量の制御・測定部，圧力発生装置およびこれらを接続するホース・ケーブル類からなる．
（図-1，図-2，図-3）

こうはいしっち（後背湿地） back swamp
　　低地の中流部における自然堤防の背後の低い平地．洪水時に自然堤防を越えてあふれた氾濫水が，他の自然堤防や洪積台地などの間に留まり形成された湿地で，シルトや粘土などの細粒土が堆積している．水田として利用されたり，湿地帯となっていることが多い．氾濫原での典型的な軟弱地盤で，特に粘土層が厚く堆積している箇所では支持力が小さく，土木，建築構造物では，不同沈下や側方流動などに注意する必要がある．（図-4）

こうふくしんど（降伏震度） yield earthquake intensity
　　構造物が地震の影響を受ける際，地震力が小さな場合は，構造物は弾性挙動を呈するが，地震力の増大とともに構造物の各部位に損傷が生じる．この場合，構造物の主たる損傷が鉛直部材に生じることで，構造物の固有周期が長周期化し，応答変位が増大することとなる．このときの地震力を構造物の死荷重（自重）で除した値である水平震度を降伏震度と呼ぶ．

こうふくしんどスペクトル（降伏震度スペクトル） yielding seismic coefficient spectrum
　　地震応答スペクトルは，一般には振動系が線形とした場合に求められるが，想定する地震が大きい場合には，構造物の応答が非線形領域に及ぶ．そこで，振動系の非線形応答を応答スペクトルとして表したものを総称して非線形応答スペクトルという．非線形応答スペクトルにはさまざまな型式のものがある．特に，縦軸に降伏震度をとって，塑性率ごとに固有周期と降伏震度との関係を図化したものを降伏震度スペクトルという．
（図-5）

こうほうきていほうしき（工法規定方式） speicfied construction method
　　盛土の締固め管理方法の一つで，本施工に先立ちあらかじめ行われる試験施工（モデル施工）により決定された，締固め機種，締固め回数，一層仕上り厚など，施工方法そのものを規定する方式．日常の管理は原則としてタスクメータなどによる稼働時間での管理が行われる．盛土材料が均一で現場条件が一定の場合や，岩塊材料のうち堅岩の盛

こうは〜こうほ

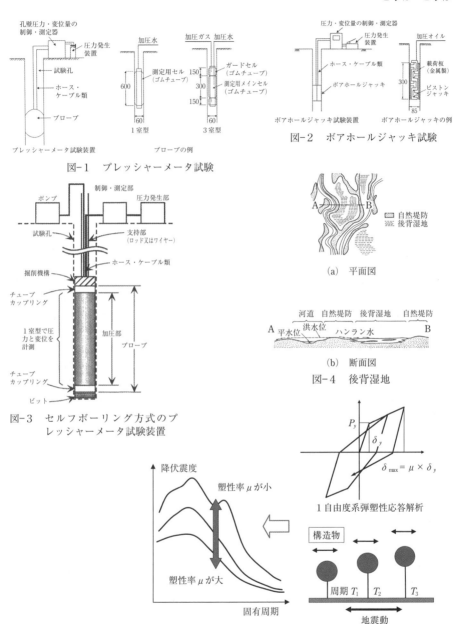

図-1 プレッシャーメータ試験

図-2 ボアホールジャッキ試験

図-3 セルフボーリング方式のプレッシャーメータ試験装置

図-4 後背湿地

図-5 所要降伏震度スペクトルの作成方法と概念

土などで用いられる．盛土の締固め管理方法にはこのほか，品質規定方式がある．

こうやいたセル（鋼矢板セル）　steel sheet pile cellular-bulkhead
　　締切り構造形式の一つとして直線矢板でセルおよびアークを構築し，地盤中に打ち込んだものを鋼矢板セルと呼ぶ．鋼材で作られたセルそのものは軟らかいが，中詰めをすることでフープテンションが働き，構造体の安定性が増す．このため，この形式は擬似的に根入れ式の重力式構造物とみなすことができる．（図-1）

こうやいたへき（鋼矢板壁）　steel sheet pile wall
　　鋼矢板で作られた壁のこと．鋼矢板壁を用いた工法としては，自立式矢板壁工法，タイロッド式矢板壁工法，斜め控え杭式矢板工法，棚式矢板工法，セル式矢板壁工法，二重矢板壁工法などがあり，永久構造物にも仮設構造物にも用いられる．鋼矢板壁を用いることによって，土留め構造物，仮護岸，仮締切り，仮築島，仮止水構造物などを構築する．（図-2）

こうろすいさいすらぐ（高炉水砕スラグ）　granulated blast furnace slag
　　鉄鋼スラグのうち高炉で産出するスラグを高温状態で水によって急冷して作製する砂状のスラグ．日本では，高炉スラグの約80％が高炉水砕スラグとして産出される．高炉スラグは鋼1トン算出する際に約300kg発生する．主としてセメント原料として用いられるが，土工用など様々な用途があり，水と反応して硬化する性質があるため，土圧低減材料として構造物の裏込めに用いることもある．ほぼ100％有効に活用されている（写真-1）．⇨鉄鋼スラグ

コーンしすう（コーン指数）　cone index
　　コーンペネトロメータを地盤に押し込むときの貫入抵抗をそのコーンの断面積で除して求めた値．コーン指数は q_c 値ともいわれ，道路土工などで盛土や地山の強度を簡易に求めたり，建設機械の車両走行性（トラフィカビリティ）の判定に使用される．（図-3）

こかこうほう（固化工法）　solidification method
　　化学的固化工法と熱的固化工法に大別される．化学的固化工法は，固化材と土の化学的反応による土の質的変化を図るものであり，軟弱土に石灰やセメントなどの固化材を原位置で撹拌・混合して造成する混合処理工法とプラントなどであらかじめ混合して締め固める工法などがある．熱的固化工法は，粘性土を高温に加熱し粘土鉱物中に固溶体を生成して土粒子同士が結合する焼結現象を利用した焼結工法と土の間隙水を凍結させる凍結工法がある．

ごがん（護岸）　revetment, bulkhead, seawall
　　波浪や高潮，津波などから海岸背後の構造物等を防護することを目的として設置される海岸保全施設のうち，原地盤のかさ上げを伴わない構造物の総称．波浪による越波や津波・高潮などの海水の進入を防止する機能のほか，陸域の浸食を防止する機能が期待されている．原地盤のかさ上げを伴う構造については，堤防（海岸堤防）とよばれる．（P.121：図-1）

こだん（小段）　berm
　　盛土や切土などの法面の中間に一定の高さごとに設ける水平な部分．小段を設ける高

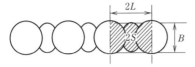
(a) 円形セル

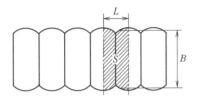
(b) たいこ型セル

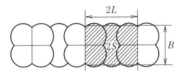
(c) クローバー型セル

$B = S/L$
 B：換算壁体幅（m）
 L：ブロック長（m）
 S：ブロックの面積（m²）

図-1　鋼矢板セルの平面形

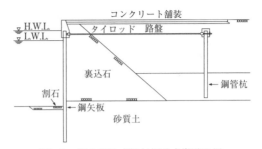
図-2　控え直杭式鋼矢板壁式岸壁の例

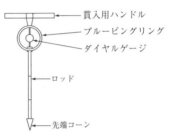
図-3　コーンペネトロメータ

写真-1　高炉水砕スラグ

こてい〜こんく

さや幅は，道路，鉄道，堤防などの施設を管理する各機関により基準が設けられている．小段は法面の安定性を高め，法面を流下する表面水など流速を減少させ侵食や洗掘を防止し，また，法面における各種作業の足場など，維持管理を容易にすることができる．犬走りと称されることもあるが，厳密には，堤防の堤内地の堤脚部に設けられた小段をいう．⇨犬走り

こていしかじゅう（固定死荷重） fixed dead load
　　鉄道で用いられる表現であり，鉄道構造物設計標準によると，死荷重のうち変動する可能性の小さい荷重のことをいい，構造物の自重や将来的にも変化する可能性の小さい場合の土かぶり荷重などがこれに相当する．

こていピストンしきシンウオールサンプラー（固定ピストン式シンウォールサンプラー）
　　thin walled tube sampler with fixed piston
　　サンプラーに付随しているピストンを地上に固定し，サンプリングを行うことのできる機能を持ったサンプラーをいう．固定ピストン式シンウォールサンプラーには，エキステンションロッド式サンプラーと水圧式サンプラーの2種類がある．固定ピストン式サンプラーは軟弱地盤を対象としたサンプラーであり，サンプリングチューブの寸法は内径75 mm，長さ1 000 mm，肉厚1.5 mmである．（図-2）

こゆうしゅうき（固有周期） natural period
　　物体が自由振動する場合の，その物理的性質や形状により決まる固有の周期．構造物に地震力が作用する場合，作用力の大きさはその地震や周辺地盤の特性と構造物の固有周期との関係により決まる．

こゆうしんどうすう（固有振動数） natural frequency
　　物体が自由振動する場合の固有の振動数で，固有周期の逆数．⇨固有周期

コンクリートじゅうてんこうかんちゅう（コンクリート充填鋼管柱） steel circular column filled with concrete
　　鋼管の内側にコンクリートを充填した鋼管とコンクリートの合成柱である．鋼管の局部座屈が充填コンクリートにより阻止されると同時にコンクリートは鋼管により側方圧縮拘束を受けるため，大きな軸力を支えることができ，靭性が大きく耐震性に優れる．開削トンネルや地下駅の中柱や鋼製橋脚の柱に用いられる．

コンクリートせいちかれんぞくへき（コンクリート製地下連続壁） concrete diaphragm wall
　　⇨地下連続壁

コンクリートはりこう（コンクリート張工） concrete plastering works
　　法面保護工の一つで，節理の多い岩盤やゆるい崖錐層などの法面になどおいて，風化の進行や表面水の浸透を抑制するために，コンクリートにより密閉させる工法．一般に1：1.0程度の勾配の法面には無筋コンクリート張工を，1：0.5程度の勾配の法面では鉄筋コンクリート張工が用いられる．（図-3）

こてい～こんく

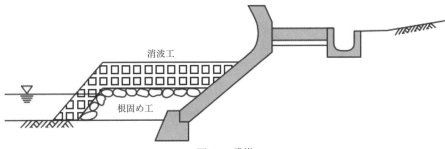

図-1 護岸

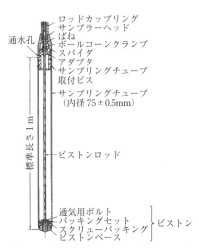

図-2 固定ピストン式シンウォールサンプラー

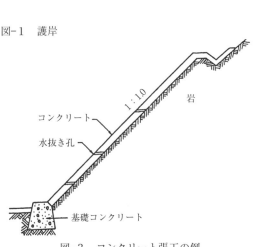

図-3 コンクリート張工の例

写真-1 コンクリート吹付けのり面

写真-2 吹付枠工

コンクリートふきつけこう（コンクリート吹付け工） concrete spraying

法面保護工の一種で，風化の抑制，侵食，表面水の浸透防止などを目的に，法面の表面にコンクリートを吹き付ける工法．密閉型の法面保護工であり，植生工が適用できない箇所で，法面が風化しやすい岩質で湧水がない場合，割れ目が多く小規模な落石のおそれがある岩質に用いられる．吹付け厚は法面の地質状況や寒冷地など気象条件を考慮して決定されるが，一般的には10～20 cmが標準である．(P.121：写真-1，2)

コンクリートろばん（コンクリート路盤） concrete roadbed

鉄道において鉄筋コンクリートと粒度調整砕石などで構成される路盤．省力化軌道の路盤の一つであり，曲げ剛性が大きいことから変位の抑制および荷重分散をさせて路床に伝える．また雨水の浸透を押さえることから路床部の強度低下，噴泥防止効果があるなどの特徴を有する．RC路盤ともいう．(図-1)

こんごうしょりこうほう（混合処理工法） mixing-type stabilization method

セメント系や石灰系の固化材と地盤を強制的に撹拌・混合して固化する工法．地盤改良や土質安定処理に用いられる．表層地盤を対象とした浅層混合処理工法とより深い地盤を対象とした深層混合処理工法に分けられる．

こんごうようへき（混合擁壁） composite retaining wall

複数の擁壁を組み合わせた擁壁．例えば，ブロック積擁壁がその適用高さを越えてしまう場合に，適用高さを越える部分に重力式擁壁などを用いることにより所定の高さの地盤を保持する．重力式およびもたれ式擁壁の上部にブロック積擁壁を載せたケースが一般的．ブロック積擁壁と同様に背面の地山が締まっている切土，比較的良質の裏込め土で十分な締固めがされている盛土など土圧が小さい場合に限って適用される．(図-2)

コンシステンシーしすう（コンシステンシー指数） consistency index

コンシステンシーとは粘性土が含水比によって液状から固体状まで変化する性質のことであり，コンシステンシー指数は土の取り扱い易さの程度を示す指標を表す．コンシステンシー指数は次の式で示される．$I_c = (w_L - w_n)/I_p$ ここで，I_c：コンシステンシー指数，w_L：液性限界，w_n：自然含水比，I_p：塑性指数である．I_c値が0に近ければ自然含水比は液性限界に近く，土は乱されやすい状態にある．自然堆積した粘性土ではI_c値が負になることがあり，このような土の取扱いには十分な注意が必要である．また，コンシステンシー指数は液性指数と次のような関係にある．$I_c = 1 - I_L$ ここで，I_Lは液性指数である．液性指数はコンシステンシー指数と逆の関係にあり，土の種類や状態を表す指標となる．

コンタクトグラウチング contact grouting

コンクリートダム等のコンクリートと基礎岩盤の接触部の処理を目的に実施されるグラウチングをいう．

こんく～こんた

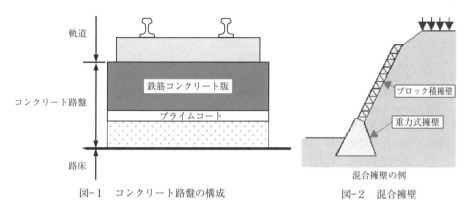

図-1 コンクリート路盤の構成　　　図-2 混合擁壁

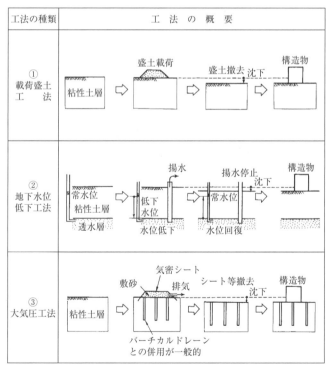

図-3 載荷重工法

〔さ〕

さいかじゅうこうほう（載荷重工法） ① surcharge method, ② kentledge method
　① 軟弱地盤上に荷重を直接または間接的に載せることによって，圧密の促進，もしくは土のせん断強さの増加を図る工法．軟弱地盤上に盛土などの荷重を直接載せる直接載荷工法，大気圧を載荷重として利用する真空圧密工法および地下水位を低下させて地盤の有効応力の増加を図る排水工法がある．（P.123：図-3）
　② ケーソンの施工において，沈下荷重が不足する場合にケーソンに荷重を載せて沈下促進を図ることをいう．オープンケーソンではケーソン躯体の上部に鋼材を載せることが多い．ニューマチックケーソンではケーソン内に水を入れて載荷重とするのが一般的である．

さいかほうしき（載荷方式） loading method
　杭の載荷試験において，荷重－変位関係などの支持力特性を求めるために荷重を増加させる方法をいう．載荷方式には，荷重を一定時間保持しながら段階的に増加させる段階載荷方式と，荷重を保持せずに連続的に増加させる連続載荷方式とがある．またそれぞれの載荷方式には，荷重を単調増加させる一サイクル方式と，載荷途中に荷重を数回ゼロに戻す多サイクル方式がある．後者を用いれば，杭の弾性戻り量（または弾性変形量）と残留変位量（または塑性変形量）を分けて求めることができる．（図-1）

さいしゅうだげきほうしき（最終打撃方式） terminal percussion piling method
　既製杭工法の施工法の一種類．埋込み杭工法（プレボーリング工法，中掘り工法）により施工された杭で用いられる．所定深度まで掘削後，施工の最終工程で杭の頭部をハンマーにより打撃して杭を設置する．

さいしゅひ（採取比） recovery ratio of sample
　サンプリングにおいて，採取された試料長とサンプラーを押し込んだ長さとの比を百分率で表したもの．採取率ともいう．採取比は採取試料の品質を評価するための一つの指標となる．エキステンションロッド式サンプラーによるサンプリングでは，押し込んだ長さを管理できるため，採取試料長を測ることによって採取比を知ることができる．

さいだいかんそうみつど（最大乾燥密度） maximum dry density
　土の締固め試験において，土の含水比を変えながら一定の締固め方法で土を締め固め，得られた締固め曲線における最大の乾燥密度．また，そのときの含水比を最適含水比という．土の締固め試験で，室内で行う標準的な試験方法は，JIS A 1210「突固めによる土の締固め試験」に規定されている．道路，鉄道，宅地造成などの盛土の品質管理のうち，密度管理の基準値として用いられる．（図-2）

さいてきがんすいひ（最適含水比） optimum moisture content
　土の締固め曲線において，最大の乾燥密度が得られるときの含水比．土の含水比を変えながら一定の締固め方法で土を締め固めたとき，乾燥密度の最も高い含水比が得られ

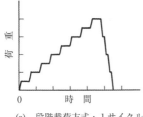
(a) 段階載荷方式・1サイクル

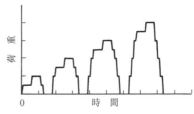
(b) 段階載荷方式・多サイクル

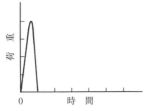
(c) 連続載荷方式・1サイクル

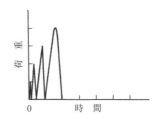
(d) 連続載荷方式・多サイクル

図-1 載荷方式：載荷試験における載荷方式の説明図

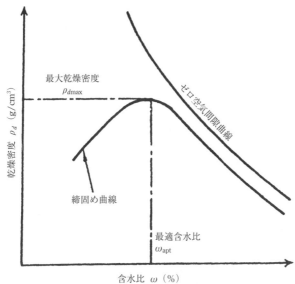

図-2 最大乾燥密度

る．この含水比より含水比が増減しても乾燥密度は小さくなる．一般に，土の締固め試験において，締固めエネルギーが大きくなるほど，最大乾燥密度は大きく，最適含水比は小さくなる．道路，鉄道，宅地造成などの盛土の品質管理などに用いられる．（P.125：図-2）

ざいりょうけいすう（材料係数） material factor

限界状態設計法において，材料強度の特性値を設計用値に変換する係数．強度の変動，供試体と構造物中との材料特性の差異，材料特性が限界状態に及ぼす影響，材料特性の経時変化等を考慮して設定する．⇨部分係数，材料係数アプローチ

ざいりょうけいすうアプローチ（材料係数アプローチ） material factor approach（MFA）

部分係数を各荷重や地盤パラメータなどの特性値に適用して設計値とし，設計値から構造物の応答（荷重効果を含む）や耐力を算出して限界状態に対する照査を行う設計法．設計抵抗力 Rd は，以下の式によって表現される．

$$R_d = R(X_R / \gamma_M, a_{nor})$$

ここに，X_R：地盤パラメータの特性値，γ_M：材料係数，a_{nor}：幾何学量の公称値である⇨部分係数，荷重抵抗係数設計法

サウンディング sounding

コーンやベーンなどの抵抗体を地盤に押し込み，それを貫入したり，回転することによって得られた結果を基に土層の構成や性状を調査する手法．サンプリングの困難な砂地盤や浚渫土のような非常に軟弱な地盤には特に有効な手法である．サウンディングは動的サウンディングと静的サウンディングに大別でき，前者は抵抗体を地盤中に一定の速度で貫入あるいは回転した時の抵抗などを測定するもので，代表的なものとしてスウェーデン式サウンディング試験，各種静的コーン貫入試験（ポータブルコーン貫入試験，機械式コーン貫入試験，電気式コーン貫入試験など），原位置ベーンせん断試験があり，後者はドロップハンマーなどによって抵抗体を地盤中に打ち込み，一定量貫入させるために必要な打撃回数を測定するもので，代表的なものとして標準貫入試験，各種動的コーン貫入試験（簡易動的コーン貫入試験，鉄研式動的コーン貫入試験，オートマチックラムサウンディングなど）がある．サウンディングには多くの試験方法があるので，目的を考え適切な試験方法を採用することが肝要である．（表-1）
⇨スウェーデン式サウンディング試験，ポータブルコーン貫入試験，機械式コーン貫入試験，電気式コーン貫入試験，原位置ベーンせん断試験，標準貫入試験

さかうちこうほう（逆打ち工法） top-down construction method

1次掘削後，1階床を先行構築し，作業床を兼ねる支保工（1段切梁）として利用して順次地下躯体を掘削と平行して地下階を構築していく工法．本設躯体を支保工とするため，山留め架構全体としての剛性が大きく，大規模，大深度の地下工事に適している．また，地下工事と地上工事が同時に行えるため，工期を短縮することも可能である．土木工事においては逆巻き工法と呼ぶ．（図-1）⇨逆巻き工法

さかまきこうほう（逆巻き工法） inverted construction method

所定の深度まで掘削を行った後，躯体の床版等を中柱や側壁より先に構築し，床版梁

表-1　日本でよく用いられているサウンディングの方法と適用地盤

方法	名称	連続性	測定値	適用地盤	可能深さ	特徴
静的	スウェーデン式サウンディング試験	連続	各荷重による沈下量，貫入1m当たりの半回転数	玉石，礫を除くすべての地盤	10m程度	作業が比較的簡単
	ポータブルコーン貫入試験	連続	貫入抵抗	粘性土などの軟弱地盤	5m程度	簡易試験であり，極めて迅速
	機械式コーン貫入試験	連続	先端抵抗，周面摩擦抵抗	粘性土地盤，砂質土地盤	貫入装置の容量による	データの信頼性が高い
	電気式コーン貫入試験	連続	先端抵抗，周面摩擦抵抗，間隙水圧	粘性土地盤，砂質土地盤	貫入装置の容量による	情報量が多く，データの信頼性が高い
	現位置ベーンせん断試験	不連続	回転抵抗モーメント	軟弱な粘性土地盤	15m程度	粘性土のせん断強度を直接測定
動的	標準貫入試験	不連続	貫入300mm当たりの打撃回数	玉石や転石を除くすべての地盤	基本的に制限なし	もっとも普及している
	簡易動的コーン貫入試験	連続	貫入100mm当たりの打撃回数	玉石や転石を除くすべての地盤	15m程度	作業が比較的簡単

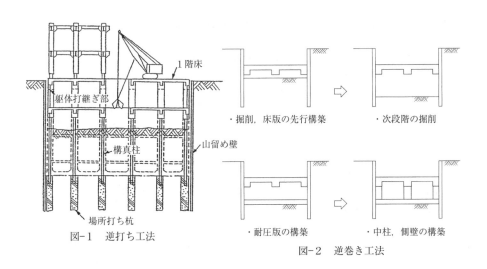

図-1　逆打ち工法

図-2　逆巻き工法

を鋼製の切梁の代わりに安定した山留め壁の支保工として使用し，次段階の掘削を行う工法である．掘削に従って上部から下部へと順次コンクリートを打設しながら構築することから，常に旧コンクリートの下面に新コンクリートが打ち継がれるので，新コンクリートのブリーディングや沈下によって両者が一体とならない欠点を有する．打ち継目を一体化する方法として直接法，充填法および注入法がある．地下タンクや地下駅のように大部分が地下だけの工事に採用されることが多い．建築工事においては逆打ち工法と呼ぶ．（P.127：図-2）

さきぼうすい（先防水） water pre-proofing
⇨防水工

さぎょうしつ（作業室） working chamber
ニューマチックケーソンの最下段部に設置した側面を刃口と称する壁で上面を作業室天井スラブと称するスラブで囲まれた密閉された部屋である．作業室内には地下水圧に均衡する圧縮空気を充満させて，地下水が作業室内に浸入しない状態にして圧気内で地盤を掘削し，ケーソン函体を沈設する．

サクションきそ（サクション基礎） suction foundation
根入れを有する海洋構造物の基礎の一つ．石油掘削リグ，防波堤の基礎として利用されており，岸壁，橋梁などの基礎としても利用が可能といわれている．茶筒を逆さまにしたような函を海底面に設置し，函内から水を吸い出して函内外に水圧差（サクション）を生じさせ，内外の水圧差を用いて函を根入れさせるところに特徴がある．また，地盤内の浸透流により貫入抵抗を低下させることができる．（図-1）

さしきんほうしき（差し筋方式） reinforcement connection
鋼管矢板と頂版の結合方式の一つであり，鋼管矢板の結合部にプレート等の部材を用いず，鋼管矢板本体に孔を開け，孔を通してモーメント鉄筋，せん断鉄筋を配置し，モーメントおよび鉛直荷重を鋼管矢板に伝達させる構造である．鉄筋を鋼管矢板本体内に挿入するため，鋼管本体内の中詰めコンクリートは，他の結合方式と異なり，頂版コンクリートと同時に打設する．（図-2）

さしつど（砂質土） sandy soil
粒径 0.075mm 以上の土粒子の質量百分率が 50％以上で，かつ，その 50％以上が粒径 2.0mm 以下である土をいう．砂質土は，粒度構成により，礫質砂，砂，細粒分まじり砂の3つに分類される．

さんかくす（三角州） delta
海や湖の河口付近に河川によって運搬された砂泥が堆積して形成される地形．デルタともいう．平面形状は運搬される土砂の量，潮流などにより円弧状，鳥足状，尖甲状などがある．きわめて低い平地であり，地盤が固結しておらず軟弱であるため，土木，建築構造物の基礎は一般に深くなり，また，地震時の液状化などによる被害，高潮被害，地下水の汲み上げによる地盤沈下なども起こしやすい．（図-3）

さきぼ〜さんか

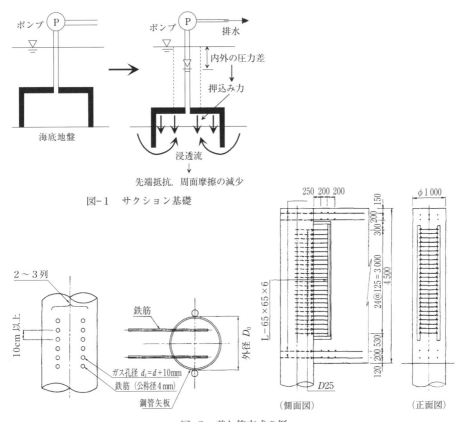

図-1　サクション基礎

図-2　差し筋方式の例

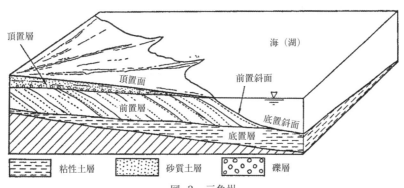

図-3　三角州

さんぎょうはいきぶつ（産業廃棄物） industrial waste-products

　廃棄物には，産業廃棄物と一般廃棄物がある．産業廃棄物には，事業活動に伴って生じた廃棄物で，廃棄物処理法で規定された20種類の産業廃棄物がある．一般廃棄物には，一般家庭から生じた家庭廃棄物，事業活動から生じた産業廃棄物以外の事業系一般廃棄物等がある．廃棄物の産出量はここ20年近くほぼ横ばいであり，一般廃棄物の産出量が5000万tであるのに対し，産業廃棄物は4億tに上る．ただし，産業廃棄物の再生利用技術，減量化技術の進歩は目覚ましく，最終処分率は1990年には20％だったものが，現在では7％にまで減少している．（図-1，表-1）

さんじくあっしゅくしけん（三軸圧縮試験） triaxial compression test

　中実な円柱供試体を圧力室（三軸室あるいは三軸セルという）内に設置し，ゴム製のメンブレンで覆った後，軸力 σ_1 と側圧（セル圧）σ_3 を制御して供試体に所定の拘束圧を作用させ，排水バルブの操作によって排水条件を設定したうえで，軸ひずみを与えて圧縮を行う試験のこと．圧縮試験開始前に行う圧密の有無と圧縮試験時の排水条件により，非圧密非排水試験（UU試験），圧密非排水試験（CU試験），圧密排水試験（CD試験）に分類される．CU試験のうち間隙水圧を計測するものは，特に区別して$\overline{\mathrm{CU}}$試験と呼ぶ．粘土の乱さない試料に対して，原位置の非排水せん断強度を求める場合には，原位置の異方的な応力（σ'_{v0}, σ'_{h0}）で圧密し，原位置と同等の応力状態を再現してから圧縮試験が行われる．（図-2）

さんせいぶんコーンかんにゅうしけん（三成分コーン貫入試験） three-components cone penetration test

　⇨電気式コーン貫入試験

ざんていせこう（暫定施工） provisional execution

　最終的な完成形での施工の前もしくは完成形が決定されるまでのしばらくの間，当面必要となる部分もしくは現在既に決定されている部分において行う暫定的な施工．高速道路において，当面の交通量などを考慮し初期投資を抑制するために暫定車線で整備する方法，軟弱地盤上の盛土で，特に残留沈下量が大きいと予測される場合の長期的な沈下に対する対策として暫定施工を行って，開通後数年経って舗装の表層を施工して完成させる．

ざんど（残土） surplus soil

　建設工事において掘削などにより発生した土で，その工事で使用する土を除いた余剰土．残土が生じた場合は，同一の隣接する工事や他事業の工事の盛土などに使用したり，土捨場（事業地外盛土場）などで使用する．道路事業などにおいては，残土ができるだけ発生しないよう切土や盛土などの土量バランスを考慮し計画されるが，土に過不足が生じる場合には，早い時期にその搬出先や搬入元の選定するなど，土の有効利用を図る必要がある．

サンドコンパクションパイルこうほう（サンドコンパクションパイル工法） sand compaction pile method

　振動締固め工法の一種．振動あるいは衝撃荷重を利用して，よく締まった砂杭群を造成し，かつ砂杭周辺の地盤を改良して，軟弱地盤の強化を図る工法をいう．施工法には，バイブロ方式（振動する中空管によって砂を締め固める）とハンマーリング方式（中空

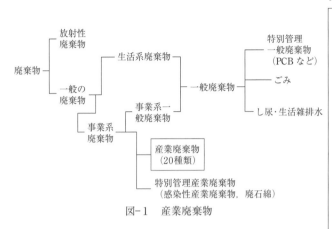

図-1　産業廃棄物

表-1　20種類の産業廃棄物の内訳

・燃え殻
・汚泥（工場廃水処理から出る泥状のもの）
・廃油
・廃酸
・廃アルカリ
・廃プラスチック類
・紙屑
・木屑
・繊維屑
・動植物性残渣
・ゴム屑
・金属屑
・ガラスおよび陶磁器屑
・鉱さい（製鉄所の炉の残さいなど）
・建設廃材
・動物のふん尿
・動物の死骸
・ばいじん類
・動物系固形不要物
・上記19種類の産業廃棄物を処分するために処理したもの

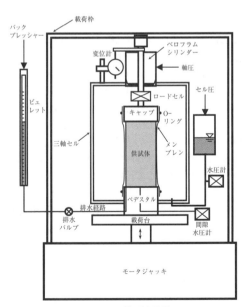

図-2　三軸圧縮試験

管の底部に入れた砂を衝撃荷重によって押し出しながら締め固める）とがある．近年，振動や衝撃を用いず静的な荷重を利用して締め固める工法も開発されている．緩い砂質土地盤では，圧入した砂による密度を増加したり地盤全体を均質化して，支持力改善，圧縮性改善，液状化防止等を図る．一方，軟弱粘性土地盤では，良質材による置換，およびある程度の圧密促進が期待され，その結果，締め固めた砂杭とその周辺の粘性土とが一体となった複合地盤を形成して，支持力・安定性の改善，圧縮性の改善を図る．（図-1，写真-1）

サンドドレーンこうほう（サンドドレーン工法） sand drain method

バーチカルドレーン工法の代表的なものの一つ．粘土地盤中に人工的なサンドパイルを必要間隔で造成して排水路とすることによって排水距離を短縮し，載荷重によって発生した過剰間隙水圧を主として水平方向に消散させて圧密促進を図る工法をいう．サンドドレーンの直径は現地における施工条件などから決められ，普通30～50cmのものが用いられている．サンドドレーンの間隔は工期に依存し，圧密に要する時間から定まるもので，1.5～2.5mの範囲で決められることが多い．サンドドレーン工法には，ケーシングパイプを用いた排除方式とウォータージェットあるいはオーガによる穿孔方式とがある．前者は施工性がよいため主流となっているが，打設時に周辺粘土を乱すおそれがある．後者は乱れが小さく，騒音振動も小さい特徴がある．袋詰め式サンドドレーンは，小径（12cm）の強靭な網状の袋に砂を詰めて4本同時に設置する工法で，砂柱の切断による排水機能の低下を防止できる．（図-2）

サンドマット sand mat

軟弱地盤の表層に0.5～1.0m程度の厚さに敷きならされた砂層．敷砂ともいう．道路などの盛土に先立ち，軟弱層の圧密のための上部排水層，盛土中への地下水の上昇を遮断する地下排水層，施工機械のトラフィカビリティを確保する支持層などを目的として施工される．これらの目的より，マット材には排水性の良い材料が望まれるが，現地発生材を用いることを基本とし，適切な材料がない場合に購入材が用いられる．

サンドマットこうほう（サンドマット工法） sand mat method

軟弱地盤対策工の一つで，軟弱地盤の表層に0.5～1.0m程度の厚さに敷きならされた砂層を設ける表層排水工．敷砂工ともいう．施工機械のトラフィカビリティの確保やバーチカルドレーン工法の排水層などとして用いられる．バーチカルドレーン工法の排水層として用いる場合，表層排水工の機能が十分でないと，ドレーンからの排水が阻害され地盤改良の効果が得られなくなることもあり，表層排水工の排水性の確保は非常に重要である．（図-3）

サンプラー sampler

土試料を採取するための器具．軟弱な地盤の土試料を採取する場合には，一般に円筒形の薄肉チューブ（固定ピストン式シンウォールサンプラー）が用いられる．地盤が固く，薄肉チューブによる試料採取が困難な場合にはロータリ式二重管サンプラー（デニソン型サンプラー）やロータリ式三重管サンプラーが用いられる．砂地盤や礫地盤につ

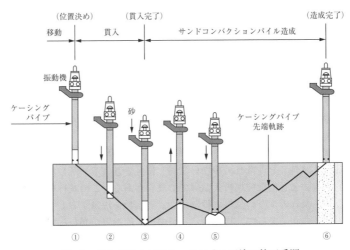

図-1　サンドコンパクションパイル工法の施工手順

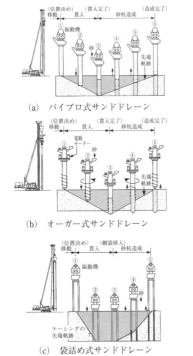

(a) バイブロ式サンドドレーン

(b) オーガー式サンドドレーン

(c) 袋詰め式サンドドレーン

図-2　サンドドレーン工法の施工順序

写真-1　サンドコンパクションパイル工法の施工

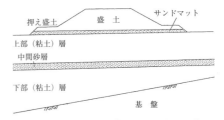

図-3　軟弱地盤上盛土のサンドマット

いては乱れの少ない試料の採取は困難であるが，水圧式サンプラー，ロータリ式三重管サンプラー，ツイストサンプラーあるいは礫層サンプラーなどが用いられる．さんご礫混じり地盤の試料採取にはバスケット型コアキャッチャ付固定ピストン式サンプラーの適用を検討する．サンプラーには多くの種類があり，その寸法，形状および取扱いはそれぞれ異なっているので，それらを使用前に確認しておく必要がある．（表-1）

サンプリング　sampling
　土の工学的性質を知るために土試料を採取すること．サンプリングはボーリングによって作製された所定の孔にサンプラーを降ろし，静的あるいは動的にそれを地盤中に押し込み試料を採取し回収するまでの一連の作業の総称である．サンプリングされた試料は「乱した試料」と「乱れの少ない試料」に区分される．乱した試料のサンプリングの代表的なものとしては標準貫入試験での試料がある．この試料を使って物理試験等が可能となる．乱れの少ない試料の役割は，設計定数を決定する上で重要である．サンプリングの善し悪しによって，得られる試料の力学的性質が異なってくるので乱れの少ない試料を採取するよう心がける必要がある．特に，サンプリングの前に実施されるボーリングでは，適正な掘進速度と送水圧を遵守することによって品質の良いサンプリングが可能となる．図-1は乱れの少ないサンプリングの代表的な方法である固定ピストン式シンウォールサンプラーによるサンプリングの手順を示したものである．

ざんりゅうおうりょく（残留応力）　residual stress
　外力を完全に取り除いた後も物体内部に残る応力である．作用荷重による応力は残留応力に加え合わされるため，構造物は通常残留応力が存在すると早く塑性挙動を示す．残留応力を考慮して設計する必要があるのは，仮締切り兼用鋼管矢板基礎や開削トンネルにおける地下連続壁の本体利用の場合である．

ざんりゅうすいあつ（残留水圧）　residual water pressure
　係船岸などの構造物前面の水位の変化に対して，材料の透水性や構造の水密性に起因して背後の水位の変化が遅れを生じる場合に，水位差が最大となったときに係船岸等に作用する水圧．このときに考慮すべき水位差を残留水位差というが，壁体の排水の良否，潮差等によって変化するものの，通常は前面潮差の1/3〜2/3を考えることが多い．

ざんりゅうすいい（残留水位）　residual water level
　⇨残留水圧

ざんりゅうちんか（残留沈下）　residual settlement
　盛土や構造物の荷重によって生じる圧密沈下のうち，供用開始後（工事完成後）に生じる沈下のこと．残留沈下が大きいと，供用開始後に構造物の機能が損なわれたり，補修費用がかさんだりするので，残留沈下はできるだけ小さくすることが望ましい．残留沈下を小さくする方法として，施工に十分な時間をかけて圧密を進行させる，バーチカルドレーンの間隔を狭める，十分な時間をかけてプレロードを作用させる等が考えられるが，工期や工費に関する制約もあり，総合的に判断したうえで，残留沈下をどれだけ許容するかを適切に設定することが多い．（図-2）

表-1 サンプラーの種類

サンプラーの種類	構造	特徴，適した地盤
固定ピストン式シンウォールサンプラー	単管	エキステンションロッド式と水圧式がある。比較的軟弱な粘性土地盤（N値8以下）に適すが，水圧式の場合にはゆるい砂地盤にも適用できる。
ロータリー式二重管サンプラー	二重管	やや硬質な粘性土地盤（N値8前後）
ロータリー式三重管サンプラー	三重管	やや硬質な粘性土地盤（N値8以上），中密な砂地盤でも適用できる。
ツイストサンプラー	二重管	砂質土や超軟弱土に適用できる。
礫層サンプラー	二重管	礫質土用

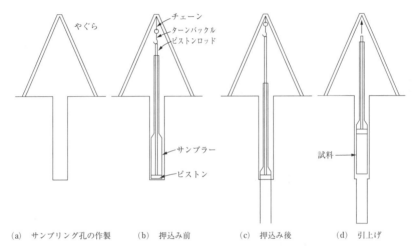

図-1　固定ピストン式シンウォールサンプラーによるサンプリング

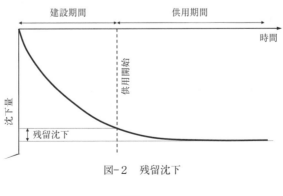

図-2　残留沈下

ざんり～しーと

ざんりゅうちんかりょう（残留沈下量） value of residual settlement
　残留沈下によって生じる圧密沈下量のことをいう．残留沈下量は2次圧密を含むので精度良く予測することは一般に難しい．また，複雑な地盤条件や地盤の不均質性，さらには，盛土等の施工時期の相違などに起因して，不同沈下（あるいは不等沈下）と称される地盤表面の凹凸が生じることもある．実務では，実測された圧密曲線を双曲線近似することによって将来の残留沈下を予測する双曲線法が用いられることが多い．近年，パーソナルコンピュータの性能向上により有限要素法解析を容易に実行できるようになり，土骨格の変形に粘性の影響を取り入れた構成則を用いた解析を実施して，2次圧密を含めた残留沈下の予測を行うことも多くなっている．

ざんりゅうつよさ（残留強さ） residual strength
　① 材料や部材が降伏強度を超えた領域で発揮する強度．材料や部材の応答値が塑性領域にある場合のそれぞれの強度を残留強度（残留強さ）という．
　② 土の排水せん断あるいは定圧せん断試験等において，せん断強度がピーク値（せん断強さ）を示した後，徐々に低下して定常状態に達したときの値．残留強さの測定には，大きなせん断ひずみを発生させる試験装置が必要であり，ねじり一面せん断（リングせん断）試験等が適する．残留強さは，過圧密粘土の斜面が過去に地すべりを起したことがある場合や現在継続中の地すべり安定解析等の強度として使われる．（図-1）

〔し〕

ジーエッチイーモデル（GHE モデル） general hyperbolic equation model
　土の非線形モデルの一つであり，応力～ひずみ関係の骨格曲線を一般化双曲線で与え，履歴曲線を Masing 則を用いて表現したもの．パラメーターは6個あるが，要素試験から得られたせん断弾性係数のひずみ依存性（G～γ関係）を満足するように設定する．ただし，骨格曲線からの除荷時の接線剛性を調整することにより，要素試験から得られた履歴減衰のひずみ依存性 h～γ 関係を満足するように工夫している．これにより，動的変形特性と強度特性を満足することが可能である．（図-2）⇨土の非線形モデル

シーエムシー（CMC） carboxy methyl cellulose
　⇨ポリマー系安定液

シーざい（c材） c-materials
　土の強度を粘着力（c, kN/m^2）のみで表現する材料のことをいう．あまり硬くない飽和粘土は，非圧密非排水状態でのせん断抵抗角（ϕ_u）は0となり，全応力によらず一定の非排水せん断強さを示すため，特に軟弱粘土の場合には一軸圧縮強さ（q_u, kN/m^2）の1/2を粘着力（c_u, kN/m^2）とし，$\phi_u = 0$ としたいわゆるc材と仮定する場合がある．⇨ϕ材

シート・ネットこうほう（シート・ネット工法） fabric sheet reinforced earth method
　一面に敷設した材料と土との間の摩擦力によってその上に盛った土の陥入を防ぎ，超

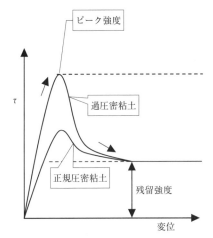

図-1　残留強さ

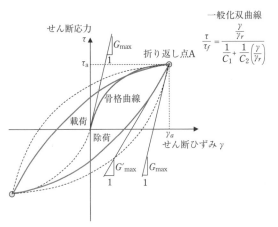

図-2　GHE モデルによる応力～ひずみ関係図

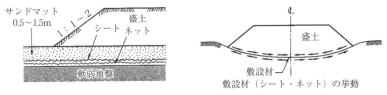

図-3　シート・ネット工法

軟弱地盤の表面強化を図る工法をいう．一般に，人間の歩行，施工機械のトラフィカビリティーおよび盛土施工を確保する目的で利用する．材料としては，合成樹脂製のシートやネットなど強度と耐久性の大きいフレキシブルなものを用いるが，剛性材料を用いる類似のマット工法などと比較して一般にコストが安く，広大な面積の処理に適している．（P.137：図-3）

ジーピーエス（GPS）　global positioning system

　地球の周回軌道を回る衛星から発信される情報を利用して受信者と衛星の位置関係を測定し，緯度・経度を計測するシステム．地上約2万kmを周回するGPS衛星，管制を行う管制局および受信者が測位を行うための受信機で構成される．2点に受信機を置き，同時に測定した電波の位相から2点間の距離をミリメートルの精度で求めることができる．

ジェットこうほう（ジェット工法）　jetting method

　ノズル先端から高圧の水，固化材スラリー，空気などを噴射する工法の総称．水ジェットは，地盤の削孔による鋼矢板や既製杭の打設の補助工法やコンクリート等のはつりに用いられる．固化材スラリージェットは，噴射式の攪拌混合工法による深層混合処理工法，既製杭の中掘り拡大根固め工法などで用いられている．（図-1）

ジオテキスタイル　geotextile

　土構造物の補強，排水，保護などのために用いられる面状の合成高分子材料の製品．ジオシンセティックの分類の一つで，JIS L 0221 において分類されている．一般には，ジオウォーブン，ジオノンウォーブン，ジオニットをジオテキスタイル（狭義）といい，これにジオグリッド，ジオネットを含めてジオテキスタイル（広義）と呼ぶことがある．ジオテキスタイルには用途や目的により補強，分離，透水，ろ過，拘束などの性能が要求される．（図-2）

ジオテキスタイルほきょうどこうほう（ジオテキスタイル補強土工法）　geotextile reinforced earth method

　⇨ジオテキスタイル補強土壁工法

ジオテキスタイルほきょうどへきこうほう（ジオテキスタイル補強土壁工法）　geotextile reinforced earth wall method

　ジオテキスタイルを補強材として用いた補強土壁工法．補強土工法のうち，法面勾配または壁面勾配が1：0.6より急な盛土に適用する補強土壁工法で，面状のジオテキスタイルを盛土内に水平，多層に敷設し，急勾配もしくは垂直な壁面工と連結することにより，従来の擁壁などと同様な構造物として利用される．壁面工には，巻込み形式，鋼製枠形式など柔な壁面工と，コンクリートパネル，コンクリートブロックなど剛な壁面工がある．（図-3，P.141：図-1）

ジオトモグラフィー　geotomography

　⇨物理探査

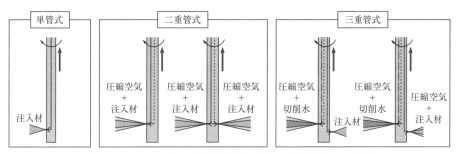

図-1　ジェット工法：高圧噴射撹拌工法の噴射形態による分類

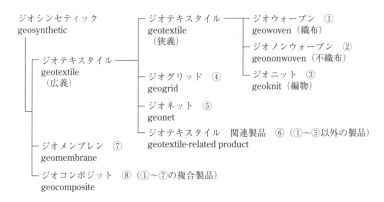

ジオシンセティックの分類（JIS L 0221）

図-2　ジオテキスタイル

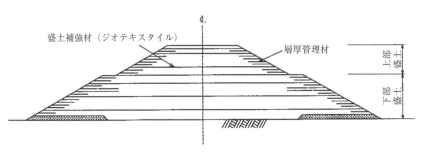

図-3　ジオテキスタイル補強盛土工法の例

じおめ～しこう

ジオメンブレン　Geo-menbrane
　遮水シートなどに用いられる高分子系材料の膜．ジオメンブレンの材料には，高密度ポリエチレン，ポリ塩化ビニルなどが用いられる．従来は遮水工にはジオメンブレンだけを用いることがあったが，これだけでは遮水機能を維持することが難しいことが分かったため，ジオメンブレンの下に透水性の低い粘土層を設けた複合ライナー構造を設けるようになっている．

しかじゅう（死荷重）　dead load
　構造物の自重や構造物への添架物の重量など，構造物に常に作用する荷重．

しけんぐい（試験杭）　test pile
　① 杭の鉛直支持力特性を得るための鉛直載荷試験あるいは水平抵抗特性を得るための水平載荷試験において試験を実施する杭．
　② 実構造物の基礎として設置される杭（本杭）の施工に先立ち，施工性や施工時の騒音・振動の影響および杭の打ち止め条件などを把握し，施工管理に必要な資料を得るために施工する杭．試験杭は通常最初に施工する本杭を用いることが多いが，地盤条件が複雑な場合，新しい杭工法や施工機械等を用いるときは本杭と別に実施することがある．

しけんせこう（試験施工）　trial execution
　本格的な施工に先立ち試験的に行う工事．土木工事などにおいて室内試験，実験のみでは実際の現場での挙動など予測し得ない場合があり，これらを確認するために実現場において実物大の構造物を構築して各種試験を実施することがある．軟弱地盤上の盛土の安定性，沈下特性，施工条件などを確認する試験盛土，盛土の締固め方法など決定する転圧試験（モデル施工），新たな技術の現場での適用性などを検証するための実証試験などがある．

しけんぼり（試験掘り）　test drilling
　地盤調査としての試験掘りと施工試験としての試験掘りがある．前者は，原位置試験が必要なとき，地盤を直接観察する必要があるとき，不撹乱試料が必要なときなどに，人が直接入り地盤調査するために穴や溝を掘ることをいう．後者は，杭工事に先立って地盤の掘削性を確認するためにアースオーガ等で試験的に地盤を掘ることをいう．

しけんもりど（試験盛土）　test banking
　軟弱地盤上に盛土する場合や関東ロームなどの特殊土により盛土する場合に施工性の把握，特殊土の取扱い方法，基礎地盤の挙動や安定などを検討するため，実際の現場で実物大の盛土を施工すること．軟弱地盤上の盛土では，主に盛土荷重による基礎地盤の沈下状況，地盤改良などの効果の検証などを，特殊土による盛土では，トラフィカビリティの検証，施工機械の選定，盛土の沈下などについて検証を行う．

しこうくさびほう（試行くさび法）　trial wedge method
　擁壁等の設計において，主働（受働）土圧の算定に用いられる計算方法．擁壁のかかとを通る任意の平面すべり面を仮定し，各すべり面において土くさびに対する力のつり

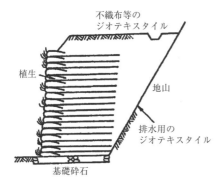
(a) 不織布巻込み方式

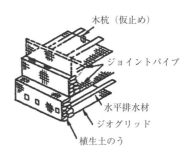
(b) ジオグリッド巻込み方式

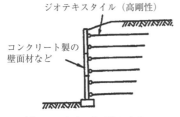
(c) コンクリートパネル方式

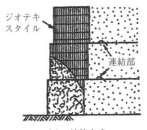
(d) 蛇籠方式

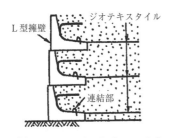
(e) PCコンクリートブロック方式

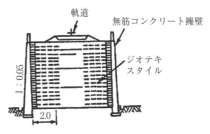
(f) 場所打ちコンクリート擁壁方式

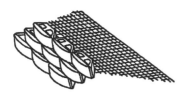
(g) コンクリートブロック方式の例

図-1 ジオテキスタイル補強土壁の例

合いから土圧を求め，その最大（最小）土圧力を主働（受働）土圧力とする方法である．背面土の表面が水平であるときは，クーロン土圧に一致する（図-1）．

しじぐい（支持杭） bearing pile
杭先端を支持層まで到達させ，杭頭の荷重を主として杭先端の支持力で受け持つ杭．杭先端が岩盤など強固な支持層に達していて杭全体の支持力のうち先端支持力が受け持つ割合が非常に大きい場合は特に先端支持杭ということもある．（図-2）

しじそう（支持層） bearing stratum
杭先端部や基礎の下部など，構造物の基礎に接してその荷重を支持する層．一般に，砂や砂礫などによる層で N 値 50 以上となる層が数 m 以上続く層のことをいう．道路橋示方書下部構造編では，砂，砂礫層の場合，N 値が 30 程度以上，粘性土の場合，N 値 20 程度以上（一軸圧縮強度 qu が $0.4N/mm^2$ 程度以上）であれば良質な支持層とする．

しじりょく（支持力） bearing capacity
地盤や基礎構造物がそれより上部の構造から作用する荷重に対して抵抗できる力．地盤が抵抗できる最大の荷重の大きさを極限支持力といい，杭の場合には杭が杭頭において抵抗できる最大の荷重を杭の極限支持力という．⇨鉛直極限支持力

しじりょくけいすう（支持力係数） bearing capacity factor
極限支持力を算定するための支持力式で使用される3つの主要な係数．粘着力に関するもの（N_c），サーチャージに関するもの（N_q）および地盤重量に関するもの（N_γ）があり，無次元量で土のせん断抵抗角（内部摩擦角）Φの関数である．（図-3）

しじりょくこうしき（支持力公式） bearing capacity formula
⇨支持力式

しじりょくしき（支持力式） bearing capacity formula
地盤の極限支持力や降伏荷重を計算するための式．通常は，極限支持力を計算して安全率で割り，許容支持力が求められる．極限支持力を算定するための支持力式は，支持力に寄与する3つの因子，すなわち土の粘着力（c），サーチャージ（p_0）およびすべり土塊の重量を規定する土の単位体積重量（γ）と基礎幅に関する3項を重ね合わせた形で表現するのが一般的である．

しじりょくのじょうげんち（支持力の上限値） upper limit of bearing capacity
道路橋の杭基礎の耐震設計において基礎の変位量を計算するときに考慮する杭の杭頭における軸方向抵抗力の最大値であり，押込み支持力の上限値と引抜き支持力の上限値とがある．地盤から決まる杭の極限支持力と杭体強度の上限値のうちの小さい方が支持力の上限値となる．（図-4）

じしんおうとうかいせき（地震応答解析） seismic response analysis
地盤や構造物等の地震時の動的応答を予測，評価するための解析手法の総称．地震応答の評価法としては，一般に応答スペクトル法と時刻歴応答解析法があり，前者は簡便なため頻繁に用いられ，後者はさらに詳細な地震応答の評価が必要な場合に用いられる．なお，時刻歴応答解析には周波数応答関数に基づく方法と逐次数値時間積分による方法とがあり，目的に応じて実際の強震記録（あるいはこれを修正したもの）や人工模擬地

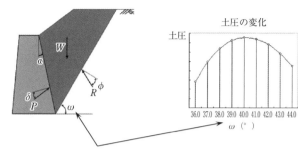

ωを変化させて土圧の最大値（最小値を算出）

図-1　試行くさび法

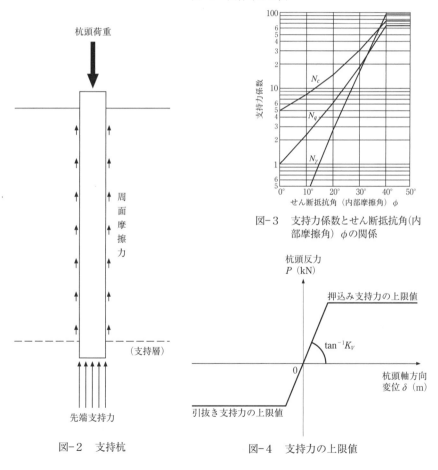

図-2　支持杭

図-3　支持力係数とせん断抵抗角（内部摩擦角）ϕの関係

図-4　支持力の上限値

じしん

震動を入力して用いる．

じしんおうとうスペクトル（地震応答スペクトル） seismic response spectrum
　　地震動に対する振動系（一般には1自由度系）の応答の最大値を，減衰定数をパラメーターとして，系の固有周期の関数として表示したものの総称をいう．応答の種類により，加速度応答スペクトル，速度応答スペクトル，変位応答スペクトルの各応答スペクトルがある．応答スペクトルは，モード解析と併用することにより多自由度系の動的応答計算にも用いることができるなど，その応用範囲はきわめて広く，現在の耐震設計の基本となっている（図-1）．

じしんかんせいりょく（地震慣性力） seismic inertia force
　　地震時に，物体の質量に比例し，地盤の変位と逆方向に作用する力．質量（m）の質点に外力が作用してaの加速度が生じた場合，$(-m \cdot a)$を慣性力という．

じしんきばんめん（地震基盤面） surface of seismic bedrock
　　地震応答解析を行う際，地震を入力する基盤となる岩盤あるいは硬質地盤と，それより上方の表層との境界面．橋梁などの土木構造物の場合には，一般にせん断弾性波速度300m/s以上の地層がその地域で一定の空間的広がりを有し，それより下方でせん断弾性波速度の顕著な変化が見られない層を工学的基盤面として取り扱うことが多い．鉄道や建築の設計で地震応答解析を行う時の地震の入力基盤としては工学的基盤と称してせん断波速度400m/s以上の地盤を想定する．

じしんじかんせいりょく（地震時慣性力） inertia force during earthquake
　　構造物を設計する際に用いる荷重の一種で，地震時の地盤の振動によって構造物や地盤にその振動方向に作用する慣性力．一般に，構造物や地盤材料の自重に震度を乗じて算出する．構造物の振動特性は，その剛性や高さ，基礎地盤の特性などによって変化し，それらの条件に応じて作用する地震時慣性力の大きさが異なる．

じしんじじばんへんい（地震時地盤変位） vibration deformation of ground during earthquake
　　地震時の地盤の応答変位のこと．地盤の応答変位は地震動のほか地盤の剛性，非線形特性，地層構成および厚さなどの地盤特性によって異なり，地盤をモデル化し，地震応答解析により推定することができる．軟弱地盤の表層地盤の地震時地盤変位は大きく，地中構造物や杭基礎の部材などに地盤変位と部材の変位の差分が動的相互作用として作用する．（図-2）⇨地震応答解析

じしんじしゅどうどあつ（地震時主働土圧） active earth pressure during earthquake
　　地震の振動に伴って発生する主働側の土圧．物部・岡部公式に代表されるように，重力に加えて水平あるいは鉛直の振動を土に作用させ，塑性平衡状態を仮定して計算される土圧と，弾性応答を仮定して有限要素法などにより計算される動土圧がある．なお，地震時主働土圧と地震時受働土圧は，想定する地盤の応答状態によって使い分ける必要がある．（P.147：図-1，2）

じしんじじゅどうどあつ（地震時受働土圧） passive earth pressure during earthquake
　　地震の振動に伴って発生する受働側の土圧．物部・岡部公式に代表されるように，重

じしん

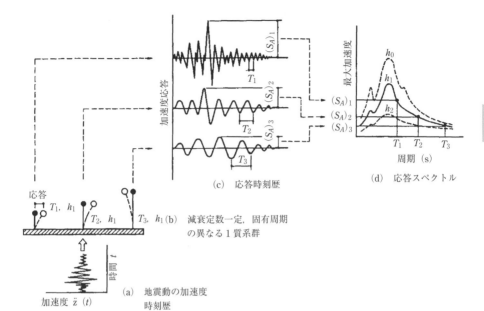

図-1　地震応答ベクトル

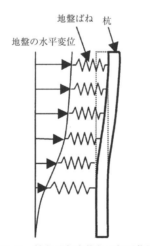

図-2　杭と地盤変位との相互作用

力に加えて水平あるいは鉛直の振動を土に作用させ，塑性平衡状態を仮定して計算される土圧と，弾性応答を仮定して有限要素法などにより計算される動土圧がある．なお，地震時主働土圧と地震時受働土圧は，想定する地盤の応答状態によって使い分ける必要がある．（図-1）

じしんじせんだんおうりょくひ（地震時せん断応力比） shear stress ratio during earthquake

地震時せん断応力比とは，地震時に発生する地盤内のせん断応力を有効上載圧で無次元化した値である．液状化判定で用いる地震時せん断応力比を求める方法として，地表面の水平震度から推定する簡易法と地震応答解析から推定する詳細法の2種類がある．

じしんじどあつ（地震時土圧） earth pressure during earthquake

地震時に構造物に作用する土圧．地震時土圧を動的問題として解析するのは繁雑なため，これを静的な力として取り扱うのが一般的である．これまで，クーロン土圧の考え方を地震時に適用して導かれた物部・岡部の式が多く使用されてきたが，近年，レベル2地震動を設計で考慮するようになり，大規模地震時の設計にも適用可能なように修正が行われている．（図-1, 2）⇨物部・岡部の地震時土圧

じしんにゅうりょく（地震入力） earthquake input

加速度応答スペクトル法や時刻歴応答解析法などの動的解析において照査に用いる地震動を入力すること．加速度応答スペクトル法とは，振動モードごとに構造物質量に加速度応答スペクトルを乗じ，各モードの重ね合せにより構造物に生じる断面力や変位量を算定するものであり，このときの加速度応答スペクトルが地震入力に当たる．時刻歴応答解析法は，特定の地震動波形により地盤などを加振して構造物の応答を算定するものであり，このときに用いる加速度, 速度あるいは変位の時刻歴波形が地震入力に当たる．

じしんどう（地震動） earthquake ground motion

地震によって地盤に生じる振動のこと．土木構造物の設計では，照査の対象とする性能に応じて，供用期間中に発生する確率が高いレベル1地震動と供用期間中に発生する確率は低いが大きな強度を有するレベル2地震動の2種類の地震動が用いられる．

じしんは（地震波） seismic wave

地震断層の破壊に伴って地殻から放射され，地震動として観測される波．震源過程や伝播経路の性質および観測地点近傍の地盤条件等によって地震波の振幅や周期成分，継続時間等が変化する．この特性を利用し，逆解析から地下構造や震源過程等の情報を抽出できる．

しすいこうほう（止水工法） cut-off of water

掘削工事において，掘削場内に地下水が流入して来ないように，掘削周囲および底面を不透水性にして地下水を止める工法の総称．止水工法は地下水を排水しないので，地下水処理に伴う地盤沈下などの周辺への影響を小さくできる．止水工法には，連続した土留め壁を掘削底面下の不透水層まで根入れさせて地下水を止める止水壁（遮水壁）による工法，セメントや薬液などを注入して地盤を不透水化する薬液注入工法や帯水層を

じしん〜しすい

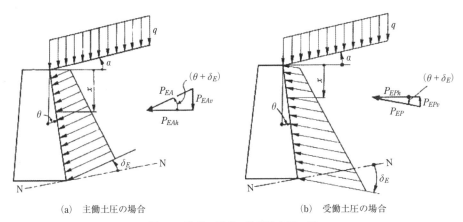

(a) 主働土圧の場合 　　　　　(b) 受働土圧の場合

図-1　物部・岡部の地震時土圧の例

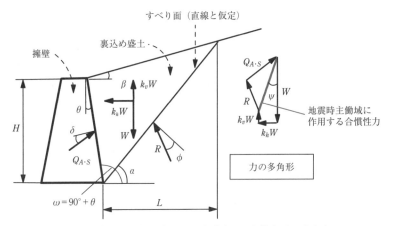

図-2　物部・岡部理論による地震時での主働土圧の求め方

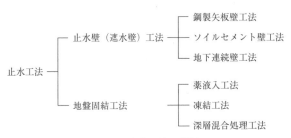

図-3　止水工法の種類

じすべ～しぜん

一時的に凍結させて地盤を不透水化する凍結工法とセメント等の固化材を噴射または攪拌混合して地盤を固化・不透水化する深層混合処理工法などの地盤固結による工法がある．（P.147：図-3，図-1）

じすべり（地すべり）　landslide

斜面破壊のうち主として地質構造的な要因に起因し，地下深部のある面を境界としてその上部の土塊が徐々に下方へ移動する現象．斜面崩壊に比べ比較的勾配の緩い斜面が広範囲にわたり，長期間，継続的に滑動するものが多い．地すべりは，斜面を構成する地質やその構造から，第三紀層（特に中新世以降），変成岩，断層破砕岩，温泉地帯の熱水変質土（温泉余土）などの地域に多く，背斜構造，流れ盤構造などの部分で発生しやすい．（図-2）

じすべりぜんちょうちけい（地すべり前兆地形）　landslide portentous topography

地すべりが発生する兆候がある地形．地すべりの発生を予測するには，地形，地質，土質，地下水，気象など種々の項目の調査が必要である．一般に，地すべりは過去に地すべりを発生した近傍で繰り返し発生しやすく，地すべり地形が形成されるため，危険箇所の予測は比較的容易であることが多い．しかしながら，初生的な地すべりの危険箇所の予測，地形的な判別は難しいとされている．

じすべりたいさくこう（地すべり対策工）　landslide prevention works, landslide control works

地すべり土塊の移動を停止または緩和することを目的とする工法．抑制工と抑止工に大別され，抑制工は地形，土質，地下水の状態などの自然条件を変化させることにより地すべりの滑動力を減少させる工法であり，地表水排除工，地下水排除工，排土工，押え盛土工，軽量盛土工などがある．抑止工は構造物により直接地すべりの滑動力に対抗し抑止する工法であり，杭工，アンカー工などがある．一般には抑制工を基本とし抑止工が併用される．（図-3）

じすべりブロック（地すべりブロック）　landslide block

地すべりの運動に伴い形成されるおのおののすべり土塊の単位区画．岩盤地すべりでは通常1ブロック，崩積土地すべりでは頭部がいくつかに分類され2～3ブロック，粘質土地すべりでは全体に多くのブロックに分かれる．地すべりの調査で，地形図，空中写真，現地踏査などにより地すべりブロックを推定し調査計画を立案する．地すべりブロック内に設定された測線に沿う断面を地すべり断面といい，安定解析や対策などの基本的な断面となる．（図-4）

しぜんがんすいひ（自然含水比）　natural water content

土が原位置で保持している水分量を含水比で表した値．自然含水比 w_n を知ることによって土の種類を知ることができる．飽和している海成粘性土の場合には自然含水比から土のせん断強さや圧縮性を推定することが可能である．また，自然含水比は液性限界や塑性限界と比べることによって，土の取扱いやすさを示す重要な指標となる．

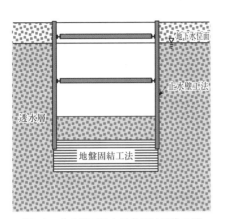

図-1 止水壁工法と地盤固結工法の例

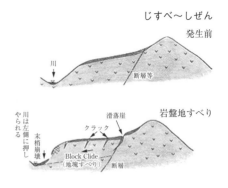

じすべ〜しぜん

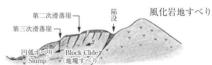

図-4 地すべりブロック

図-2 地すべり分類

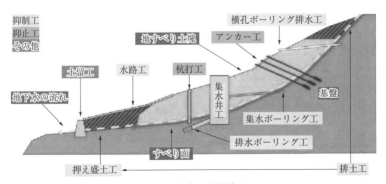

図-3 地すべり対策工

じぜんこんごうしょりこうほう（事前混合処理工法） premixing method
　埋立土砂に事前にセメントなどの安定材を添加・混合し，埋立後の地盤を固結させる工法で，埋立後の地盤改良を不要とする工法．固結した地盤ができることから，液状化対策，壁面土圧の低減，支持力確保などを目的として使用される．（図-1）

しぜんでいすい（自然泥水） natural slurry
　リバース工法において，循環水に地盤中の粘土・シルトなどが溶け込んだ泥水．⇨リバース工法

しぜんていぼう（自然堤防） natural levee
　洪水時に越流した氾濫水による堆積物が河道沿いに形成する細長い帯状の微高地．河川の中，下流部の河道沿いに砂や細礫が堆積することにより形成され，昔から集落が発達し，畑地などとしても利用されている．土木，建築構造物の基礎地盤としては比較的良好である．（図-2）

したぐい（下杭） lower pile (lower pile unit)
　既製杭を複数本使って1本の杭作る場合の一番下の杭のこと．既製コンクリート杭では先端支持力を大きくするために中杭，上杭と違って節を作るなどの工夫をしたものもある．⇨中杭

しつじゅんたんいたいせきじゅうりょう（湿潤単位体積重量） wet unit weight
　土の単位体積当たりの土全体の重量．湿潤単位体積重量 γ_t と湿潤密度 ρ_t の関係は $\gamma_t = g \cdot \rho_t$ で表される．ここに，g：重力加速度である．湿潤密度は，$\rho_t = m/V$ で表される．ここで，m は土全体の質量，V は土全体の体積である．湿潤単位体積重量は土かぶり圧の計算等に使用され，設計には欠かせない重要なパラメーターである．

してんいどうのえいきょう（支点移動の影響） effect of supporting point movement
　単純桁などの静定構造物では，支点移動が生じても部材応力は生じないが，連続桁やラーメン構造の橋脚のような不静定構造物は，地盤沈下などのために生じる基礎構造の沈下・水平移動・回転などによって部材応力の増加する箇所が生じることから，支点移動の影響を考慮した構造物の設計が必要となる．コンクリート構造物の場合にはコンクリートのクリープの影響によってその応力度が相当小さくなるが，鋼構造物の場合にはクリープのような現象がないので弾性計算で求めた断面力をそのまま設計断面力としなければならない．

じどうかオープンケーソンこうほう（自動化オープンケーソン工法） automatic open caisson system
　オープンケーソンにおいて，自動掘削・揚土システム，自動圧入・沈下管理システム等を導入して，施工の省力化，施工精度の向上を図ったものである．（図-3，写真-1）
⇨SOCS

じはだちぎょう（地肌地業） foundation work on ground surface
　床付け地盤が堅固で良質な場合に，砂・砂利地業に替えて直接地盤上に捨てコンクリートを打設する地業をいう．地肌地業では，すきとり掘削などで丁寧に床付けを行い，そ

じぜん～じはだ

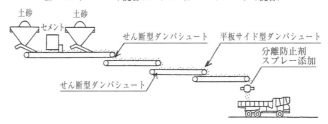

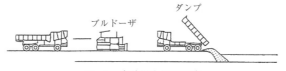

図-1 事前混合処理工法

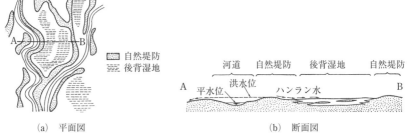

図-2 自然堤防

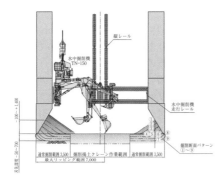

図-3 ガイドレール式バックホウタイプの自動水中堀削機

写真-1 ガイドレール式バックホウタイプの自動水中堀削機による堀削作業および圧入装置

じばん

の後の作業で床付け面を乱さないことが肝要であり，捨てコンクリート打設前には，床付け面に緩みがないことを確認するとともに，緩み部分が発生している場合は砂や目つぶし砂利で補修して締め固める必要がある．

じばんかいりょう（地盤改良） ground improvement, soil improvement

軟弱地盤上に構造物を構築したり，盛土あるいは切土，掘削を行う場合に，施工過程および完成後に発生する有害な地盤の挙動を事前に除去または軽減させるために，地盤の工学的性質を人為的に改善し，安定化させることをいう．地盤改良の方法を安定化の原理に基づいて分類すると，密度を増加，固結（固化），土以外の材料による地盤の補強，良質の材料で置換する方法の4つに大別できる．その主たる目的はせん断特性，圧縮性，透水性，動的特性の改良であり，複数の目的を達成するように施工されることが多い．また，有害物質の処理や封じ込め，高含水比泥土のハンドリングの改善や体積の減少を目的とする減容化技術など地盤環境の改善に関わる技術も加わる．道路関係では，安定処理または土質安定処理が地盤改良と同義に用いられることもある．（表-1）

⇨安定処理，軟弱地盤対策，液状化対策

じばんけいしゃけい（地盤傾斜計） inclinometer, tiltmeter

地盤の傾斜や変形を測定する計器．地すべりによる地盤の変動や造成工事による近接する地盤の変形など，地表面の傾斜の経時的な変動量を測定し，地すべりの動向や発生の予知，造成工事や近接工事など，施工中の地盤挙動に関する情報などを得るために用いられる．水管式と振子式に大別され，前者は互いに直角に固定された2本の気泡管を用いて測定する方法で，後者は振子を用いてその変位を電気的に測定するものである．（図-1）

じばんしんしゅくけい（地盤伸縮計） extensometer

地表面の移動量を測定する装置．地すべり，落石・崩壊，岩石崩壊の可能性がある斜面や岩盤に亀裂を挟んで杭を打ちこみ，それにワイヤー等を張り，ワイヤー等の伸縮により地表面の移動量を測定する．斜面の挙動を把握することにより，崩壊の予知や対策工の検討を行う．（図-2）

じばんしんどう（地盤振動） ① earthquake ground motion (s)，② ground vibration

① 地震を発生源とする地盤の振動．一般に基盤面より上部の表層地盤において増幅，減衰される地盤の応答振動をいう．地盤振動はP波，S波の実体波とラブ波，レイリー波の表面波に区分される．震源より岩盤（基盤）中を伝播してきた地震波動は，基盤面から堆積層へと入射され，堆積層の中の各土層で屈折，反射を繰り返しながら地表面に到達，その後基盤面へ向かって下降し，また基盤面で反射されてまた地表へと上昇する状態を繰返す．このような重複反射の過程で，表層固有の卓越振動が形成される．

② 自動車などの交通荷重，建設工事の杭打ちや爆破などの衝撃的な荷重，工場内の機械基礎の定常振動などによる地盤の振動．これらの地盤振動は，常時微動の発生源となる場合もある．（P.155：図-1）

表-1 地盤改良工法の特徴

分類		工法の名称	摘要
置換工法		床堀り置換え工法	機械的な掘削置換
密度増化	排水	自然圧密工法	圧密による強度増加や沈下防止を期待する工法
		バーチカルドレーン	
		サンドドレーン工法	
		プラスチックドレーン工法	
		水位低下	排水による間隙水圧低下を利用する工法
		ウェルポイント工法	
		真空圧密工法	
		生石灰杭工法	化学的脱水を利用
		グラベルドレーン工法	砂質土の排水により液状化防止
		ドレーンパイプ工法	
	圧縮	サンドコンパクションパイル工法	砂の締固め
		バイブロフローテーション工法	
		ロッドコンパクション工法	
		重錘落下締固め工法	
化学的固化		深層混合処理工法	化学的固結作用を利用
		浅層混合処理工法	
		事前混合処理工法	
		薬液注入工法	化学的充填固化法
		噴射撹拌工法	
凍結工法			間隙水を一時凍結
補強		シート・ネット工法	土の引張り強度を補強
		補強土工法	
軽減		軽量材	荷重を軽減
		軽量混合土	

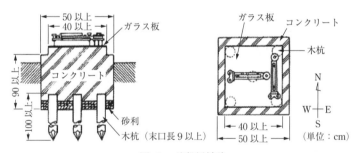

図-1 地盤傾斜計

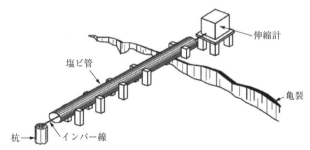

図-2 地盤伸縮計

じばん

じばんちんか（地盤沈下） land subsidence, ground subsidence
　地表面が広い範囲にわたり沈下する現象．沈下の原因には，地盤深部の地殻変動によるものと，地表部の自然現象または人為的な行為による収縮（圧密），陥没があるが，土木の分野では一般に後者を指す．後者の人為的な行為によるものには，地下水の過剰揚水，天然ガスなどの地下資源採取，地下掘削などがある．わが国では関東，新潟，名古屋，大阪などの沖積平野で著しい．また，地盤沈下は 7 公害の一つとして法律で制定されている．

じばんのどうてきかいせきモデル（地盤の動的解析モデル） model for dynamic analysis of ground
　動的な作用に対する地盤の応答を求めるために用いられる解析モデル．解析次元の観点からは一次元，二次元，三次元のモデルがあり，離散化手法の観点からは連続体モデル，質点モデル，有限要素モデル等がある．有限要素モデルは地盤を有限個数の要素に分割するものであり，物性の二次元～三次元的な変化を容易に取り扱うことができる．材料特性のモデル化に関しては，地盤が受けるひずみレベルに適合した材料定数を用いて線形解析を行う等価線形モデルや，大ひずみ時の応力－ひずみ関係をある程度忠実に考慮した非線形モデルが用いられている．飽和地盤の取扱いの観点からは，地盤の動的解析モデルは全応力モデルと有効応力モデルに分類される．有効応力モデルは地盤内の過剰間隙水圧の上昇（有効応力の減少）とこれに伴う土の復元力特性や減衰特性が変化を直接取り扱うことのできるモデルである．（表-1，図-2）

じばんはんりょく（地盤反力） subgrade reaction
　構造物からの荷重が地盤に作用したときに，構造物が地盤から受ける力．地中構造物を設計するに当たっては，その底面に作用する鉛直地盤反力，側面に作用する水平地盤反力および，底面や周面に作用するせん断地盤反力を考慮する必要がある．

じばんはんりょくけいすう（地盤反力係数） coefficient of subgrade reaction
　地盤に荷重を加えたときの，荷重強度と荷重の作用点での変位量との比をいう．ひずみの大きさ，荷重の作用方向，作用面積，荷重の載荷時間などの影響を受け，載荷試験方法により得られる特性値が異なる．地盤反力係数は K 値とも呼ばれ，水平地盤反力係数，鉛直地盤反力係数およびせん断地盤反力係数の 3 種類がある．

じばんはんりょくど（地盤反力度） subgrade reaction strength
　地盤反力を単位面積当たりの大きさで表したもの．剛なフーチングを有する直接基礎の設計では，基礎地盤に作用する鉛直荷重が基礎底面の重心に作用する場合には地盤反力度の分布は等分布とし，荷重の作用位置が偏心している場合には台形分布あるいは三角形分布と考える．（図-3）

じばんはんりょくどのじょうげんち（地盤反力度の上限値） upper limit of subgrade reaction strength
　① 基礎前面の受働土圧，周面の摩擦力，底面の極限支持力などから定まる荷重状態（常時，レベル 1 地震時，レベル 2 地震時など）に応じた安全率を考慮した地盤反力度

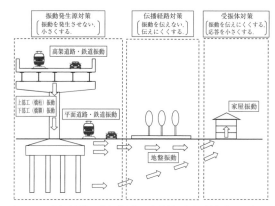

図-1　地盤振動：交通振動の伝播経路と対策法の分類

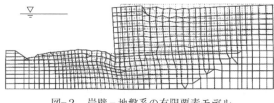

図-2　岸壁－地盤系の有限要素モデル

表-1　地盤の動的解析モデル

解析次元	1次元, 2次元, 3次元
離散化手法	連続体モデル(重複反射モデルを含む), 質点モデル, 有限要素モデル
材料特性	線形, 等価線形, 非線形
飽和地盤の取り扱い	全応力モデル, 有効応力モデル

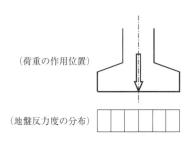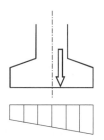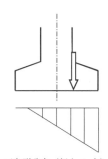

　　　等分布　　　　　台形分布（偏心：小）　　　三角形分布（偏心：大）

図-3　地盤反力度

の限界の値.
　② 道路橋の直接基礎の設計において，基礎の過大な沈下を避けるために設けられた規定値．Terzaghiの支持力公式から算出される基礎底面地盤の鉛直支持力は，基礎の沈下量と関係付けられていないため，砂礫，砂および粘性土地盤の常時における最大地盤反力度に上限値を設け，沈下を抑制している．また，岩については，亀裂，割れ目の状態などにより極限支持力が変わるため，常時およびレベル1地震時の地盤反力度の上限値を設けている．

じばんへんどう（地盤変動） ground movement
　盛土や応力解放などの荷重作用により，地盤が圧縮，膨張あるいはせん断変形などにより変状することをいう．

しほこう（支保工） support, bracing
　山留め壁に作用する土圧や水圧などの側圧を支持し，周辺地盤の過大な変形や崩壊を防ぐために設ける切梁，腹起しなどの構造物をいう．支保工は，通常仮設材であって本体構造物の構築後撤去されるが，構造物本体を山留め支保工として利用する工法（逆打ち工法など）もある．支保工の材料は，鋼材，鉄筋コンクリートおよびこれらを併用したものが用いられている．⇨切梁

しめかためエネルギー（締固めエネルギー）
　⇨突固めエネルギー

しめかためくいこうほう（締固め杭工法） compaction pile method
　地盤改良を目的として締まった砂杭を地盤内に造成する工法．地盤改良工法のうち締固め工法に分類される工法であり，締まった砂杭を所定の間隔で鉛直に造成し，緩い砂質地盤や粘性土地盤の強化や支持力の向上などを図るために用いられる．砂杭は振動や衝撃を併用して砂を地盤内に圧入することにより造成されるが，無振動型のものも開発されている．軟弱地盤対策や緩い砂層の液状化対策として用いられている．（図-1）⇨サンドコンパクションパイル工法

しめかためみつどひ（締固め密度比） degree of compaction
　室内試験で求められる土の最大乾燥密度に対する現場の土の乾燥密度の比を百分率で示したもの．土構造物の現場における締固めの施工管理の指標として用いる．D値や締固め度と呼ぶ場合もある．

しめきりほうしき（締切り方式） cofferdam method
　鋼矢板や鋼管矢板などの遮水性に優れる壁体を用いて閉合することにより水の浸入を防ぎ，河川内や地下水位の高い地盤中に構造物を構築する際にドライな状態で作業する方法．

じゃかご（蛇篭） gabion
　針金で編んだ円筒形の篭に，玉石または割栗石を詰めたもの．主に，河川の護岸工や水流制御工，海岸堤の保護工などに利用される．災害復旧などの緊急性のある場合にも利用される．近年では，蛇篭を河川の河床に沈め，水生生物の生息空間としても活用されている（写真-1）．

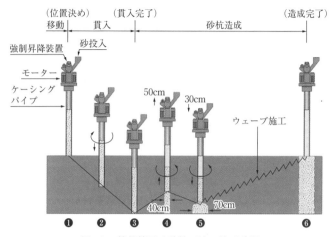

図-1　静的締固め砂杭工法の施工手順

写真-1　蛇籠

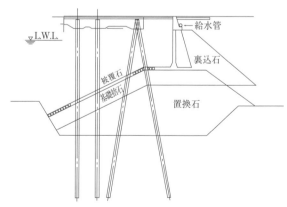

図-2　斜杭の利用例

しゃぐい（斜杭） battered pile
　斜めに打設した杭のこと．通常の鉛直に打設した杭に対してこう呼ぶ．一般的に杭は軸直角方向の抵抗が小さい．ところが，斜杭を組み合わせた組杭を用いると，水平力が軸方向力に分解されて杭の軸方向の抵抗力が期待できるようになる．このため，水平力が卓越して作用する場合に斜杭がしばしば用いられる．ただし，沈下するおそれのある層に斜杭を打設すると地盤の沈下に伴い斜杭が曲げられ，思わぬ応力が生じることになる．（P.157：図-2）

しゃすいこう（遮水工） seepage control work
　管理型処分場の側面や底面に設置し，処分場内の保有水等の浸出を防止するための遮水性能のある構造物または材料．遮水工は，主に，下地地盤，保護マット，保護材，遮水シートからなる構造を有しているものが多い．近年は遮水工に信頼性を向上させるため遮水シートを二重にするばかりでなく，自己修復機能を付加させた遮水工が検討されている．（図-1）

じやまほきょうどこうほう（地山補強土工法） soil nailing system
　地山に補強材を配置し，地盤の変形に伴って受働的に補強材に抵抗力を発揮させて地盤の変形を拘束することにより，表面工の支持，斜面の安定化，支持力の増加など，地山の安定性を向上させる工法．細く曲げ剛性の小さい補強材の引張抵抗による補強を期待するネイリング（nailing），太く曲げ剛性の大きい補強材の引張り，曲げ，せん断抵抗による補強を期待するダウアリング（dowelling），中間的な補強材のマイクロパイリング（micropiling）に分類される．（図-2）

しゃめん（斜面） slope
　自然または人工的に形成された傾斜地形．自然に形成された斜面を自然斜面といい，切土や盛土など土工により人工的に形成された斜面を人工斜面または法面という．斜面の安定性はその勾配，地層構成，地質や土質の性状，植生，地下水や地表水，気象の状況などにより大きく影響する．

しゃめんあんていこう（斜面安定工） slope stability works
　斜面の安定を図るための工事．斜面崩壊や地すべりなど斜面破壊の防止，または破壊などの兆候が現れた場合の安定化など，斜面を安定に保つために行われる．斜面安定工の設計にあたっては，安定解析に先立ち，対象とする箇所を含む広範囲の地形，地質や土質，地下水や地表水などの調査を十分に行い，また，周辺環境や景観，維持管理の容易さなども考慮して総合的に検討される．

しゅうきょくげんかいじょうたい（終局限界状態） ultimate limit state
　部材の破壊，座屈，転倒や地盤のせん断破壊，変形などにより，構造物の安定性や機能が喪失する限界の状態．

じゆうすい（自由水） free water
　土中水のうち，重力の作用によって土中の間隙を移動する水分のことで，重力水とも呼ばれる．土中の間隙を移動する水分は地下水に合流し，地下水も重力で移動するので

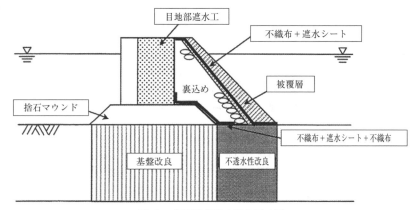

図-1　海面処分場の遮水工の例

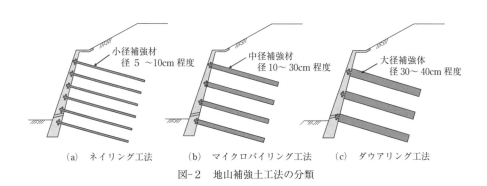

(a) ネイリング工法　　(b) マイクロパイリング工法　　(c) ダウアリング工法

図-2　地山補強土工法の分類

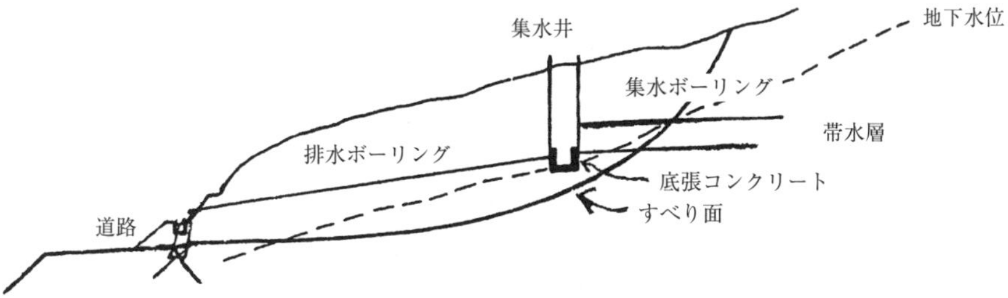

図-3　集水井の設置例（滑動中の地すべり）

自由水である．自由水に対して，土中の間隙に保持される毛管水，及び土粒子の表面に吸着されている吸着水は，重力の作用によって移動しないため，結合水と呼ばれる．

しゅうすいせいこう（集水井工） drainage well

地すべり対策工の一つで，比較的深い地下水を排除するために設ける井戸．水抜きボーリング工ではボーリングの延長が長くなりすぎる場合や基盤付近で集中的に地下水を集水する場合に用いられる．集水のための横ボーリング工はすべり面を切るように井戸から放射状に設ける．集水した地下水は，排水ボーリングや排水トンネルなどで自然排水させることが望ましい．対策の効果を持続するためには，集水ボーリングの維持管理が重要である．（P.159：図-3）

じゅうすいらっかしめかためこうほう（重錘落下締固め工法） heavy tamping method

鋼製または鉄筋コンクリート製の重錘をクレーンまたは専用機を用いて高所から地盤に繰り返し落下させ，深度10～20mまでの地盤の密度を増加させる工法であり，動圧密工法（dynamic consolidation method）とも呼ばれ，砂質土地盤への支持力改善や液状化対策のための適用が多い．改良の原理は，打撃エネルギーによる地盤の締固めと打撃エネルギーにより発生した過剰間隙水圧の消散に伴う地盤の圧縮が挙げられる．（図-1）

しゅうせいアールオーモデル（修正 RO モデル） modified Ramberg-Osgood model

もともとの RO モデルでは，4つのパラメーターで数式表現されているが，パラメーターのいくつかの修正モデルが提案されており，パラメーターを減らす努力がなされている．HD モデルよりもパラメーターが多いので，より適用性が広いといえる．ただし，せん断ひずみが大きくなるとせん断力も無限となり，せん断強度の概念が欠落してしまう．（図-2）⇨土の非線形モデル

しゅうせいフェレニウスほう（修正フェレニウス法） modified Fellenius method

円弧すべり解析を行う際，分割片に作用する力として，上載荷重，すべり面下からの垂直力とせん断抵抗力のほかに，自重については浮力を差し引いた有効重量で考え，分割片間の力のやりとりを無視して安定解析を行う方法のこと．繰返し計算は必要なく，1回の計算で解が求められる．粘土地盤上の盛土の安定問題などに対して，わが国では最も広く用いられている方法である．なお，オリジナルのフェレニウス法では，自重について，全重量と水圧による力を別々に考慮するため，すべり線が鉛直に近づくと，自重よりも水圧による力の方が大きくなるなどの不都合があった．この点を合理的に改良した方法である．（図-3）⇨円弧すべり，ビショップ法

しゅうせいもののべ・おかべのじしんじしゅどうどあつしき（修正物部・岡部の地震時主働土圧式） equation of modified Mononobe-Okabe active earth pressure during earthquakes

従来，物部・岡部の地震時主働土圧式は地盤材料を等方完全塑性体と仮定し，地震力によってすべり面位置を変化させ地震力につり合うものとして求めるものであった．地盤材料の応力ひずみ関係（ひずみ軟化特性）を考慮し，ピーク強度・残留強度の違いの影響を考慮することによって，合理的な修正物部・岡部の地震時土圧式が用いられるようになった．（図-4）⇨物部・岡部の地震時土圧式

しゅう

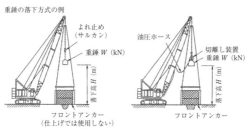

(a) 1本吊り落下方式　　(b) 切離し落下方式（フロントアンカー型式）

図-1　重錘落下締固め工法

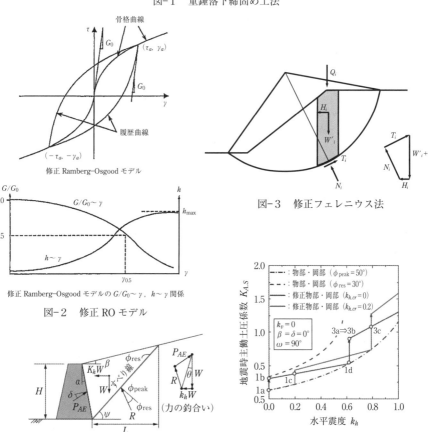

修正 Ramberg–Osgood モデル

図-2　修正 RO モデル

図-3　修正フェレニウス法

土楔に作用する力の模式図

修正物部・岡部理論による地震時主働土圧係数と水平震度の関係

図-4　修正物部・岡部の地震時土圧式

しゅうふくせい（修復性） restorability
　地震や台風などにより構造物の健全性を損なったときに，その機能回復のための修復を行うことができる性能．橋梁の耐震設計では，橋脚の基部を塑性化させる設計が一般に行われるが，橋脚基部がせん断破壊を起こすと修復が困難となるため，せん断破壊に至らないような設計が行われる．また，曲げ破壊の場合でも，残留変位が大きいと修復が困難となることから，許容される塑性変形量が決められている．

しゅうめんしじきそ（周面支持基礎） foundation supported by skin friction
　鉄道基準では深い軟弱地盤中の杭基礎の場合，支持層に根入れさせることなく基礎の周面支持のみで構造物の荷重を支える場合があり，これを周面支持基礎と呼ぶ．⇨摩擦杭

しゅうめんまさつ（周面摩擦） skin frinction
　⇨周面摩擦力

しゅうめんまさつりょく（周面摩擦力） skin friction
　杭周面と地盤との間で働く摩擦力．砂質土の場合は地盤の N 値，粘性土の場合は杭と地盤の付着力を基に評価する．付着力は地盤の粘着力あるいは一軸圧縮強度から推定されることが多いが，過圧密地盤の場合や杭長が特に長い場合には付着力が地盤の粘着力より小さくなるので注意が必要である．また，付着力の推定の際には $100kN/m^2$ 程度を上限値とすることが多い．杭周面の単位面積当たりに働く周面摩擦力を周面摩擦力度という．（図-1）

しゅうめんまさつりょくど（周面摩擦力度） unit skin friction
　⇨周面摩擦力

じゅうようどくぶん（重要度区分） importance division
　⇨構造物の重要度

じゅうりょくしききょうだい（重力式橋台） gravity-type abutment
　橋台形式の一つで，橋台躯体の重量を大きくして背面の土圧に抵抗する橋台．構造は単純で施工も容易であるが，躯体の重量が大きいため，地盤に与える影響も大きくなり，支持地盤の良好な箇所に適用される．重力式橋台の適用高さは，一般的に5m程度以下とされている．

じゅうりょくしきようへき（重力式擁壁） gravity-type retaining wall
　擁壁の分類の一つで，躯体の重量により背面の土圧に抵抗する構造物．躯体重量が大きいため，支持地盤の良好な箇所に適用される．重力式擁壁の適用高さは，一般的に5m程度以下とされ，また，通常は無筋コンクリート製であり，躯体断面に引張応力が生じないような断面とすることが原則とされている．（図-2）

しゅおうりょく（主応力） principal stress
　物体内部のある位置の応力状態を考える場合，せん断応力がない互いに直交する面が存在し，その面に働く垂直応力のこと．直交する1つの面の垂直応力は最大応力を与え，他の1つは最小応力を与える．また，これらの応力が作用する面を主応力面という．平

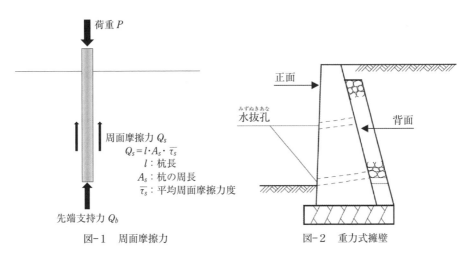

図-1　周面摩擦力

図-2　重力式擁壁

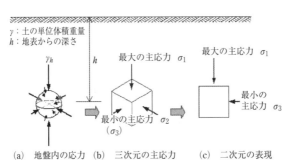

(a) 主応力の概念

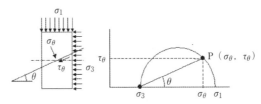

(b) 三軸圧縮状態の主応力とモール円

図-3　主応力

面応力状態においては，任意の位置の主応力，主応力面がモールの応力円を描くことによって求められる．(P.163：図-3)

しゅてっきん（主鉄筋） main reinforcement bar
　鉄筋コンクリート部材において，設計荷重による断面力に対して設計計算により所要断面積を定めた鉄筋をいい，正鉄筋，負鉄筋，軸方向鉄筋，斜引張鉄筋，らせん鉄筋などがこれに当たる．

しゅどうそくあつ（主働側圧） active lateral pressure
　土留め壁背面に作用する主働土圧や水圧などの水平方向の荷重の総和を主働側圧という．特に粘性土地盤において，土圧と水圧を分離して評価するのが困難な場合，土・水圧一体で評価する場合に主働側圧ということが多い．⇨弾塑性法，測圧係数

しゅどうどあつ（主働土圧） active earth pressure
　主働状態における極限土圧のこと．土圧の作用する壁体面が前面に押し出されて土圧が一定値となる状態を主働状態と呼ぶ．壁体面の変位がごくわずかであっても土圧は静止土圧から主働土圧に変化するので，擁壁等の安定計算においては主働土圧を外力とするのが一般的である．(図-1) ⇨受働土圧

じゅどうどあつ（受働土圧） passive earth pressure
　受働状態における極限土圧のこと．土を支えるもしくは土に支えられる壁体面がその土塊を押し出そうとする．そのときの抵抗力が一定値となる状態を受働状態と呼ぶ．背後の土に押される矢板壁の根入れ部の地盤抵抗や，アンカーの引抜きなどの地盤破壊に対する抵抗力は，受働土圧として考慮される．(図-1) ⇨主働土圧

しゅどうどあつけいすう（主働土圧係数） coefficient of active earth pressure
　主働土圧 p_A を鉛直応力 $\gamma \cdot z$ で除した値．通常，K_A が用いられる．ランキンの土圧論では，水平な半無限の砂地盤での主働土圧係数は $K_A = \tan^2(45° - \phi/2)$ であり，せん断抵抗角（内部摩擦角）ϕ が大きくなるとその値は小さくなる．土の粘着力 c を考慮すると浅い部分では $K_A = p_A/\gamma_z$ は負となるが，設計では通常この部分は土圧を0とする．

じゅどうどあつけいすう（受働土圧係数） coefficient of passive earth pressure
　受働土圧 p_P を鉛直応力 $\gamma \cdot z$ で除した値．通常，K_P が用いられる．ランキンの土圧論では，水平な半無限の砂地盤での受働土圧係数は $K_P = \tan^2(45° + \phi/2)$ であり，せん断抵抗角（内部摩擦角）ϕ が大きくなるとその値は大きくなる．土の粘着力 c が大きくなる場合も，受働土圧係数 K_P は大きくなる．

しょうげき（かじゅう）（衝撃（荷重）） impact (load)
　動荷重により生じる動力学的作用．橋梁の設計においては，自動車や列車の走行に伴う動力学作用のうちの鉛直方向成分を衝撃と考え，これを静的に作用するとした場合の活荷重に対する比率で表している．

しょうげきしんどうしけん（衝撃振動試験） impact vibration test
　重錘などにより橋脚や柱等に打撃を与えて構造物の固有振動数を測定し，構造物の健全性を判定する非破壊検査技術である．質量30kgの重錘を橋脚天端付近で打撃して得

しゅて〜しよう

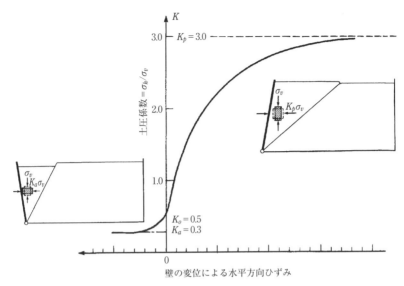

図-1　主働土圧と受働土圧

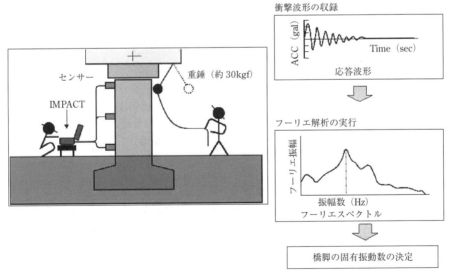

図-2　衝撃振動試験

られた応答波形のフーリエ解析を行いフーリエスペクトルを求める．このスペクトルの最大振幅の振動数が橋脚の固有振動数であり，これを用いて固有値解析を行い，固有値解析で得られる地盤のばね定数から基礎地盤の支持力状態を知ることができる．（P.165：図-2）

しようげんかいじょうたい（使用限界状態） serviceability limit state
部材や地盤の破壊や変形，耐久性の低下などに対して構造物に要求される使用性が損なわれず，目的とする機能が確保される限界の状態．

しようせい（使用性） serviceability
構造物を使用者が安全かつ快適に使用できる性能で，想定した荷重などの作用に対して構造物に使用上の不都合が生じず，適切に機能する状態を維持できる能力のことをいう．構造物の使用性に影響を与える要因には，常時あるいは一時的に作用する荷重，繰り返し作用する荷重による疲労，環境の影響，火災などがある．

しょうばん（床板） slab, floor slab
① 橋上を通行する交通を直接支持し，それらの荷重を主桁に伝達させる構造．鉄筋コンクリート床版，プレストレストコンクリート床版，プレキャストコンクリート床版などのコンクリート系床版，鋼床版などの鋼製床版，鋼コンクリート合成床版などがある．活荷重などの影響に対する安全性や大型車両などの繰返し通行に対する耐久性などが要求される．桁を有さず床版そのものを橋本体とした構造の橋を床版橋という．（図-1，2，3）
② 箱型構造の開削トンネルの上，下部の水平部材を上床版，下床版という．⇒開削トンネル

じょうぶもりど（上部盛土） upper part embankment
施工基面から3mまでの路盤以外の部分の盛土で路床とみなす範囲．列車荷重による影響が大きいとされることから，使用材料，管理基準値や管理方法を下部盛土に対して厳しく設定している．（図-4）⇨下部盛土

じょうほうかせこう（情報化施工） observational construction
施工中の現場計測などよって得られる情報を即時に処理，分析することにより，次の段階の設計，施工に利用する手法．近年のセンサーなどの計測技術，コンピュータを利用した情報処理技術や解析技術の飛躍的な進歩，普及，情報通信技術（IT）の活用により，これらを系統的に利用することにより，施工管理技術として用いられるようになった．土工工事，トンネル工事，開削工事などに利用されている．

しょうりょくかきどう（省力化軌道） low maintenance track
有道床軌道よりも軌道の保守量の低減を目的とした軌道構造物と路盤とで構成される構造物．一般的には道床バラストを用いず，突固めを不要とした軌道構造物であるが，道床バラストをセメントアスファルトなどの填充材で固めて，突固め不要とした軌道構造物も省力化軌道の一種である．（図-5，P.183：図-1）

じょかてんほう（除荷点法） unloading point method
急速載荷試験から得られる荷重変位関係には，静的抵抗成分と，速度や加速度に依存する動的抵抗成分が含まれているため，前者を分離して求めるための一般的な解析手法

しよう～じよか

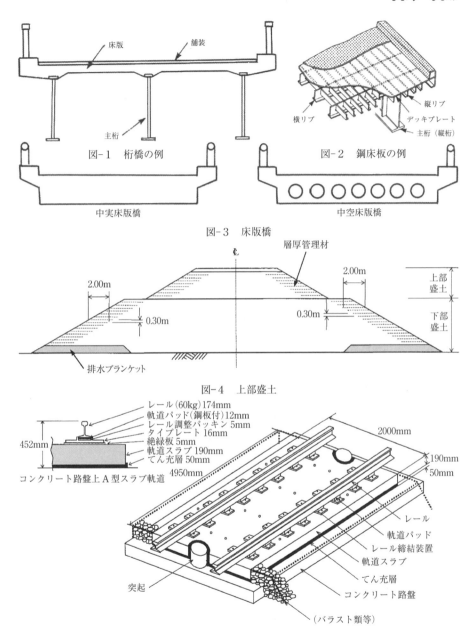

図-1　桁橋の例

図-2　鋼床板の例

図-3　床版橋

図-4　上部盛土

図-5　コンクリート路盤上のスラブ軌道の例（軌間1,067mm）

である．除荷点とは，試験で得られた荷重―変位関係を表すループの中で変位最大の点であり，除荷点では，杭体の速度が0なることから，最大変位時の静的抵抗成分とみなされる．（図-1）

しょきかんげきひ（初期間隙比） initial void ratio

圧密試験において供試体の初期状態における間隙比．または，原位置の間隙比．初期状態における供試体の含水比 w，土粒子密度 ρ_s，湿潤密度 ρ_t がわかっていると，乾燥密度 ρ_d を $\rho_d = \rho_t/(1+w/100)$ の式で求めた後，初期間隙比 e_0 を $e_0 = \rho_s/\rho_d - 1$ から計算することができる．初期間隙比は圧密計算や採取された試料の乱れの評価に利用される．

じょきょしきアンカー（除去式アンカー） removal-type anchor

仮設アンカーのうち，使用後に PC 鋼材等の引張材を撤去することが可能なもの．除去式アンカーには原理や構造が異なるさまざまなものがある．工事地点に隣接する道路面下等に承諾を得てアンカーを施工する場合，隣接地に建設工事が予定されている場合で使用後に地中障害となる引張材の撤去が必要な場合等に採用される．（図-2）

しょくせいこう（植生工） vegetation works

植生により地表や法面などを被覆する工事の総称．法面の侵食防止，凍上崩落の抑制など法面の保護や景観形成，環境保全などを目的として行われる．植生工による法面保護工には，種散布工，種吹付け工，筋芝工，張芝工，植生マット工，厚層基材吹付け工，植栽工など種々の工法があり，それぞれ植生工の目的や特徴，土質，土壌硬度などの地盤条件，周辺環境条件などを考慮して適正な工法を選定する．

しらす shirasu

主として南九州に広く分布する火砕流堆積物，降下火砕堆積物およびそれらの2次的堆積物の総称．北海道，東北地方にも存在するが，その成因，分布地域などにより物性が異なる．地山ではシャベルで削れる程度に固結しているが，降雨によりガリ侵食や斜面崩壊を起こしやすい特徴を有する．わが国で特殊土と呼ばれている代表的な土の一つで，他には火山灰質粘性土，まさ土，泥炭などがある．

じりつくっさくこうほう（自立掘削工法） cantilever excavation method

根切り部周辺に山留め壁を設け，切梁，腹起しなどの支保工を架設することなく根切りを行う工法．背面側の側圧に対しては，山留め壁根入れ部分での土の受働抵抗と山留め壁自身の曲げ剛性によって抵抗する．通常，良質地盤での浅い掘削工事に採用されることが多い．（図-3）

じりつしきどどめ（自立式土留め） cantilever retaining wall
⇨自立掘削工法

じりつしきやいたへき（自立式矢板壁） cantilever steel sheet pile wall

矢板壁の一種．控え工のない矢板壁であり，根入れ部の地盤の横抵抗力と矢板の剛性によって外力に抵抗する．矢板の頭部が簡単に変位するため，大規模構造物には適していないが，小型構造物，仮設構造物では適用が可能である．（図-4）

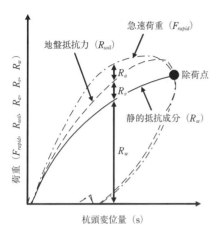

図-1　除荷点法の抵抗成分

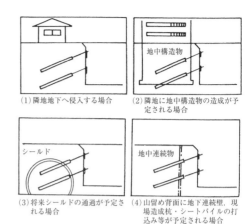

図-2　除去式アンカー

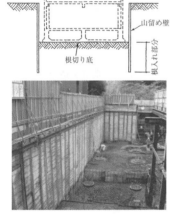

図-3　自立掘削工法

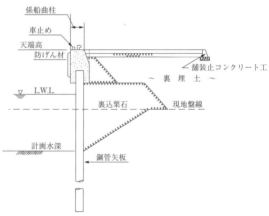

図-4　自立矢板式係船岸の設計例

しんくうあつみつこうほう（真空圧密工法） vacuum consolidation method
⇨大気圧載荷工法

しんこうせいはかい（進行性破壊） progressive failure
　基礎に作用する荷重が増大し，それを支持する地盤が破壊してすべり面が形成される場合の，進行的に破壊する形態のこと．剛塑性理論に基づく支持力推定式では，すべり面上において一様にせん断抵抗角が発現された状態を仮定しているが，実際の破壊は荷重の増加に応じて基礎直下から側方に徐々に進行し，極限支持力が発揮される状態でのすべり面上のせん断抵抗角は一様とならない．

しんしゅくけい（伸縮計） extensometer
　地表面の2点間に杭を設置し，その間にインバー線などを張り伸縮，移動量を測定する計器．斜面や切土法面に亀裂，陥没など地すべりなどの兆候が現れた場合に，地表面の動きを検知し，地すべり，斜面崩壊の予知することに用いられる．伸縮計は，亀裂や段差などをまたぐ位置に設置して移動量を計測し，その移動量，移動速度など状況に応じて点検，注意喚起，観測の強化，警戒体制，応急対策などの対応が図られる．

しんそうこんごうかくはんこうほう（深層混合攪拌工法） deep mixing and stirring method
　地盤改良を目的とし，貫入時あるいは引抜き時に固化材と改良対象地盤を攪拌翼を用いて機械的に攪拌・混合して円柱状の固化体を築造する工法．固化体をスラリーで供給する方法と粉体で供給する方法がある．（図-1）⇨深層混合処理工法

しんそうこんごうしょりこうほう（深層混合処理工法） deep mixing method
　化学的安定処理工法の代表的工法．原位置で地盤内に深部まで石灰やセメントなどの化学的安定材を添加し，改良対象土と強制的に攪拌混合して強固な地盤を造成するもの．施工方法は，地盤中に添加された安定材と改良対象土を攪拌翼で機械的に強制混合する方法（機械攪拌工法），高圧水あるいは高圧空気によって改良対象土を噴射して破壊すると同時に安定材を添加して混合を期待する方法（高圧噴射攪拌工法），さらに上記2方法を組み合わせた方法（機械・高圧噴射攪拌工法）の3種類に大別される．この改良体を群杭状に配置する施工と，改良体相互をオーバーラップさせて地中に壁状，格子状あるいはブロック状の施工をする場合とがある．（図-2）

しんそきそ（深礎基礎） bored deep foundation
　深礎基礎には，ケーソン基礎や地中連続壁基礎と同様に単体の柱状体構造とする柱状体深礎基礎と，複数の深礎杭をフーチングで剛結した組杭構造とする組杭深礎基礎がある．それらの設計計算を行うための地盤抵抗要素が道路橋示方書下部構造編に示されている（P.173：図-1）．

しんそこうほう（深礎工法） bored deep foundation construction method
　場所打ちコンクリート杭の一種で，杭の軸部をライナープレート，波型鋼板とリング枠，モルタルライニングや吹付けコンクリート等によって土留めをしながら人力もしくは機械を用いて掘削，排土し，杭底部を人力により掘削，整正を行った後，鉄筋かごを組み立て，コンクリートを打設する工法．湧水等地下水の影響が少なく，既存構造物内

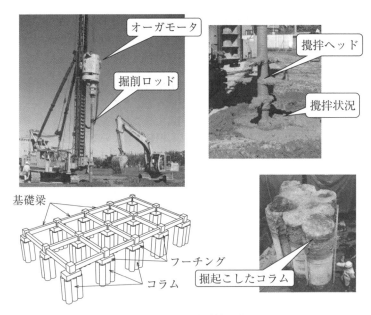

図-1 深層混合攪拌工法

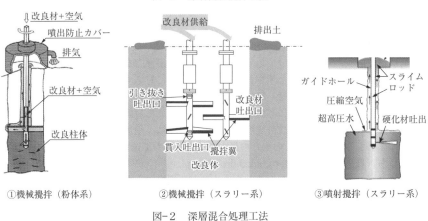

図-2 深層混合処理工法

部や直下の狭隘な場所や，山地や傾斜地などの大規模な施工機械が使用できない場所で利用される．杭径は1.5～4m程度が多かったが，最近は20m程度の大口径深礎も施工されている．土留め構造は，自立性の低いまたは湧水のある地盤などではライナープレート等が用いられ，自立性の高い地盤ではモルタルライニングや吹付けコンクリート等が用いられることが多い．狭隘箇所等の小口径の深礎の場合では人力掘削と簡易やぐらによる土砂搬出により施工するが，小型バックホウ等による掘削やクラムシェルバケットによる掘削，排土など，深礎用掘削機械を利用することも多い．また，近年では掘削から土留めまで遠隔操作できる機械化深礎工法も開発されている．(図-2)

しんどうコンパクタ（振動コンパクタ）　vibration compactor

締固め機械の一種で，振動板を用いた小型の機械．起振機が振動板上に取り付けられており，この振動板の振動により土の締固めを行う．特に構造物の裏込め部など狭小な場所の締固めにおいて，通常の振動ローラなどの締固め機械を使用することができない場合に用いられる．また，アスファルト舗装の表面仕上げなどにも用いられる．質量30～500kg程度のものがあり，一般的に50～80kgクラスのものが使用されている．(図-3)

しんどうローラ（振動ローラ）　vibration roller

鉄製のローラに起振機を装着して振動を加え，自重と振動力により締固めを行う機械．道路，鉄道，ダム，宅地造成の盛土や舗装など幅広い用途に用いられる．機種により自重，起振力，振動数など規格・性能が多様であり締固め効果も異なるため，これらの特性や締固めの対象となる土質，工事規模，施工条件などを考慮し，適正な機械を選定することが必要である．質量0.5t程度のハンドガイド式のものから，20t級の大型のものまである．(図-4)

しんどほう（震度法）　seismic coefficient method

構造物の耐震設計法の一つ．地震動による動的な慣性力を，静的な力に置き換えて設計する方法．構造物の質量と地震動加速度の大きさに対応する静的な加速度の積を，重力に加えて構造物に作用させ，構造物の安定性を検討する．このとき，必要に応じて，地震時土圧や動水圧も同時に考慮する．地震動加速度に対応する静的な加速度を重力加速度で除したものを震度（設計震度）と呼ぶ．実際は，地震動による慣性力は動的に構造物に作用するが，震度はこの場合の最大加速度と重力加速度の比を表したものではない．

しんやうち（真矢打ち）　center guided drop hammer

ドロップハンマのモンケンの落下をガイドする機構のうちで，モンケンの真中に穴をあけ，その穴に芯棒を通して落下をガイドする打込み方式．主として木杭を打ち込むのに使用される．(図-5)　⇨二本子打

〔す〕

すいあつ（水圧）　hydraulic pressure

水中の物体の表面に，面に垂直な方向に水から作用する圧力のこと．静水中では，深さ z に比例して $u = \rho_w g z$ の静水圧が作用するため，物体が排除した水の重量分が浮力

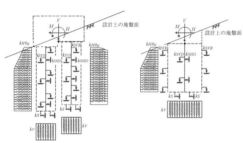

(a) 組杭深礎基礎の場合　(b) 柱状体深礎基礎の場合

- $k_{H\theta u}$：基礎前面の水平方向地盤反力係数
- k_S：基礎底面のせん断地盤反力係数
- k_V：基礎底面の鉛直方向地盤反力係数
- k_{SYD}：基礎前背面の鉛直方向せん断地盤反力係数
- k_{SVD}：基礎側面の鉛直方向せん断地盤反力係数
- k_{SHD}：基礎側面の水平方向せん断地盤反力係数

図-1　地盤抵抗要素

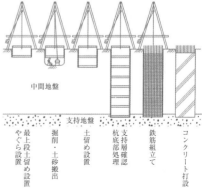

図-2　深礎工法の施工順序（人力掘削）

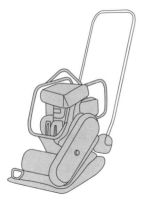

図-3　振動コンパクタ

図-4　振動ローラ

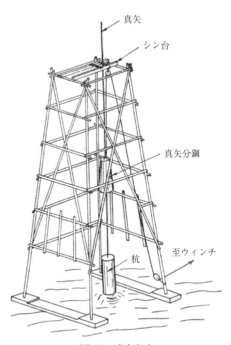

図-5　真矢打ち

となる．ここで，ρ_w：水の密度，g：重力加速度，z：地下水位からの深さである．

飽和粘土地盤上に盛土をした場合などは，圧密に時間がかかるため，地盤内に一時的に上昇した水圧が観察され，これを過剰間隙水圧と呼んでいる．全応力から水圧を差し引いたものを有効応力と称しており，土の骨格の変形を支配する．

緩い砂地盤が繰返しせん断変形を受けた場合などには，負のダイレイタンシー（収縮しようとする性質）によって過剰間隙水圧が発生する．液状化は，過剰間隙水圧の発生が著しく，有効応力がゼロになった状態である．⇨間隙水圧

すいあつぶんぷ（水圧分布） hydraulic pressure distribution

地盤中の間隙水圧の深度分布．圧密による水圧の消散を対象としている場合には，静水圧を差し引いた過剰間隙水圧の分布を意味することもあり，この場合には，ある時刻の水圧分布であることから，特にアイソクローン（等時曲線）と呼ばれる．排水面に近いほど過剰間隙水圧の消散が早い．過剰間隙水圧が消散した状態にある地盤中の水圧は静水圧分布となっており，水圧 $u = \rho_w g z$ で表される．ここで，ρ_w：水の密度，g：重力加速度，z：地下水面からの深さである．なお，地下水のくみ上げがある場合や，被圧地下水がある場合には，水圧分布に影響が現れる．地下水のくみ上げによる地下水位の低下は有効土かぶり圧の増加を招き，地盤沈下を引き起こすことがある．（図-1）

すいさいスラグ（水砕スラグ） granulated slag

高温状態の溶融したスラグに加圧水を噴射したり，溶融したスラグを水槽に流し込んだりして急冷し，粒状化したもの．溶融状態から一気に冷却するため，結晶質を持たず，内部に気泡を有する状態となる．主として，高炉スラグ，銅スラグ，一般ごみや下水の溶融スラグなどが水砕化されている．

すいしんこうほう（推進工法） jacking method

推進工法とは，図-2に示すように，管設置の計画線上の両端に発進立坑と到達立坑を設け，反力設備を備えた発進立坑から切羽を掘削しつつプレキャスト管を油圧ジャッキにより地中に押し出し，その後プレキャスト管を順次継ぎ足して管列を推進し，最終的に全体を到達立坑に到達させて管路を完成させる工法である．切羽の掘削は，人力で行う場合と掘削機を用いる場合がある．掘削機を用いる場合は，シールド工法との中間的な位置づけとして，セミシールド工法と呼ばれることもある．推進工法とシールド工法との大きな違いは，推進工法は管列を後ろからジャッキで押して移動させる工法であり，シールド工法はシールドマシンが後続の管列を反力として移動し，シールドマシンの中で新たな管を構築（セグメントの組立て）することである．（図-2）

すいだし（吸出し） sucking

地中水の流れにより土粒子が流され出す現象．護岸などの水際構造物では，前面の水位と背後地盤の地下水の間に水頭差が生じて水が流れ，背後地盤から土粒子が流れ出すことがある．このような場合，地盤内に空洞が生じる被害が起こる．防波護岸のような大きな波浪を受けるところでは，吸出しにより地表面にクレーターが生じることがある．（図-3）

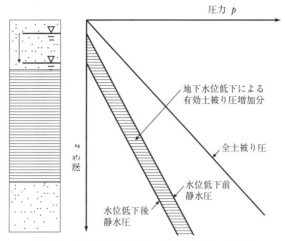

図-1 地下水位の低下による水圧分布の変化

(a) 推進開始直前

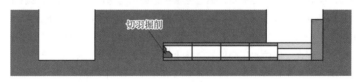

(b) 推進途中

図-2 推進工法

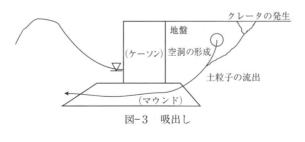

図-3 吸出し

すいちゅうコンクリート（水中コンクリート）　underwater concrete
　　水中不分離性混和剤を使用し，分離抵抗性を大きく向上させたコンクリートを，特に水中不分離性コンクリートと称する．代表的な工法として，プレパックドコンクリート工法，トレミー工法，コンクリートポンプ工法などがある．水中においてコンクリートが分離することがないように，コンクリートと水の接触を極力避けるとともに，コンクリートを富配合とする必要がある．（表-1，図-1）

すいちゅうせつだん（水中切断）　underwater cutting
　　機械や潜水士により水中でガス切断やアーク切断などの切断作業の総称．空気中と異なり，切断に必要な酸素の消費量も多く切断幅も広くなる．鋼管杭や鋼管矢板の場合は，水中切断機が一般的であり，鋼管矢板の寸法や施工条件により，ディスクカッター切断法，プラズマアーク切断法およびウォータージェット切断法などから適用を検討する．（図-2）

すいへいしじりょく（水平支持力）　horizontal bearing capacity
　　水平荷重に対する基礎構造物あるいは地盤の抵抗力．根入れが浅い基礎では，基礎底面におけるせん断抵抗力および基礎前面の水平抵抗力が水平荷重のほとんどを支持し，根入れの深い基礎では，主に基礎前面の水平抵抗力および基礎底面の鉛直抵抗力が水平支持に寄与する．

すいへいじばんはんりょくけいすう（水平地盤反力係数）　coefficient of horizontal subgrade reaction
　　基礎側面の地盤における水平方向の地盤反力と変位量との関係を表す地盤反力係数．常時，暴風時やレベル1地震時とレベル2地震時とでは基礎の応答変位量のレベルが異なるため，照査に用いるモデルに応じて水平地盤反力係数は使い分けられる．

すいへいドレーンこうほう（水平ドレーン工法）　horizontal drain method
　　排水材を土中に水平に設置する工法．盛土の場合は，土中に排水材を水平に設置し，盛土内排水の促進，間隙水圧の低減，盛土の強化および施工時のトラフィカビリティーの向上を図る工法をいう．排水材としては有孔管・砂利・砕石・砂・不織布などが利用される．浚渫埋立ての場合は，浚渫土の埋め立て時に排水材を水平に埋設し，排水材の一端から真空ポンプで負圧を作用させることにより圧密の促進，地盤の強度増加および浚渫埋め立て土の減容化を図る工法をいう．排水材としてはボード系ドレーンが使用される．

すいへいはいすいそう（水平排水層）　horizontal drainage layer
　　盛土への浸透水の排除など盛土の安定を図るために盛土内に水平に設ける排水層．降雨や地下水など浸透水の排水処理のため，また，火山灰質粘性土，高含水比粘性土，しらすなど安定上問題となる盛土材料を使用する場合に設けられる．水平排水層の材料には，砕石や砂など透水性の良い材料や不織布などのジオテキスタイルが使用され，4～

表-1　水中コンクリート工法

工法の名称	概　要
トレミー工法	トレミーと称する管を通してコンクリートを水底へ送り込み，打設する工法であり，最も広く使われている．トレミーの差し替えなどを必要としない狭い面積の施工（場所打ちぐいや連続地中壁）では信頼度が高い．広い面積の施工には適さない．
コンクリートポンプ工法	コンクリートポンプの配管を通してコンクリートを水底へ送り込み，打設する工法で広く使われている．吐出反力の問題を考えねばならない点がトレミー工法と異なる．広い面積の施工は可能であるが，ダイバーの技術に左右される．
底開き箱工法バケット工法	底開きの箱やコンクリートバケットを用いてコンクリートを水底へ送り込み打設する工法であり，コンクリートの一体性に劣る．小規模工事やコンクリートに高度な機能を求められない場合に使用する．
袋詰め工法	袋に詰めたコンクリートを水底に積み上げる工法で簡易な用途にしか用いられない．
プレパクトコンクリート工法	あらかじめ骨材を型枠に詰め，その空隙に特殊なモルタル（注入モルタル：セメント，フライアッシュ，細骨材，混和剤，水）を注入して得られるコンクリート

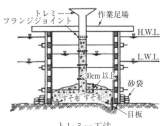

トレミー工法

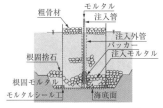

プレパクトコンクリート工法

図-1　水中コンクリート

(a) ディスクカッター

(b) プラズマカッター

図-2　水中切断機の例

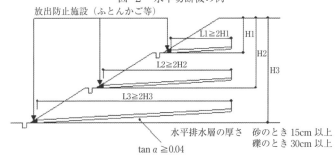

図-3　水平排水層

5％程度の排水勾配がとれるように施工される．(P.177：図-3)

スウェーデンしきサウンディング（スウェーデン式サウンディング） Swedish weight sounding

原位置における土の硬軟や締まり具合を測定する静的サウンディングの一種である．対象地盤は深さ10m程度以浅の軟弱な粘土や緩い砂地盤である．先端にスクリューポイントを付けたロッドに1kNまでのおもりを載せて沈下測定を行い，続いて1kNのおもりを載せたまま回転させながらロッドを地盤に貫入させ，250mm貫入ごとの半回転数を測定する．試験結果からN値および一軸圧縮強さの推定式が提案されている．(表-1，図-1)

スーパーウェルポイントこうほう（スーパーウェルポイント工法） super well point method

砂質地盤の排水等のために，比較的深い透水層に達する井戸を構築し，地下水をポンプ等で排除するディープウェル工法の一つである．重力排水工法であるディープウェル工法に，バキュームポンプを付加し強制排水を行うことにより，従来のディープウェル工法では適用困難な透水係数 $k=1\times10^{-4} \sim 1\times10^{-5}$ cm/s の地盤の地下水低下にも適用可能である．大深度真空排水工法ともいう．(図-2)

すえくち（末口） tip of timber pile
⇨木杭

スコリア scoria

火山砕屑物の一種．噴火によって吹き上げられたマグマの破片のうち，孔が多数あいていて，見かけ密度が小さく，黒色・暗褐色などの暗い色を示すもので，直径が2mm以上のもの．路盤材や排水層として使われることが多い．岩滓（がんさい）ともいう．

スターラップ stirrup

正鉄筋または負鉄筋に直角または直角に近い角度でそれらを取り囲むように配置した，斜引張力に抵抗させるための腹鉄筋．スターラップは圧縮側に定着され，圧縮鉄筋がある場合には，この鉄筋の外方向への変形をおさえるためにそれを取り囲むように配置される．

スタッドてっきんほうしき（スタッド鉄筋方式） reinforcement-bar- stud welding method

鋼管矢板と頂版の結合方式の一つであり，鋼管矢板の結合部にプレート等の部材を用いず，あらかじめ工場で所定寸法に曲げ加工した鉄筋を，現場でスタッド溶接で鋼管本体に取り付け，モーメント鉄筋，せん断鉄筋として，モーメントおよび鉛直荷重を鋼管矢板に伝達させる構造である．(図-3)

すていし（捨石） rubble

基礎を作るために，水中に投入する石のこと．この石材には，扁平や細長でなく，堅硬，緻密で，耐久性があり，風化や凍結融解のおそれのないものが要求される．

すな・じゃりじぎょう（砂・砂利地業） foundation work using sand and gravel
⇨地業

表-1 日本でよく用いられているサウンディングの方法と適用地盤

方法	名称	連続性	測定値	適用地盤	可能深さ	特徴
静的	スウェーデン式サウンディング試験	連続	各荷重による沈下量，貫入1m当たりの半回転数	玉石，礫を除くすべての地盤	10m程度	作業が比較的簡単
	ポータブルコーン貫入試験	連続	貫入抵抗	粘性土などの軟弱地盤	5m程度	簡易試験であり，極めて迅速
	機械式コーン貫入試験	連続	先端抵抗，周面摩擦抵抗	粘性土地盤，砂質土地盤	貫入装置の容量による	データの信頼性が高い
	電気式コーン貫入試験	連続	先端抵抗，周面摩擦抵抗，間隙水圧	粘性土地盤，砂質土地盤	貫入装置の容量による	情報量が多く，データの信頼性が高い
	現位置ベーンせん断試験	不連続	回転抵抗モーメント	軟弱な粘性土地盤	15m程度	粘性土のせん断強度を直接測定
動的	標準貫入試験	不連続	貫入300mm当たりの打撃回数	玉石や転石を除くすべての地盤	基本的に制限なし	もっとも普及している
	簡易動的コーン貫入試験	連続	貫入100mm当たりの打撃回数	玉石や転石を除くすべての地盤	15m程度	作業が比較的簡単

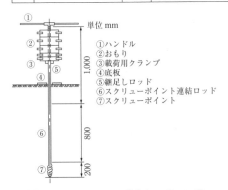

図-1 スウェーデン式サウンディング

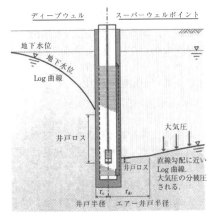

図-2 ディープウェルとスーパーウェルポイントの比較

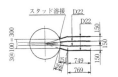

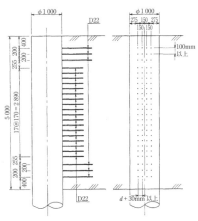

図-3 スタッド鉄筋方式の例

すなぶんりつ（砂分率） sand fraction ratio
⇨砂分濃度

スパイラルオーガ spiral auger
地盤に孔状の掘削を行うときの器具で，オーガがスパイラル状になっており掘削した土砂を排出しながら掘削するものをいう．

すぼりはいすいこう（素掘り排水工） unsupported drainage
排水のために土留めや支保工をせず素掘りのまま溝を設ける工事．土工工事に先立ち切土や盛土箇所などに滞水または湧水箇所がある場合，盛土内への浸透の防止，基礎地盤の安定，トラフィカビリティの確保を図るため，これらの水を盛土敷外へ排水するために設けられる．また，施工中においても雨水などの排水処理，現場を良好な状態に保つために必要に応じて設置される．

スマックがたきょうしんけい（SMAC 型強震計） SMAC strong motion accelerograph
1948 年福井地震による被害を契機として文部省を中心に強震測定委員会（Strong Motion Accelerometer Committee）が設けられたが，そこで開発された機械式の強震計を指して SMAC 型強震計ということが多い．それ以前の地震計は，被害を伴うような強い揺れに遭遇した場合，振り切れてしまい，強い揺れの記録を残すことができなかった．この反省から SMAC 型強震計では最大 1 G の揺れを観測することを目標として設計された．記録方式はろう引きの紙を硬質のペンでひっかきろうをはがす方法を採用している．紙送りはぜんまい仕掛けとなっている．SMAC 型強震計にはいくつかのタイプがあり，そのなかでも SMAC-B2 型は港湾地域強震観測において標準的な強震計として採用され，多くの記録を残した．特に 1968 年十勝沖地震の際に八戸港で取得された記録は「八戸波」として著名である．（写真-1）

スライム slime
地下連続壁や場所打ち杭の施工において，掘削完了後に孔内の水中あるいは泥水中に浮遊している細粒土分が掘削底面に沈殿してできた泥土．スライムが堆積した状態で，コンクリートを打設すると，コンクリートの品質低下を招いたり，杭先端部の下部にスライムが残存するので，杭の支持性能が低下する．水あるいは泥水を用いる場所打ち杭の施工においては，スライムを孔内から排除する孔底処理が重要である．（図-1）⇨孔底処理

スライムしょり（スライム処理） slime removal
コンクリートの打設前に孔底に沈殿したスライムを除去することをスライム処理という．スライムは杭の支持力・沈下に大きな影響を及ぼすので，場所打ち杭の場合はスライム処理を確実に行う必要がある．スライム処理方法には①底ざらいバケット方式，②エアリフト方式，③サクションポンプ方式，④ジェット方式などが使われているが，スライムの量や沈殿物質，施工方法に適したスライム処理方法を選択する．（図-2）⇨孔底処理

写真-1　SMAC-A型強震計

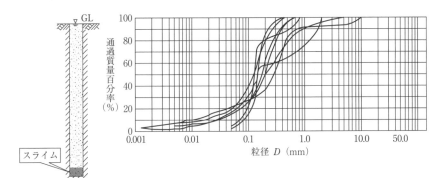

図-1　スライムの粒度分析例

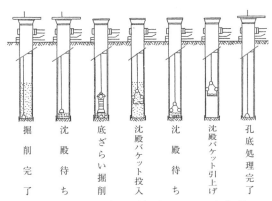

図-2　スライム処理（底ざらいバケット方式）

スラブきどう（スラブ軌道） slab track

　一般的な有道床軌道における保守作業を低減することを目的とした省力化軌道の一つであり，路盤上にセメントアスファルトモルタル等の填充層を介して軌道スラブ（プレキャストのコンクリート版）を設置，固定し，締結装置によりレールを締結した直結軌道である．（図-1，P.167：図-5）

スリップフォームこうほう（スリップフォーム工法） slip form method

　型枠をスライドさせることにより同一断面のコンクリート構造物を連続的に構築する工法．成型機に鋼製の型枠を取り付け，型枠内にコンクリートを打設し，締固め，成型を行うと同時に成型機を前進させることにより連続的に構築する．側溝，円形水路，ロールドガッタなどの排水構造物，縁石，防護柵，壁高欄などの構造物およびコンクリート舗装などで適用されている．コンクリート工事の省力化，工期の短縮などが図られる．

スレーキング slaking

　岩石が乾燥，湿潤の変化を繰り返し受けるとき，鉱物粒子間の結合力が失われて細粒化，崩壊する現象．第三紀の泥岩，凝灰岩や頁岩，結晶片岩類などの岩石にこのような特徴がある．このような材料を盛土に使用する場合は圧縮沈下や陥没などが問題となるため，岩のスレーキング試験や岩の破砕試験などの試験を行いその性状を十分に把握し，締固め方法など施工方法，品質管理方法を検討するとともに，適切な排水処理を行う必要がある．

〔せ〕

せいきあつみつ（正規圧密） normal consolidation

　現在の有効土かぶり圧 σ'_{v0} が，過去に受けた最大の有効土かぶり圧 σ'_c と一致した状態のこと．これに対し，現在の有効土かぶり圧が過去に受けた最大の有効土かぶり圧より小さくなっている状態は，過圧密と呼ばれる．なお，応力履歴としては，現在の土かぶり圧が過去に受けた最大の応力になって（$\sigma'_{v0} = \sigma'_c$）いても，2次圧密やセメンテーション等の年代効果により，圧密降伏応力がこれよりも大きな疑似過圧密になっていることが多い．このような地盤を年代効果の影響を受けた正規圧密地盤として区別することもある．（図-2）⇨過圧密

せいしどあつ（静止土圧） earth pressure at rest

　土圧の作用する壁面の変位がない場合における土圧．静止土圧の値は主働土圧と受働土圧の間にあるが，土質やその地盤がこれまでに受けた応力の履歴等によって変動し，その正確な値を決めることは容易ではない．静止土圧は実際に擁壁や地中壁に作用していることもあるが，設計においてはその壁体の移動を考慮して主働土圧を用いることが多い．（図-3）

せいしどあつけいすう（静止土圧係数） coefficient of earth pressure at rest

　静止土圧を鉛直応力で除した値．通常，K_0 が用いられる．静止土圧係数は，おおよ

すらぶ～せいし

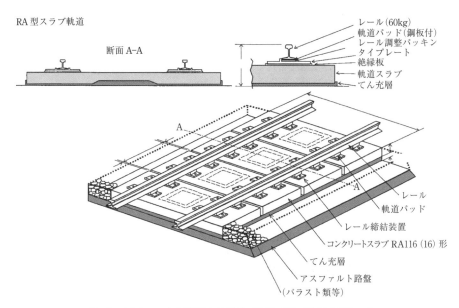

図-1 アスファルト路盤上のスラブ軌道の例（軌間 1,067mm）

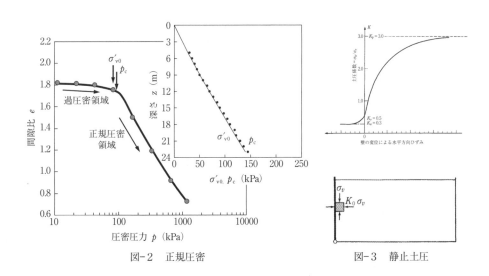

図-2 正規圧密   図-3 静止土圧

そ0.4～1.0の範囲にあるとされ，砂質土では，おおまかな値の検討として Jáky の式 ($K_0 = 1 - \sin\phi$) が用いられることがある．砂質土の静止土圧係数は締固めにより大きくなるが，0.6 程度のことが多い．正規圧密粘性土の静止土圧係数は一般的に 0.5 程度であるが，過圧密粘性土場合は過圧密比とともに大きくなり，1.0を超える場合もある．力学的には，材料のポアソン比と関係する．

せいすいあつ（静水圧） hydrostatic pressure

静止している水中で作用している水圧のこと．ある水深 z における静水圧 p は，水の単位体積重量 γ_w を用いて，$p = \gamma_w z$ として求められる．ある水深の点における静水圧はどの方向も同じで，また，ある壁面に作用する静水圧は面に垂直に作用する．このことが，水中における構造物に作用する浮力を生む．

せいせっかいぐいこうほう（生石灰杭工法） quicklime pile method

地盤中に主成分が生石灰からなる粒状材料を杭状に打設し，生石灰の水和反応に伴う消化吸水作用と毛細管吸水作用により地盤中の水を生石灰に急激に取り込み，その脱水による地盤の圧密効果によって，軟弱粘性土地盤の強度増加を図る地盤改良工法．根切り山留め工事では，ヒービング防止，山留め壁の変形抑止，掘削重機の走行性向上，掘削残土の含水比低下，施工地盤の安定化などの目的で適用される．（図-1）⇨ケミコパイル

せいてっきん（正鉄筋） positive reinforcement

版や梁において，正の曲げモーメントによって生じる引張応力を負担するように配置した鉄筋．つまり，それらの支間部で下側に配置した主鉄筋をいう．これに対し，負の曲げモーメントのそれを負鉄筋という．（図-2）

せいのうきていがた（性能規定型） verification based on performance criteria

要求性能が満たされるために必要な荷重と限界状態を定め，構造物がここで定められた荷重作用を受けたときの限界状態を満足することを確認することにより，要求性能を満足していることを照査する方法．図-3に性能規定による基準体系の概念を示す．⇨性能照査型，性能設計

せいのうしょうさがた（性能照査型） verification based on performance

構造物が要求性能を満足していることを照査する方法をいう．照査方法は特に限定されないが，設計者は構造物が要求性能を十分な信頼性で満足することを証明しなければならない．⇨性能規定型，性能設計

せいのうせっけい（性能設計） performance based design

構造物に要求される性能を確保する設計．具体的には，設計状況（荷重の組合せ等）とそのときの構造物の状態で規定される性能に対し，これを所定の信頼性で満足することを確認することにより行う．構造物の設計供用期間において，「想定した作用に対して構造物内外の人命の安全性等を確保する性能（安全性）」，「想定した作用に対して構造物の機能を適切に確保する性能（使用性）」および「必要な場合に想定した作用に対して適用可能な技術で，かつ妥当な経費と期間で修復を行い継続的な使用を可能とする性能（修復性）」などの性能を確保する．⇨性能規定型，性能照査型

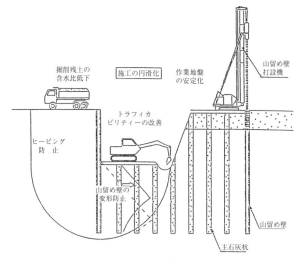

図-1　生石灰杭工法

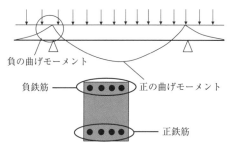

図-2　正鉄筋

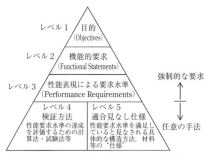

図-3　性能規定による基準体系の概念

せきさんかんど（積算寒度） freezing index
⇨凍結指数

せきぶんでんりゅうけい（積分電流計） integral ammeter
　掘削時に受ける地中からの抵抗を電気的に計測し，一定深度を掘るために要した電流値合計（積分電流値）を計測する機器．デジタルデータで保存される．

せこうきめん（施工基面） formation level
　設計の際に計画レール高さを基準として仮に定める水平面．路盤の高さを示す基準面のことをいう．

せっかいあんていしょりこうほう（石灰安定処理工法） lime stabilization method
　土に石灰を添加，混合して地盤改良を行う工法．土が軟弱でそのままでは使用できない場合，石灰などの安定材により所要の強さに改良し，安定性，耐久性などの向上を図る．道路や鉄道などの路床や路盤などで石灰を添加，混合して粘土分を含む土とのポゾラン反応による改良効果を利用する安定処理工法．高含水比粘性土の軟弱地盤対策で化学的吸引作用による脱水効果を利用する生石灰杭工法など種々の用途がある．

せつがんりょく（接岸力） berthing force
　船舶が接岸するときに，係船岸に対して作用する衝撃力や摩擦力のこと．接岸力の大きさは，船舶の排水量，船舶の接岸速度や接岸角度，風や波浪の有無などにより変化する．接岸力による船舶や係船岸の損傷を防ぐための緩衝材として，通常，係船岸にはゴム防舷材などの防衝工が設置されている．

せっけいきじゅんきょうど（設計基準強度） design strength
　コンクリート構造物の設計において基準とするコンクリートの圧縮強度．一般に，材令28日におけるコンクリートの圧縮強度が用いられるが，特に強度の発現が遅い場合や特殊な施工を行う場合などには，これを90日とすることもある．

せっけいきょうようきかん（設計供用期間） design servise life
　大きな補修を必要とせずに当初の目的のために構造物または部材が機能を果たすことができると設計で想定した期間．道路橋示方書では，コンクリートの耐久性に関して一定の知見が得られている塩害に対し，設計上目標とする期間として100年を想定して鉄筋のかぶりなどの既定値を設けている．

せっけいじしんどう（設計地震動） design earthquake motion
　構造物の耐震設計においてその耐震性能に応じた照査に用いる地震動のこと．構造物の耐震性能の照査には一般にレベル1地震動とレベル2地震動の2つが用いられる．レベル1地震動は，構造物の設計に考慮する供用期間中に発生する確率が高い中規模程度の地震動である．また，レベル2地震動は，構造物の設計に考慮する供用期間中に発生する確率は低いが大きな強度を持つ地震動で，将来当該地点で考えられる最大の強さをもつ地震動である．

せっけいじばんめん（設計地盤面） design ground level
　現状の地盤面に対し，将来の地盤の変状などを考慮して設計上水平抵抗が期待できる

せきさ～せつけ

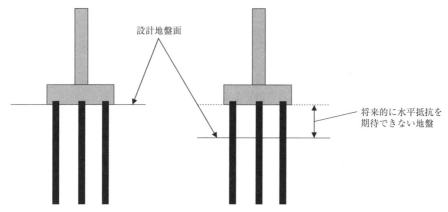

(a) 将来的に水平抵抗を期待できない地盤が無い場合

(b) 将来的に水平抵抗を期待できない地盤がある場合

図-1　設計地盤面

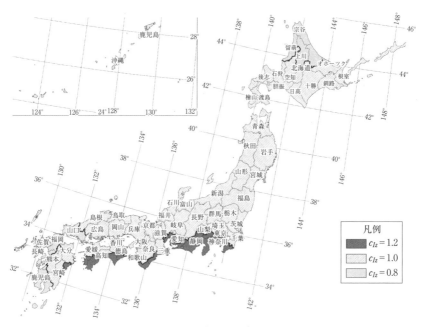

図-2　レベル2地震動（タイプI）の地域別補正係数

ものとして定めた地盤面．(P.187：図-1)

せっけいしんど（設計震度） design seismic coefficient
　構造物の耐震設計に用いる地震の加速度を重力加速度で除したものをいい，これを構造物の重量に乗じて慣性力を求め，部材の断面設計や変位量の算出などを行う．地震により構造物に生じる加速度は，地盤の特性，構造物の固有周期，減衰特性などにより変化するため，設計震度はこれらの影響を考慮して設定する必要がある．

せっけいすいへいしんど（設計水平震度） horizontal design seismic coefficient
　水平方向の設計震度．道路橋示方書耐震設計編では，レベル1地震動の設計水平震度は設計水平震度の標準値k_{h0}に地域別補正係数c_zを乗じて求め，またレベル2地震動では標準値k_{hc0}に地域別補正係数c_zおよび構造部材の塑性化の影響を考慮するための構造物特性補正係数c_sを乗じて求める．(P.187：図-2，図-1，2)

せっけいだんめんりょく（設計断面力） design sectional force
　設計において想定した荷重を載荷した場合に部材に生じる断面力のこと．設計で想定する荷重の種類や載荷方法はさまざまであり，部材にとって最も厳しい状態となる設計荷重を載荷したときの断面力によりその部材の断面が決定される．

せっけいようおうとうち（設計用応答値） calculated response value
　設計において，ある荷重の組合せで推定される地盤や構造物の変位や応力といった応答の計算値．

せっけいようげんかいち（設計用限界値） design value of limit resistance
　設計において，ある荷重の組合せに対する地盤や構造物の変位や応力の限界値．対象とする限界状態に対応して設定される．

せっちあつ（接地圧） contact pressure
　車両の総重量を車輪または履帯などの接地面積で徐した値．接地圧が小さいほど軟弱地盤上や悪路などでの走行性が良くなる．一般にホイール式で大きく，クローラ式は小さい．軟弱地盤上で作業する機械は，接地圧の小さいものが必要であり，接地面積が広く特殊な三角断面履板を用いた湿地ブルドーザなどが多く使用されている．直接基礎で接地面との間に作用する応力も接地圧という．

せっちケーソン（設置ケーソン） installed caisson
　ケーソンを水上運搬し，水底にあらかじめ設けた水平な据付け面上に沈めて水底に固定するケーソンをいう．(図-3)

ぜっとがたこうやいた（Ｚ形鋼矢板） Z-shape
　鋼矢板単独でみたときの中立軸と，嵌合させて壁全体としてみたときの中立軸が一致しており，設計上継手効率の低減が不要で大きな剛性を発揮できるのが特徴．ただし，単独では曲げおよびねじれに弱い面がある．現在国内では製造されていない．(図-4)

せつり（節理） joint
　岩石中に発達した割れ目で，割れ目に沿った相対的変位がほとんどない．構造運動によって生成されるものと火成岩が冷却する際に体積収縮して生成されるものがある．前

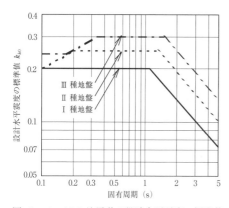

図-1 レベル1地震動の設計水平震度の標準値

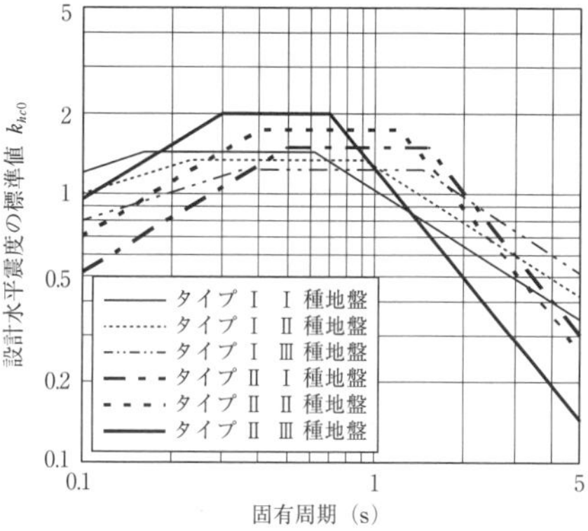

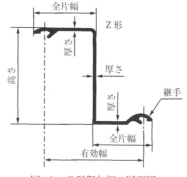

図-2 レベル2地震動の設計水平震度の標準値

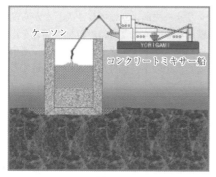

図-3 設置ケーソンの例

図-4 Z型鋼矢板の断面図

図-5 節理玄武岩の柱状節理の例

者には伸張節理，せん断節理があり，後者には柱状節理，板状節理があり，玄武岩や安山岩等では，比較的規則正しい割れ目を生じる．(P.189：図-5)

セメントあんていしょりこうほう（セメント安定処理工法）　cement stabilization method
　　土にセメント系安定材を添加，混合して地盤改良を行う工法．軟弱で強度が期待できない土にセメントなどの安定材を添加，混合することにより，土構造物に適用できる材料に改良する工法である．道路の路床や路盤などの改良を行う安定処理工法，擁壁やカルバートの基礎地盤など比較的浅い位置で改良を行う浅層混合処理工法，軟弱地盤上に盛土や護岸を構築する場合など深い位置に及ぶ改良を行う深層混合処理工法などがある．

セメントミルク　cement slurry
　　セメントを主体とした溶液．主として埋込み杭工法に使用する根固め液．水セメント比により硬化後の強度が異なる．掘削孔に注入し，支持層中の砂や砂礫と混練してセメントモルタル状に形成し，その中に杭材を挿入セットすることにより，杭を地盤に定着させるための根固め液．

セメントミルクこうほう（セメントミルク工法）　cement slurry method
　　ベントナイトとセメントの掘削液をオーガスクリュー先端より地中に注入しながら削孔し，土と攪拌してソイルセメント状にして孔壁崩壊を防ぐとともに，杭材の挿入を円滑にさせ，オーガ先端が支持層に達してから根固めセメントミルクを注入し，支持層中の砂や砂礫と混練してセメントモルタル状に形成し，その中に杭材を挿入して築造する杭工法．（図-1）

セメントミルクふんしゅつかくはんほうしき（セメントミルク噴出攪拌方式）　cement slurry jetting & mixing method, cement slurry grouting & mixing method
　　埋込み杭工法の杭材を挿入して定着するための先端根固め作製方法の一方式．オーガ先端が支持層に達した後，オーガ先端から根固めセメントミルクを噴出し，オーガにより支持層中の砂や砂礫と混練してセメントモルタル状にして強固な根固め球根を築造する施工法．（図-2）

セルラーケーソン　cellular caisson
　　底版のない側壁だけのケーソン．大型のセルラーケーソンを単独で，あるいは複数の小型セルラーケーソンを積み上げて防波堤や岸壁を構築する．（図-3）

ぜんおうりょくかいせき（全応力解析）　total stress analysis
　　有効応力ではなく，全応力を用いて地盤の安定解析や支持力解析を行うこと．粘土地盤に盛土や構造物を載荷する場合，粘土は透水性の低い地盤材料であることから圧密が進行せず，載荷直後が最も危険な短期安定問題となる．このとき，過剰間隙水圧の消散による強度増加を見込むことはできないため，載荷前の非排水せん断強度を用いて安定解析や支持力解析が行われる．粘土の短期安定問題の解析では，せん断抵抗角ϕをゼロとして粘着力cのみを考える$\phi_u = 0$法が有効である．実務で，一軸圧縮強さの２分の１を非排水せん断強さとすることが多いが，これも$\phi_u = 0$であることに基づいた非排水せん断強さの決定法となっている．また，全応力解析によって地盤の安定解析や支持

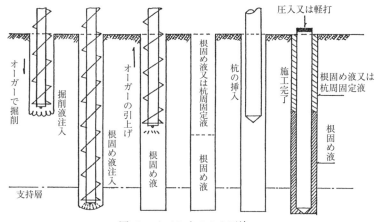

図-1 セメントミルク工法

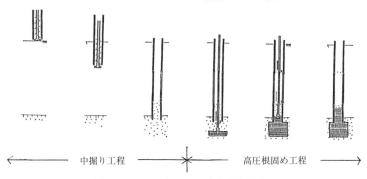

図-2 セメントミルク噴出撹拌方式

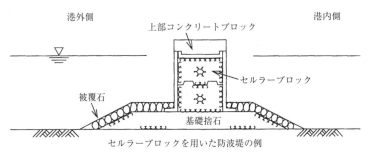

図-3 セルラーケーソン

力解析を行う方法のことを全応力解析法という．
ぜんおうりょくかいせきほう（全応力解析法）　total stress analysis method
　⇨全応力解析
せんかん（潜函）　pneumatic caisson
　⇨ニューマチックケーソン
せんかんこうほう（潜函工法）　pneumatic caisson construction method
　⇨ニューマチックケーソン
せんくつ（洗掘）　scour
　　河床や海底の土砂が流水によって洗い流されること．洗掘の程度は水深，流速，河床材料などに依存する．流水中に構造物が建造されると，構造物周辺の地盤が洗掘されやすくなるため，河川内や海岸周辺に構造物の建造を計画する場合には洗掘についての検討が必要となる．（図-1）
せんこうきかい（せん孔機械）　drilling machine
　　岩やコンクリートなどに孔を設けるため，硬質の鋼棒の先端に刃をつけたのみ（ロッド，ビット）を装着した削岩機．一般に硬岩では打撃回転式の削岩機が用いられ，泥岩等の軟岩ではオーガビットを備えた回転式の削岩機が用いられる．
せんこうへんい（先行変位）　preceding displacement
　　根切り・山留め工事における切梁位置の切梁架設までの山留め壁の水平変位量をいう．山留め計算を梁・ばねモデル等で根切り段階ごとに行う場合には，切梁支点をピン支持固定またはばね支持としているため，各根切り段階の施工過程の連続性をこの先行変位で考慮する必要がある．（図-2）
ぜんじどうようせつ（全自動溶接）　automatic welding
　　杭継手の溶接を入手を介さず自動的に行うことをいうが，継手面と溶接機の軌道面とのくい違いがままあるためアーク部の軌道修正を必要とし，完全自動ではないのが実情である．構造的には，杭に巻き付ける走行用ガイドレール，走行装置に取り付けた半自動溶接機から成る．自動化により，品質・外観とも非常に均一で安定した溶接ビードが得られるが，段取り時間を要するため，比較的厚肉の大径杭で使われる場合がある程度である．
ぜんじょうさいあつ（全上載圧）　total overburden pressure
　　地中の全応力に影響を及ぼす上載圧（上載荷重）．
せんそうあんていしょり（浅層安定処理）　shallow soil stabilization
　　軟弱な地盤の安定性，耐久性などの向上を図るために地盤の浅層部分で行う地盤改良．改良深さの明確な定義はないが，一般的には地表面下1～2ｍ程度までの表層部の改良をいう．擁壁，カルバートなどの構造物の基礎地盤が所定の支持力を確保できない場合，軟弱地盤上に住宅，公園，運動場など比較的荷重の小さい構造物，施設を構築する場合などに行われる．従来の良質土などによる置換工に対して有利である場合が多い．

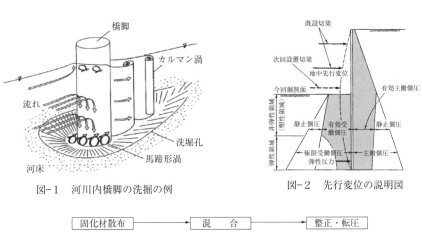

図-1　河川内橋脚の洗掘の例

図-2　先行変位の説明図

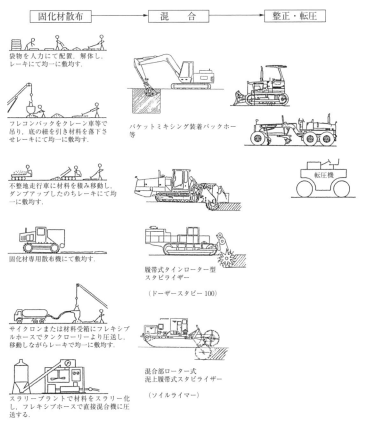

図-3　浅層混合処理工法施工例

せんそうこんごうしょりこうほう（浅層混合処理工法） shallow mixing stabilization method

地盤の浅層部分で行う地盤改良工法．擁壁，カルバートなどの基礎地盤の改良に用いられる．混合方法は改良位置により，原位置において対象となる土の上に安定材を散布してスタビライザや混合バケット付バックホウなどにより攪拌，混合する原位置混合方式と定位置式混合プラントなど，対象となる土をプラントで連続的に安定材と攪拌，混合する事前混合方式に区分される．深層混合処理工法に対する用語．(P.193：図-3)

せんたんきょうかがたばしょうちくい（先端強化型場所打ち杭） cast-in-place concrete pile with strengthened end bearing capacity

あらかじめ荷重や圧力を加えて杭先端地盤の強化を図ることにより，先端支持力特性を向上させた場所打ち杭．先端強化型場所打ち杭工法（SENTANパイル工法）は，オールケーシング工法による場所打ち杭の先端支持力を改善する技術であり，掘削終了後，孔底に設置した分割コンクリートリングをリングごとに所定荷重で押し込むことにより，掘削で緩んだ先端地盤の支持力特性を改善する．先端プレロード場所打ち杭工法は，場所打ち杭の杭体コンクリート硬化後，鉄筋かご先端にあらかじめ取り付けた注入バックに地上からセメントミルクを加圧注入して杭先端地盤の強化を行い，杭の沈下量の減少と支持力の向上を図る工法である．(図-1, 2)

せんたんほきょうリング（先端補強リング） end-strengthening ring

硬い中間層または転石層などを打ち抜き，支持層へ深く貫入させる場合に地盤の貫入抵抗が大きいと杭先端に座屈を生じることがある．これを防ぐために杭先端に取り付けられるバンドをいう．

せんだんしけん（せん断試験） shear test

安定解析や支持力解析に用いる粘着力 c やせん断抵抗角 ϕ，変形解析に用いられるヤング率 E やせん断剛性率 G を求めるために行われる試験のこと．サンプリングされた試料に対して室内試験として実施されることが多い．設計に用いるせん断定数を室内試験から求めるためには，乱さない試料（不攪乱試料ともいう）を採取することが大前提となる．砂の場合には乱さない試料を採取することが困難であるため，せん断定数は標準貫入試験の N 値から推定されることが多い．これに対し，粘土では乱さない試料に対するせん断試験が実務でも日常的に実施されている．一面せん断試験，単純せん断試験，ベーンせん断試験，一軸圧縮試験，三軸圧縮試験，三軸伸張試験などの方法があるが，簡便な方法から，拘束圧や異方性の影響を考慮できるものまであり，目的に応じて試験方法が選択される．(図-3)

せんだんじばんはんりょくけいすう（せん断地盤反力係数） coefficient of shear subgrade reaction

基礎と地盤との境界面におけるせん断力作用方向の地盤反力と変位量との関係を表す地盤反力係数．設計に用いる基礎底面のせん断地盤反力係数は一般に鉛直地盤反力係数の $1/3 \sim 1/4$ 程度とされている．根入れの深い基礎ではこのほかに基礎側面の鉛直方向

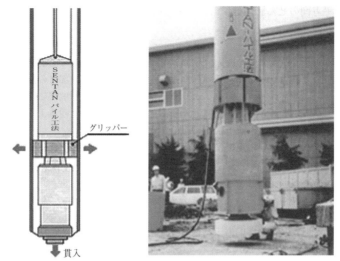

図-1　先端強化型場所打ち杭工法のSENTAN貫入機とコンクリートリング

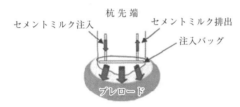

図-2　先端プレロード場所打ち杭工法の注入パックによるプレロード

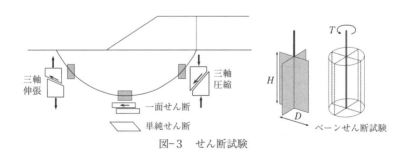

図-3　せん断試験

および水平方向のせん断地盤反力係数を考慮する必要がある．せん断地盤反力係数はk_sと表される．

せんだんたいりょく（せん断耐力）　shearing capacity

部材が耐えうる最大のせん断力．鉄筋コンクリート部材のせん断耐力は，コンクリート強度，引張主鉄筋比，せん断補強鉄筋量，せん断スパン比，部材の断面寸法，軸力の大きさなどに支配される．鉄筋コンクリート部材では，せん断破壊に至ると修復が困難になることが多いことから，一般にせん断耐力が曲げ耐力を上回るように設計される．

せんだんていこうかく（せん断抵抗角）　angle of shear resistance

モール・クーロンの破壊規準におけるせん断面上の直応力と関連するパラメーター．内部摩擦角ともいう．せん断破壊時のせん断面上のせん断応力（せん断強さ）をτ_f，せん断面上の直応力をσ_f，見かけの粘着力をcとしたとき，モール・クーロンの破壊規準は$\tau_f = c + \sigma_f \tan\phi$と表される．このときの$\phi$をせん断抵抗角という．これに一般性を持たせて粒状体にも適用できるように有効応力で表すと$\tau_f = c' + \sigma'_f \tan\phi'$となる．ここで，$\sigma'_f$はせん断面上の有効直応力，$c'$は有効応力表示による見かけの粘着力，$\phi'$は有効応力表示によるせん断抵抗角である．なお，$\tan\phi$（有効応力表示のときは$\tan\phi'$）は，摩擦係数に相当するパラメーターである．（図-1）

せんたんへいそくりつ（先端閉塞率）　plugging effect ratio

開端杭の先端で閉塞効果がどの程度発達しているかを表す指標．開端杭肉厚部の先端支持力と杭内周面に働く周面摩擦を加えたものを開端杭の見かけ上の先端支持力ととらえ，この見かけ上の先端支持力と同口径の閉端杭の先端支持力の比をもって先端閉塞率とすることが多い．（図-2）

ぜんだんめんくっさくこうほう（全断面掘削工法）　full face excavation method

山岳トンネル掘削工法の一種．設計時の掘削断面を一度に掘削する高速施工・省力化に適する工法で，小断面のトンネル施工において標準的な工法である．ただし施工に当たっては，全断面の切羽が自立する必要があるため，不良地質区間がないトンネルに限定される．

セントル　centering

ニューマチックケーソンの作業室の構築の際に用いる支保工．刃口部および作業室天井スラブの全荷重を支持できる堅固なもので解体が容易な構造でなければならない．セントルにはその使用材料から木製，鋼製，土砂セントルがある．木製セントルは製作および撤去作業が容易であるので多く用いられているが，大型ケーソンでは部材強度の問題から適用されない場合がある．鋼製セントルは材料の転用ができるが重量が大きく取扱いが困難なためあまり用いられていない．土砂セントルは現地盤を刃口部分だけ掘削して刃口部を作り，作業室部分のセントルを地山で代替させるため，大型ケーソンで重量が大きい場合に適している．また，解体は土砂の掘削によって行うのでケーソンの急激な沈下がなく安全性が高い．（図-3，4，5）

ぜんだ〜せんと

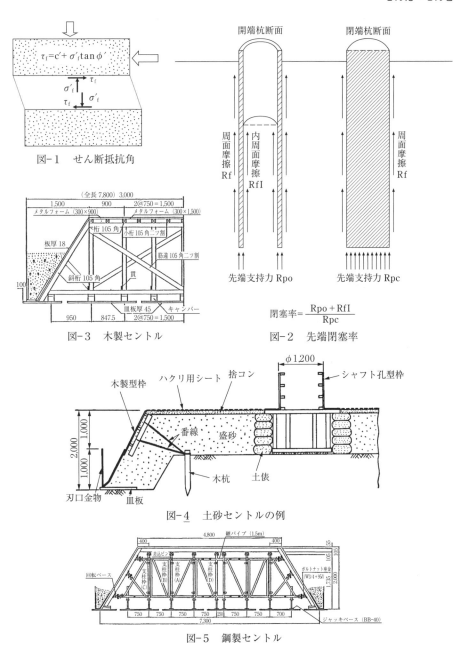

図-1 せん断抵抗角

図-3 木製セントル

図-2 先端閉塞率

図-4 土砂セントルの例

図-5 鋼製セントル

せんろきんせつ（線路近接） railway adjacency

　近接施工のうち，既設構造物が鉄道で，しかも素地上あるいは盛土上の鉄道の場合に，線路近接と呼び，軌道の変形等を抑制した工事を実施することが基本となる．線路近接の程度に応じて，近接度を定め，計測・対策なしの場合，計測の実施，対策および計測の実施に分けられ，工事等が進められる．⇨近接施工

〔そ〕

ソイルセメントごうせいこうかんくい（ソイルセメント合成鋼管杭） steel pipe and soil cement composite pile
　⇨鋼管ソイルセメント杭工法

ソイルセメントへきこうほう（ソイルセメント壁工法） soil cement wall method
　原位置土とセメント系懸濁液を混合・撹拌し，ソイルセメントを造成した後にH形鋼などの芯材を挿入し山留め壁を構築する工法．単軸または多軸の掘削攪拌機を用いて柱列状に壁を造成するタイプのほかに，カッターチェーン方式で等厚の壁を形成する工法や，バケット型の掘削機で掘削した土をいったん地上に排出し，地上でセメントミルクと混練した後，削孔溝に戻して壁状のソイルセメント壁を形成する工法もある．（図-1）

そうあつかんりざい（層厚管理材） reinforcing net
　盛土の施工において，1層の締固め厚さを管理するための高分子系の織布や不織布．のり面の施工性の向上にも寄与し，盛土の安定を高める．1層ごとにのり面から幅2mのものを敷設する．（図-2）

そうたいみつど（相対密度） relative density
　相対密度（D_r）は，対象土の最大間隙比（e_{max}），最小間隙比（e_{min}）と対象となる間隙比（e）により $D_r = (e_{max} - e)/(e_{max} - e_{min})$ で定義されるもの．相対密度は砂質土の締まり具合を表す指数で，密な状態のものほど大きな値となる．相対密度は百分率で表されることもある．

そうにゅうしきちちゅうけいしゃけい（挿入式地中傾斜計） in-situ inclinometer
　地中の変位や山留め壁の変位を計測する装置．ボーリング等により削孔した孔にガイド管を設置する場合や，山留め壁の芯材に角パイプ等のガイド管を設置する場合がある．ガイド管に沿って傾斜計を挿入し，深度ごとにガイド管の傾斜を計測し，傾斜から変位を算定する．（図-3，写真-1）

ぞうへきせい（造壁性） mud film formability
　地下連続壁工法やアースドリル工法では，これらの工法の過程中，掘削地盤の壁面を安定的に保持するために安定液を使用する．
　造壁性とは，この安定液にベントナイトを主材とする泥水を使用した場合に，その微細粒子によって，掘削した地盤の表面に強くて薄い不透水性の泥膜をつくり，かつ周辺地盤内に浸透沈積層を形成する―この性質を指していう．この用語は「マッドフィルム

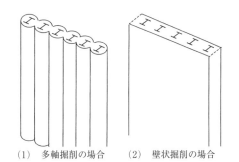

(1) 多軸掘削の場合　　(2) 壁状掘削の場合

図-1　ソイルセメント壁工法

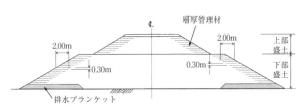

図-2　層厚管理材

写真-1　挿入式地中傾斜計

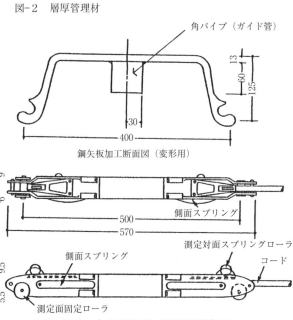

鋼矢板加工断面図（変形用）

図-3　深さ方向測定用挿入式傾斜計外観図

形成性」で使用されることが多い．

そくあつけいすう（側圧係数） coefficient of lateral pressure
　地中応力の鉛直成分と水平成分との全応力に対する比で表され，土質や地下水の条件によってその大きさが異なる．土留め工の設計では，土・水圧一体で主働側圧を評価する場合に，主働側圧を求めるための係数をいう．

そくじちんかりょう（即時変位量） immediate settlement
　構造物の荷重に伴い荷重の作用と同時あるいは短時間に地盤に発生する沈下量．即時沈下は，砂質土では土の圧縮，粘性土では土のせん断変形により発生する．即時沈下量は載荷重が小さな場合は弾性的な挙動を示すが，載荷重の増加とともに塑性的な挙動を示し，極限支持力に近づくと急増する．

そくどおうとうスペクトル（速度応答スペクトル） velocity response spectrum
　地震応答スペクトルの一つで，相対速度の最大値を減衰定数をパラメーターとして，系の固有周期の関数として表示したもの．周期範囲 0.1 秒から 2.5 秒までの速度応答スペクトルの面積をスペクトル強さ（SI）と呼ばれており，地震動の強さを表す指標として，最近では被害予測等に用いられている．⇨地震応答スペクトル

そくどけんそう（速度検層） velocity logging
　ボーリング孔を利用して地盤内を伝播する弾性波速度を測定する方法．物理検層の一つで，弾性波のうち P 波のみの速度分布を測定する検層を速度検層，P 波および S 波の速度分布を測定する検層を PS 検層と区分して呼ぶこともある．耐震設計や地震動予測など地震防災のための地盤調査として利用されるほか，トンネル，ダムなどの構造物基礎調査としても用いられ，地層構成や破砕帯などの地盤性状，岩盤分類などの判定，評価が行われる．（図-1）

そくへき（側壁） side wall
　⇨開削トンネル

そくほういどう（側方移動） lateral movement
　軟弱地盤上に橋台と背面盛土を施工する際，背面盛土に伴い橋台には土圧とともに基礎部に側方流動圧が作用し，橋台が水平方向に移動すること．側方流動圧には，盛土時の非排水せん断挙動に伴う地盤の変位と盛土中・後の圧密に伴う側方変形によるものに分類され，盛土の施工工程，軟弱層厚や橋台構造に応じて側方移動の方向，量，継続時間および傾斜の有無といった状況が異なる．（図-2）

そくほうりゅうどう（側方流動） lateral flow
① 軟弱地盤上に構築した構造物や盛土などの荷重により，地盤にせん断破壊が生じ，側方に塑性的な移動を起こす現象．側方流動が起こると，構造物の機能性に影響するような有害な変状をきたす場合が多い．側方移動ともいう．（図-2）
② 地震時に傾斜した地盤や岸壁などの背後地盤で液状化が発生したときに地盤が大きく流動する現象．地震時の側方流動は矢板護岸や杭基礎橋台や緩い傾斜地盤中の杭基礎を有する構造物などに有害な残留水平変位をきたす場合が多い．（図-3）⇨液状化，液状化地盤

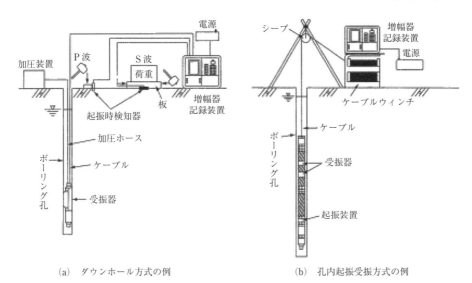

(a) ダウンホール方式の例　　　(b) 孔内起振受振方式の例

図-1　速度検層

図-2　橋台側方移動の概念

写真-1　底ざらいバケット

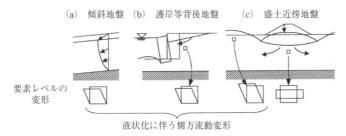

図-3　地震時の液状化に伴う側方流動

そこざらい（底ざらい） bottom cleaning
　場所打ち杭やオープンケーソンにおいて，所定の深度まで掘削終了後，そのまま掘削具を用いて孔底の掘りくずや沈殿物を除去すること．オールケーシング工法はハンマーグラブを用いて掘りくず等をつかみ上げる．アースドリル工法は底ざらいバケットを用いて取り除く．リバース工法はサクションポンプを作動させたままドリルビットを空廻しして孔底の土砂を排出する．オープンケーソンでは，クラムシェルバケットを用いて掘りくず等をつかみ上げる．（P.201：写真-1）

そこスラブ（底スラブ） bottom slab
　オープンケーソンにおいて，側壁からの荷重を支持地盤に伝達するための部材であり，支持層に到達した後に底ざらいをし，水中コンクリートを打設して築造する．無筋コンクリートであるので，地盤反力によりコンクリートに過大な引張応力が生じないよう，通常ケーソン内径の1/2以上の厚さにしている．（図-1）⇨オープンケーソン

そじ（素地） natural ground
　盛土や切土を行わず，表土のみをすき取った原地盤がそのまま路床となるもの．

そせいげんかい（塑性限界） plastic limit
　土が塑性状態から半固体状態に移行するときの境界の含水比．塑性限界は塑性限界試験から得られ，手のひらとすりガラスの間で試料を転がし，太さ3mmのひも状の試料が切れぎれになったときの含水比である．塑性限界は液性限界や自然含水比とともに利用され，土の分類や取扱いやすさを表す指標となっている．

そせいしすう（塑性指数） plasticity index
　液性限界と塑性限界の差で表される指数．この値が大きければ高塑性の粘性土，小さければ低塑性の粘性土と呼ばれる．塑性指数はI_pあるいはPIの記号で表される．塑性指数から粘性土の分類や土の工学的性質に関する基礎情報を得ることができる．塑性指数は細粒分含有率，流動曲線，自然含水比，液性限界，塑性限界などとともに利用され，活性度，タフネス指数，液性指数，コンシステンシー指数などの計算に用いられる．⇨液性限界

そせいヒンジ（塑性ヒンジ） plastic hinge
　鉄筋コンクリート部材において，正負交番の繰返し変形を受けた場合に塑性変形性能を発揮する限定された部位．（写真-1）

そせいりょういき（塑性領域） plastic area
　① 材料や部材の降伏強度を越えるひずみ領域．
　② 土のひずみがピーク強度（せん断強さ）のひずみを超え，塑性化している領域．
円弧すべり解析では，すべり面全域において土のせん断強さが同時に発揮されるものとして計算するが，実際には土塊内の応力やひずみは一様ではなく，変形が大きい場合には局所的に塑性領域が発生する．塑性領域がしだいに他の部分へ広がることを進行性破壊という．⇨進行性破壊弾性領域

ソックス（SOCS） Super Open Caisson System
　自動化オープンケーソン工法の一つである．通常，自動掘削・揚土システム，自動沈

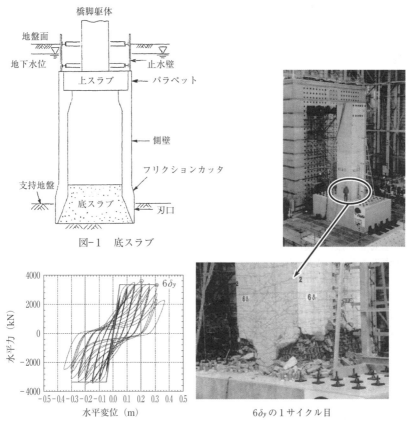

図-1 底スラブ

写真-1 正負交番載荷試験における橋脚基部の塑性ヒンジ化の例

写真-2 SOCS工法の掘削機とガイドレール

写真-3 自動化された掘削揚土システム（橋型タイプ）

下管理システム，プレキャスト躯体システムの3システムにて構成されるが，外径が大きい場合はケーソン躯体を場所打ちコンクリートとすることもある．(P.203：写真-2，3)

そんしょうげんかいじょうたい（損傷限界状態） limit state for damage

損傷限界状態とは建築で用いられる用語であり，荷重を受けた部材の損傷状況を部材ごとに定義した（使用，修復，終局）限界状態で段階的に分類した総称．

そんしょうちょうさほう（損傷調査法） investigation method of pile defects

杭の損傷の有無および損傷の大きさを調査する方法．土中での杭の状況を掘り出さずに調査する必要があるため，装置に頼ったものとなる．杭の損傷調査法としては，衝撃振動試験，インテグリティ試験，ボアホール型レーダ探査，磁気探査，ボアホールカメラによる探査，AE探査および傾斜測定調査などがある．(図-1)

〔た〕

たいきあつさいかこうほう（大気圧載荷工法） atmospheric pressure loading method

地表面を気密シート（膜）で覆い真空ポンプにより真空状態とし，シート内外の圧力差を利用することにより大気圧を地盤に圧密荷重として載荷する工法．地盤改良工法の一つで真空圧密工法とも呼ばれる．地盤内に打設，敷設された鉛直，水平ドレーンなどにより，地盤に含まれる水を強制的に排水し，地盤の密度増加や強度増加が図られる．比較的短期間で圧密沈下を生じさせることができ，軟弱地盤上での盛土の急速施工も可能である．(図-2)

たいきゅうせい（耐久性） durability

構造物の経時的な性能の低下に対する抵抗性．鉄筋コンクリート構造物における経時的な性能低下の要因には，中性化，塩害，凍害，化学的侵食，アルカリ骨材反応などがある．

だいこうけいぐい（大口径杭） large-diameter pile

口径の大きい杭．一本の杭に期待される支持力が大きい場合には口径の大きな杭が使用される．既成コンクリート杭では口径1m以上のもの，場所打ち杭では口径2m以上のもの，鋼管杭では口径1m以上のものを大口径杭と呼ぶ．特に鋼管杭を開端杭として用いる場合，口径が大きいと同径の閉端杭に比べて支持力が小さくなるため，杭径が先端支持力に与える影響は非常に大きい．

だいさんきそう（第三紀層） tertiary system, tertiary deposit

第三紀に形成された地層．第三紀は中生代白亜紀に続く地質時代であり，古第三紀と新第三紀とに分けられる．火山活動の激しかった時期で，火山岩や凝灰岩の堆積物が多く見られる．新第三紀に堆積した火山砕屑物のグリーンタフ（緑色凝灰岩）が日本海側を中心に，関東から伊豆，フォッサマグナ地域に広く分布している．また，主に第三紀中新世の地層が分布する地域で発生する比較的規模の大きい地すべりを第三紀層地すべりという．

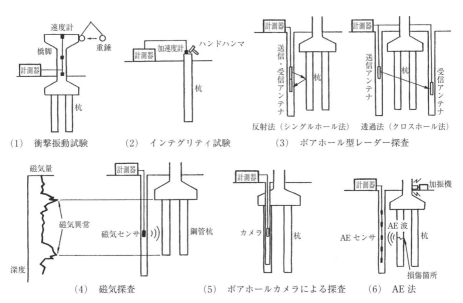

図-1 損傷調査法

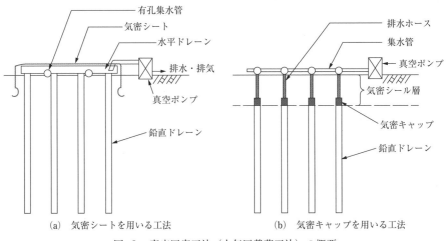

図-2 真空圧密工法(大気圧載荷工法)の概要

たいし

たいしんしせつきょうかしせつ（耐震強化施設） earthquake-resistant facility
　震災直後の緊急物資輸送などの確保，経済社会活動の維持等を考慮してその耐震性を強化する耐震強化岸壁と，震災時に市民等の安全を守る防災拠点等の護岸の総称．1999年4月の港湾の施設の技術上の基準改訂に伴い，港湾の施設の耐震設計では，従来より考慮されていたレベル1地震動（施設の供用期間中に発生する確率が高い地震動）に加え，レベル2地震動（供用期間中に発生する確率が低いが大きな強度を持つ地震動）が考慮されることとなったが，耐震強化施設は後者の作用に対しても生じる被害が軽微であり，かつ，地震後の速やかな機能の回復が可能であることが求められている．

たいしんせいのう（耐震性能） seismic performance
　地震の影響を受けた場合の構造物の性能．対象とする構造物の目的に応じて，対象とする地震動レベルとその際の構造物の安全性，使用性および修復性などの性能を選択する．（表-1, 2）

たいしんせいのういち（耐震性能1）
　地震によって構造物としての健全性を損なわない性能．地震後において，地震前と同じ機能を確保し，短期的には修復を必要とせず，長期的にも軽微な修復に留まるような状態を満足することができる性能をいう．道路橋示方書において規定している限界状態の一つに，耐震性能1に対する限界状態がある．これは橋の健全性を損なわない性能を確保できる限界の状態であり，地震によって橋全体系としての力学特性が弾性域を超えない範囲で適切に定めるものとしている．また，部材に対しては，地震によって発生する応力度が許容応力度以下となるよう規定している．

たいしんせいのうさん（耐震性能3）
　地震による損傷が構造物として致命的なものとならない性能．地震後において，構造物の安全性が確保できる性能をいい，その機能の回復や修復が可能な状態を満足できるという性能は含まれない．道路橋示方書において規定している限界状態の一つに，耐震性能3に対する限界状態がある．これは橋の安全性を損なわない性能が確保できる限界の状態であり，設計において塑性化を考慮した部材にのみ塑性化が生じ，その塑性変形が当該部材の保有する塑性変形性能を超えない範囲内で適切に定めるものとしている．塑性化を考慮する部材としては，確実にエネルギー吸収ができることが重要である．

たいしんせいのうに（耐震性能2）
　地震による構造物の損傷が限定的なものにとどまり，その機能の回復を速やかに行うことができる性能．地震後において，構造物の安全性は確保され，その機能を速やかに回復でき，長期的にも恒久復旧を行うことが可能な状態を満足することができる性能をいう．道路橋示方書において規定している限界状態の一つに，耐震性能2に対する限界状態がある．これは橋の修復性を損なわない性能を確保できる限界の状態であり，設計において塑性化を考慮した部材にのみ塑性化が生じ，その変形は部材の修復を容易に行いうる範囲内で適切に定めるものとしている．塑性化を考慮する部材としては，確実にエネルギー吸収ができることが重要であり，橋脚において塑性化を考慮するのが一般的

表-1　耐震性能

橋の耐震性能	耐震設計上の安全性	耐震設計上の供用性	耐震設計上の修復性	
			短期的修復性	長期的修復性
耐震性能1：地震によって橋としての健全性を損なわない性能	落橋に対する安全性を確保する	地震前と同じ橋としての機能を確保する	機能回復のための修復を必要としない	軽微な修復でよい
耐震性能2：地震による損傷が限定的なものにとどまり，橋としての機能の回復が速やかに行い得る性能	落橋に対する安全性を確保する	地震後橋としての機能を速やかに回復できる	機能回復のための修復が応急修復で対応できる	より容易に恒久復旧を行うことが可能である
耐震性能3：地震による損傷が橋として致命的とならない性能	落橋に対する安全性を確保する	―	―	―

表-2　地震時の挙動の複雑さと耐震性能の照査方法

橋の動的特性／照査をする耐震性能	地震時の挙動が複雑ではない橋	塑性化やエネルギー吸収を複数箇所に考慮する橋又はエネルギー一定則の適用性が十分検討されていない構造の橋	動的解析の適用性が限定される橋	
			高次モードの影響が懸念される橋	塑性ヒンジが形成される箇所がはっきりしない橋又は複雑な振動挙動をする橋
耐震性能1	静的照査法	静的照査法	動的照査法	動的照査法
耐震性能2 耐震性能3	静的照査法	動的照査法	動的照査法	動的照査法
適用する橋の例	・固定支承と可動支承により支持される桁橋（曲線橋を除く） ・両端橋台の単純桁橋（免震橋を除く）	・弾性支承を用いた地震時水平力分散構造を有する橋（両端橋台の単純橋を除く） ・免震橋 ・ラーメン橋 ・鋼製橋脚に支持される橋	・固有周期の長い橋 ・橋脚高さが高い橋	・斜張橋，吊橋等のケーブル系の橋 ・アーチ橋 ・トラス橋 ・曲線橋

である.

たいしんせっけい（耐震設計） seismic design
　構造物等に地震の影響を考慮してその挙動を予測し，その重要性や構造特性等から要求される耐震性能を満足するよう材料や部材断面を選定し構造物を設計するまでの設計過程の総称.

たいしんせっけいじょうのじばんしゅべつ（耐震設計上の地盤種別） ground classification for seismic design
　耐震設計上の地盤種別は，設計地震動を設定する際に，地盤条件の影響を考慮するために用いられる. 概略の目安としては，Ⅰ種地盤は良好な洪積地盤及び岩盤，Ⅲ種地盤は沖積地盤のうち軟弱地盤，Ⅱ種地盤はⅠ種地盤及びⅢ種地盤のいずれにも属さない洪積地盤及び沖積地盤とされている.

たいせきあっしゅくけいすう（体積圧縮係数） coefficient of volumetric compressibility
　圧縮ひずみ ε と圧密圧力 p のそれぞれの増分を用いて $m_v = \Delta\varepsilon / \Delta p$ で定義される係数. 土の圧縮性を表す係数であり，定義からわかるように剛性を表すヤング率の逆数になっている. 体積圧縮係数 m_v を用いた沈下量の推定方法は m_v 法と呼ばれている. 非線形な土の変形を増分形式により線形弾性体として近似していることからわかるように，m_v 法は荷重増分が小さな範囲でのみ適用できる. 圧密圧力 p に対する体積圧縮係数 m_v の関係は両対数グラフ上に示され，m_v の値は過圧密領域では圧密圧力によらずほぼ一定であるが，正規圧密領域では $\log m_v$ は $\log p$ に対して直線的に減少する.（図-1）

タイヤローラ pneumatic tire roller
　数本の空気タイヤにより土やアスファルト混合物の締固めを行う機械. 空気タイヤの特性を生かして盛土やアスファルト舗装など幅広い用途に用いられる. タイヤ配列やその懸架方式などにより種々の機種がある. タイヤは平滑で均一な接地圧が得られるような形状をしたものが用いられ，また，バラストを増減することによりタイヤ質量配分を変えることも可能であり，有効な締固めを行うことができる. 質量3～25t程度のものがある.（写真-1）

たいりょく（耐力） strength
　構造物や部材，材料に荷重が作用し，想定したある状態に至るときにそれらが保有している抵抗力. 例えば，道路橋示方書では水平荷重により基礎の変位が急増し始める状態を基礎の降伏と定義してそのときの基礎の抵抗力を降伏耐力と呼び，また橋脚ではその基部が曲げ破壊またはせん断破壊に至るときの抵抗力をそれぞれ曲げ耐力，せん断耐力と呼んでいる.

タイロッドしきやいたへき（タイロッド式矢板壁） anchored sheet pile wall
　直立土留め構造物を作る一つの方法. タイロッド式矢板壁は，矢板壁本体とタイロッド，控え工よりなる. 控え工には，組杭形式，直杭形式，矢板形式，デッドマンアンカー形式などがある. 控え工は，矢板壁の頭部の変位を拘束するために設けられる. したがって主として水平力に対する抵抗性能が要求される. 控え工と矢板本体をつなぐには，タ

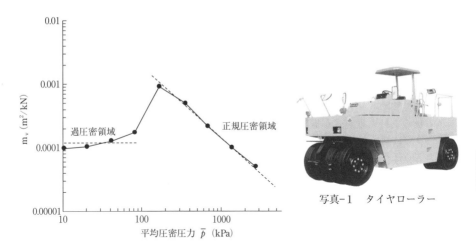

図-1　体積圧縮係数

写真-1　タイヤローラー

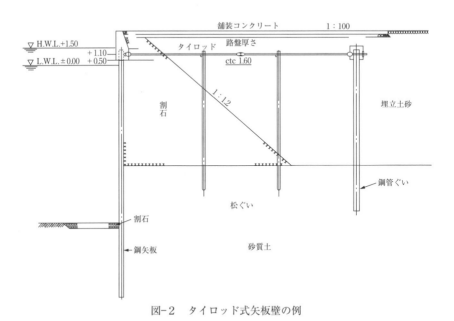

図-2　タイロッド式矢板壁の例

イロープとタイロッドが用いられるが，近年では，張力作用時の伸びの少ないタイロッドが主として用いられる．矢板壁本体は構造的な安定が保たれるように根入れされる必要がある．(P.209：図-2）

だげきエネルギー（打撃エネルギー） percussion energy
　杭の打設におけるハンマーの打込みエネルギー．主として重錘の重量および落下高さにより打撃エネルギーの大きさは決まり，杭打設の施工性はこれに依存する．多くの打込み杭の支持力推定式が提案されているが，打撃エネルギーはそれらの推定式のパラメーターに用いられている．

だげきこうほう（打撃工法） pile driving method
　打込み杭工法の一種で，ハンマーにより既製コンクリート杭や鋼管杭等を所定の深さまで打ち込む工法．施工時に支持力を確認できるのが特徴で，一般にディーゼルハンマー，気動ハンマーあるいは油圧ハンマーなどが使用されている．

たすうアンカーしきようへき（多数アンカー式擁壁） multi-anchored retaining wall
　⇨アンカー補強土壁

たちあがりほうしき（立上がり方式） steel pipe sheet pile rising-type foundation
　⇨仮締切り兼用鋼管矢板基礎

たちゅうしききそ（多柱式基礎） multi-column foundation, multi-pile foundation
　水面上に立ち上げた複数本の杭またはケーソンの頭部を頂版で結合し，その上に橋脚躯体等を設置した形式の基礎である．多くの柱が林立しているように見えるので多柱式基礎と呼ばれる．基本的には杭基礎の一種とみなされるが，自由長が長いことから頂部の水平方向のたわみを制限するために剛性の大きい杭またはケーソンが用いられる．大きい水深，速い潮流のあるところに適しており，主に橋梁の基礎として使われている．(図-1）

たてげすい（縦下水） longitudinal drain on slope
　切取りや盛土において，法面の上部あるいは中段の犬走りに設けた排水溝の集水を法面にそって法面最下段の排水溝に落とすために設けた排水溝．　⇨法面排水

たてこう（立坑） shaft, vertical shaft
　地表面から垂直に掘削，構築した坑道をいう．トンネルの施工に当たり，施工延長を分割して，工期の短縮やずり搬出，材料搬入のための近路などの作業上のための仮設として設ける場合と，通風，換気，排水などのための恒久的な設備とする場合がある．シールドトンネルや推進管では，施工上から発進立坑，到達立坑と呼んでいる．(図-2）

ダナムのしき（ダナムの式） Dunham's formula
　N 値とせん断抵抗角（内部摩擦角）ϕ の関係を示した式の一つ．Dunham(ダナム）は砂の粒子形状によってそれらの関係は異なることを提案した．丸い粒子で粒径が一様な場合は，$\phi = \sqrt{12N} + 15$，ここで，ϕ：せん断抵抗角（度），N：N 値である．この+15 という数字は粒度，粒子形状によって別のものが選ばれることがある．(表-1）

ダルシーのほうそく（ダルシーの法則） Darcy's law
　地盤中に定常流が生じている際に，単位面積あたりの流量 v はその地点の動水勾配 i

図-1　多柱式基礎

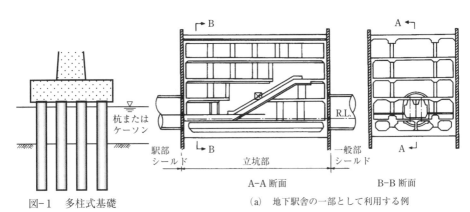

(a)　地下駅舎の一部として利用する例

表-1　砂の粒子形状によるN値とφの関係

粒子形状	せん断抵抗角（内部摩擦角）φ（度）
丸い粒子で粒径が一様	$\phi = \sqrt{12N} + 15$
〃　粒度分布がよい	$\phi = \sqrt{12N} + 20$
角ばった粒子で粒径が一様	$\phi = \sqrt{12N} + 20$
〃　粒度分布がよい	$\phi = \sqrt{12N} + 25$

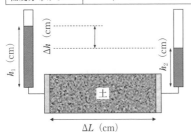

$$v = \frac{Q}{A} = ki = k \cdot \left(-\frac{h_2 - h_1}{\Delta L}\right) = k \cdot \left(-\frac{\Delta h}{\Delta L}\right)$$

ここに，Q：土要素を単位時間に流れる流量（cm³/s）
A：土要素の断面積（cm²）
k：透水係数（cm/s）
i：動水勾配（$= -\Delta h/\Delta L$）
ΔL：水が流れる土要素の長さ（cm）
h_1, h_2：土要素の両端での水頭（cm）
Δh：土要素両端の水頭差（>0）

図-3　ダルシーの法則

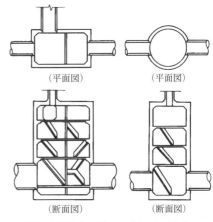

(b)　矩形立坑の例　　(c)　円形立坑の例

図-2　立坑の例

コルゲートメタルカルバートの例

写真-1　たわみ性カルバート

に比例する．これを式で表すと，
$v = ki$
となる．ここに，kは比例定数であり，これを透水係数という．動水勾配が大きくなり，ある一定の値を超えると，土中の水は急激に流れやすくなる．特に，砂地盤で上載荷重がない条件で，鉛直上向きの水の流れがある時，ある動水勾配を超えると地盤中の有効応力が0となり，地盤が不安定となり，流量が著しく大きくなる．このような動水勾配を限界動水勾配 i_c と呼び，$i_c = \gamma' / \gamma_w$ で表される．ここに，γ' は土の水中単位体積重量，γ_w は水の単位体積重量である．（P.211：図-3）⇨透水係数，動水勾配，流線網

たわみせいカルバート（たわみ性カルバート）　flexible culvert
　カルバートの一種で，荷重によるたわみが比較的大きいカルバート．コルゲートメタルカルバート，硬質塩化ビニルパイプカルバート，強化プラスチック複合パイプカルバート，高耐圧ポリエチレンパイプカルバートなどがある．たわみ性カルバートは，耐荷性およびたわみ性を有しているため，高盛土や軟弱地盤上の盛土に用いることが可能であるが，その耐荷力は裏込めの材料および施工に大きく影響されるので十分に注意する必要がある．（P.211：写真-1）

だんかいもりど（段階盛土）　stage embankment
　基礎地盤がすべり破壊を起こさないように段階的に盛土を施工し，その各段階における盛土荷重によって地盤を圧密させせん断強さを増加させて，順次，許容盛土高を増して，所定の盛土断面を完成しようとする工法である．

だんきゅう（段丘）　terrace
　過去の河床または浅い海底の平坦な地形が，地殻変動により隆起したり，海水準変動（汎地球的な規模で海水面が昇降する現象）により離水したりして，現在の河川や海底より高くなった地台地状の形で，平坦な段丘面と前後面の段丘崖からなる．過去の河床によるものを河岸段丘，過去の浅い海底によるものを海岸段丘という．（図-1）

だんぎり（段切り）　bench cut
　傾斜地盤上にあらたな盛土をする場合または既存の盛土に腹付け盛土をする場合などに，傾斜面または既存の盛土に水平面をつくるために設ける階段状の切土．傾斜面または既存の盛土と新たに構築される盛土とのなじみを良くし，また，水平に転圧することにより境界面付近の盛土の均一性を確保し，十分な締固めを行うために設けられる．これらの境界面付近のなじみまたは施工が不十分な場合，盛土の滑動や沈下など変状の原因となる．（図-2）

だんぎりきそ（段切り基礎）　bench-cut foundation
　斜面上の直接基礎の一つで，斜面勾配がきつく良質な支持層を水平に掘削することが困難あるいは高価な場合に，支持層を斜面なりに段差を設けて掘削し，その上に設置する直接基礎．段切り基礎は，段差フーチングを用いるものと置換えコンクリートを用いたものに分類される．（図-3）

たわみ〜だんぎ

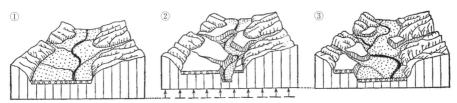

① 後に段丘面となる低地の形成（この場合は谷底侵食低地の形成）．
② 段丘化の原因発生（この場合は矢印の長さに相当する地盤の隆起）と河川の回春の開始（滝や急流の上流への後退）および回春に伴う旧低地の段丘化．
③ 新しい谷底侵食低地の形成に伴う段丘崖の後退と段丘の縮小．
各図中の打点域はそれぞれの時代における低地を示す．

図-1　段丘

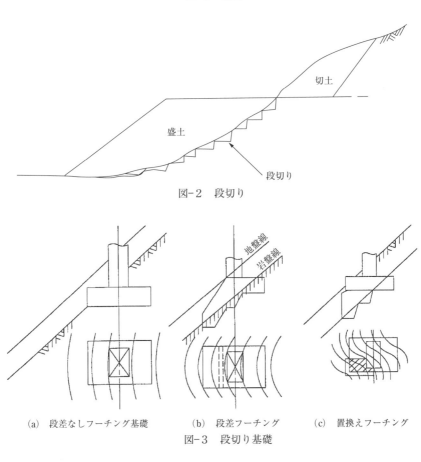

(a) 段差なしフーチング基礎　　(b) 段差フーチング　　(c) 置換えフーチング

図-3　段切り基礎

— 213 —

たんぐい（短杭） short pile
　杭の軸直角方向抵抗力を考える場合に，杭の根入れ長さが無限に長いと仮定できない杭のこと．杭に軸直角方向の外力が作用した場合の挙動は杭の根入れ長さが十分に長いときには，杭の根入れ長さの影響を受けない．しかし，根入れ長さが十分でないと杭の挙動は杭の根入れ長さの影響を受ける．このようなことから杭の軸直角方向の抵抗を考える際に，杭を長杭と短杭に分類する．篠原・久保は $1.5l_{m1}$ を有効長と呼び，根入れ長が有効長よりも短いと杭の挙動が根入れ長の影響を受けるとしてそのような杭を短杭と呼んだ．曲げモーメント第1ゼロ点の深さ l_{m1} は杭の剛性，地盤の横抵抗定数の大きさによって変化するばかりでなく，荷重の大きさによっても変化する．杭の剛性が高くなるほど，また，荷重が大きくなるほど l_{m1} は大きくなり，逆に地盤の横抵抗定数が大きくなると小さくなる．（表-1）

たんしあつ（端し圧） toe pressure of direct foundation
　浅い基礎の前面側端部の接地圧のこと．浅い基礎に裏込め土圧や震度法による地震力など，偏心傾斜荷重が作用する場合，浅い基礎は前面に倒れ込むように動こうとするため，その底面が受ける地盤反力は，台形分布，あるいは，ある接地幅を有する三角形分布になる．このとき，端し圧は接地圧分布の最大値となっている．（図-1）

だんせいげんかいきょうど（弾性限界強度） elastic limit strength
　鋼やコンクリートといった材料に力を作用させたとき，材料には応力とひずみが発生するが，力を解放したときにひずみもゼロに戻る挙動を弾性挙動とよび，降伏する際の強度は降伏強度であり弾性限界強度である．⇨降伏強度

だんせいしょうじょうのはり（弾性床上の梁） beam on elastic media
　地盤と基礎の相互作用を検討するための方法の一つ．弾性体の上に梁を置き，梁に荷重を作用させると梁は下方向に変位するが，その際，変位に比例した反力が弾性体から梁に作用する．これが弾性床上の梁理論である．杭の軸直角方向抵抗を推定する方法や矢板壁の根入れ部分の挙動を推定する方法として弾性床上の梁理論が用いられる．この方法を杭や矢板の設計に用いる場合には，梁を縦にして考える．この場合，地盤工学的には弾性床のばね係数の設定方法が中心となる．（図-2）

だんせいたいきそ（弾性体基礎） elastic foundation
　弾性体基礎とは，基礎体の剛性が周辺地盤の剛性と比較して大きくない基礎のことをいう．このような基礎の場合には，図-3に示すように，水平力を受けた際に基礎体自体の変形が大きく，周辺の地盤は基礎全長にわたって降伏することはなく，基礎の安定上基礎体自体の変形と応力が問題となる．一般には，基礎と地盤との相対剛性を評価する βl が大きな杭基礎などを弾性体基礎として取り扱う．βl が2.5より大きくなると，基礎の先端条件（固定，ヒンジ，自由など）や長さは基礎の変形や応力に影響を及ぼさないため，このような基礎は半無限長の弾性体基礎として取り扱い，簡易な式で基礎の安定計算を行うことができる．なお，道路橋の場合には，βl が3.0以上を半無限長の弾性体基礎とする．（図-3）⇨ βl，剛体基礎

表-1 短杭と長杭

根入れ長さ	0.6lm₁		1.5lm₁
	剛性杭	過渡領域	長 杭
		短 杭	
長杭	杭の下端部が地盤中に固定された状態となっており，杭の挙動に対し，根入れ長が無関係となる．		
短杭	過渡領域	杭の下端の固定状態が不十分となり，根入れ長さの違いによって，杭の変位や曲げ挙動が変化する．	
	剛性杭	杭の曲りが無視できる程度で，杭の動きは回転運動に近い．	

注）lm₁：曲げモーメントの第一０点の深さ

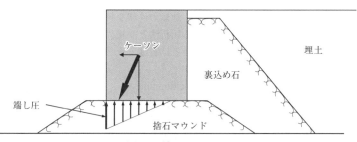

図-1 端し圧

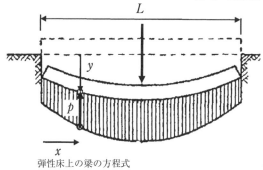

弾性床上の梁の方程式

$$\frac{EI}{B}\frac{d^4 y}{dx^4} + p = 0$$

EI：梁の曲げ剛性．
y：xにおける梁の梁軸直角方向変位．
p：xにおける梁に作用する梁軸直角方向地盤反力度．
B：梁幅．
k：地盤反力係数．

図-2 弾性床上の梁

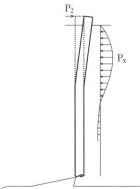

剛性が小さい（弾性体）：
　基礎のたわみ性が大きいため，全長にわたって地盤が降伏することはなく，基礎自体の変形と応力が問題となる．
　（杭基礎はこの仲間）

図-3 弾性体基礎

だんせいはそくど（弾性波速度） elastic wave velocity
　弾性体を伝播する弾性波の速度．弾性波が地盤内を伝播する速度で，P波（縦波，粗密波）速度およびS波（横波，せん断波）速度があり，前者が後者より速く伝播する．地盤の性状や動的性質の判定や評価をするための基本的な物理量の一つである．弾性波探査における各種の調査法により測定される．

だんせいはそくどけんそう（弾性波速度検層） elastic wave velocity logging
　⇨速度検層

だんせいはたんさ（弾性波探査） elastic wave exploration
　人工的に発生させた弾性波（地震波）により地盤内の構造を推定する方法の総称．地表で発破などにより人工的に発生させた弾性波が，地表に並べた受振器に到達するまでの時間を計測し，弾性波速度を求め，地盤の性状を推定する方法である．地層の境界面で屈折して伝播する屈折波を利用する屈折法と，境界面からの反射波を利用する反射法があり，前者は比較的浅い地盤に，後者は石油，天然ガスなどの資源探鉱など深層探査に用いられる．（図-1）

だんせいりょういき（弾性領域） elastic domain
　鋼やコンクリートといった材料に力を作用させたとき，材料には応力とひずみが発生するが，力を解放したときにひずみもゼロに戻る挙動を弾性挙動とよび，弾性挙動を示すひずみ領域を弾性領域という．弾性挙動を示す限界の応力を降伏応力，ひずみを降伏ひずみという．一次元では降伏応力以下の領域が弾性領域であり，多次元ではいかなる方向の応力の変化に対しても，塑性変形が発生しない多次元応力空間内の領域を弾性領域という．（図-2）⇨塑性領域

だんそう（断層） fault
　地殻変動に伴い岩盤中に形成されたある不連続面を境にその面の両側で相対的な変位を生じた構造．また，この不連続面を断層面と呼ぶ．断層面に対して上側にある岩盤を上盤，下側にある岩盤を下盤といい，上盤が下盤に対して相対的にずり下がったものを正断層，ずり上がったものを逆断層，また，水平方向にずれたものを横ずれ断層または水平断層という．（図-3）

だんそうちけい（断層地形） fault topography
　直接断層によりつくられる地表の形態，もしくは断層の両側で侵食の程度に差異があるために生じる地形．断層崖や断層線崖など地形がある．断層崖は，断層により地表を構成する地層が変位したためにつくられた直線状に続く急崖であり，断層面が侵食などにより変形されていない崖である．断層線崖は，地下に断層が分布するところに侵食作用が発達し，断層の片側の侵食がより進行する部分が削られ，断層のところにできた崖である．（図-4）

だんそうはさいたい（断層破砕帯） fault fracture zone
　断層面に沿いに岩石が破壊されて形成される範囲または地帯．断層の変位，摩擦により断層面の岩石が破砕され角礫化した断層角礫および粘土化した断層粘土を含む．この

だんせ～だんそ

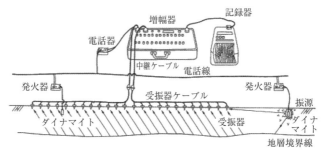

図-1　弾性波探査

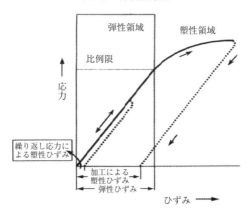

図-2　弾性領域と塑性領域

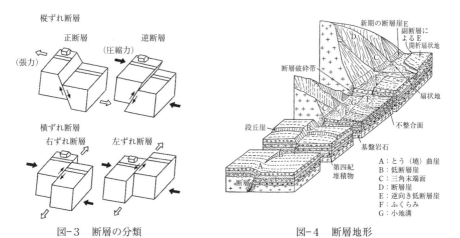

図-3　断層の分類

図-4　断層地形

ような破砕帯において工事を行う場合，切土では地下水の湧出，斜面崩壊が生じやすく，また，トンネル工事では破砕帯を通過する際，急激に地耐力を失ったり，切羽からの湧水，土砂流出を伴うことがある．

だんそせいほう（弾塑性法） elasto-plastic method
土留め壁を有限長の梁，地盤を弾塑性床，支保工を弾性支点として，掘削の進行に伴う土圧の変化を考慮し，掘削段階ごとのモデルによる側圧を用いて，土留め壁の断面力，変形および支保工の支点反力，変位を解析する設計手法である．掘削底面以浅では背面側から主働側圧が作用するものとし，掘削底面以深では背面側から有効主働側圧が作用するものとし，掘削面側の抵抗側圧は，塑性領域では有効受動側圧が，弾性領域では平衡側圧と土留め壁の変位に比例した弾性反力が作用するものとする．(図-1)

たんてっきん（単鉄筋） single reinforcement bar
曲げを受ける鉄筋コンクリート部材において，引張応力のみを鉄筋が負担するように配筋すること．これに対し，引張応力と圧縮応力を鉄筋が負担するように配筋するものを複鉄筋という．⇨複鉄筋

たんどくへきけいしき（単独壁形式） single wall type
⇨本体利用

だんねつこうほう（断熱工法） heat insulating method
凍上対策の一つで，断熱材を用いて凍結の進行を抑制する工法．EPSなどの断熱材を地盤内に敷設し，路床の凍上の抑制を図ることを目的とする．凍上対策にはこのほか，凍上を起こしにくい非凍上性材料に置き換える置換工法をはじめとして，水位低下工法，遮水工法，安定処理工法などがある．住宅の基礎などにおいて，断熱材を用いて断熱性を高めるための工法も断熱工法という．

タンパー tamper
衝撃的荷重方式による小型の締固め機械．現在ではランマーと呼ばれる．従来は，ガソリン機関の爆発力を直接的に突固めに利用したものをランマーと呼び，それを一度回転力に変えた後，クランクにより往復運動に戻して突固めに利用したものをタンパーと呼ばれた．現在では前者を爆発ランマー，後者を単にランマーと呼ぶ．構造物の裏込め部，道路の部分補修など狭小な場所での締固めに用いられる．質量40～90kg程度のものがある．(図-2)

タンピングローラ tamping roller
鉄製のローラの表面に棒状の突起（タンピングフート）を取り付けるなど，締固めに適した形状のホイールを装着した締固め機械．高速道路，ダム，空港，宅地造成など大規模土工工事の盛土の締固めに用いられる土工用コンパクタと廃棄物処理場での締固めに用いられる廃棄物処理用コンパクタに分類される．質量20～40t級のものがある．(写真-1)

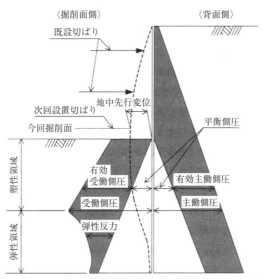

図-1 弾塑性法における土留め壁の変形と側圧との関係

写真-1 タンピングローラ

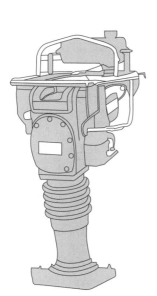

図-2 タンパー

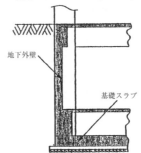

図-3 地下外壁

〔ち〕

ちいきべつしんど（地域別震度） regional seismic coefficient
　震度法に基づく耐震設計を行う際に，構造物が建設される各地点の地震活動度に応じて，各地域ごとに設計基準によって設定されている設計震度．一般には，それぞれの地域に対し，ある一定の再現期間（例えば75年）に対応する最大加速度の期待値から算定されることが多い．また，地域別震度に地盤種別や構造物の周期特性や重要度によって定まる補正係数をかけたものを設計震度として用いることが多い．

ちかがいへき（地下外壁） basement wall
　片面が直接地盤に接し，地盤から作用する土圧，水圧などの面外荷重および地震力による面内荷重の両者に抵抗する地下階の壁体．地盤を根切りした後に型枠内で打設された鉄筋コンクリート造の壁体，地下連続壁工法で構築された鉄筋コンクリートの壁体とその内側に構築された鉄筋コンクリート壁との合成構造の壁体，ソイルセメント壁工法で利用されたH形鋼と内側に構築された鉄筋コンクリート壁との合成構造の壁体等がある．(P.219：図-3)

ちかすいいかんそくこう（地下水位観測孔） monitaring hole of grond watar level
　山止め架構の計測管理において地下水位の変化を測定するに用いるもので，一般にはボーリング孔内にストレーナー加工した鋼管を埋設し鋼管とボーリング孔の間げきはストレーナー部分の下部は砂利で埋めもどし，その上部はセメンテーションし，さらにその上部には土砂を埋めもどして設置する．孔内の水位は自記水位記録計，電気式水面検出器などがある．この方法は水圧の測定にも応用できる．一般には観測井と同義語として使用される．(図-1)

ちかすいいていかこうほう（地下水位低下工法） dewatering method
　根切り工事においてドライワークの確保や，盤ぶくれ抑止を目的として地下水位を低下させる工法．重力排水工法と強制排水工法に分類される．重力排水工法では，ディープウェル工法，釜場排水が代表的であり，強制排水工法では，ウェルポイント工法が代表的である．計画に当っては，地盤沈下，井戸枯れなど周辺に与える影響を十分に考慮する必要がある．(図-2) ⇨ウェルポイント工法，ディープウェル工法

ちかすいおせん（地下水汚染） ground water pollution
　人為的要因や自然的要因によって有害物質で地下水が汚染されている状態．人的要因としては，廃棄物の不法投棄を原因とする汚染，工場排水による汚染，農薬による汚染などがある．自然由来の要因では温泉や地中にある鉱物などが原因となることがある．1982年に環境庁が全国の有害物質による地下水汚染状況を初めて調査し，その実態が明らかになった．地下水汚染モニタリングはその後も引き続き行われている．

ちかすいはいじょこう（地下水排除工） ground water drainage works
　地すべり対策工の一つで，地すべり地内の地下水および地すべり地内に流入する地下

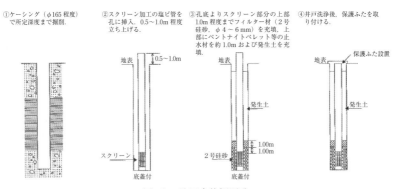

図-1　地下水位観測孔

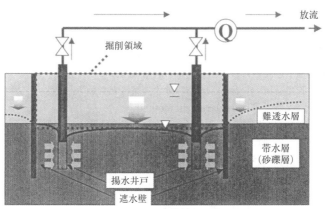

図-2　地下水位低下工法

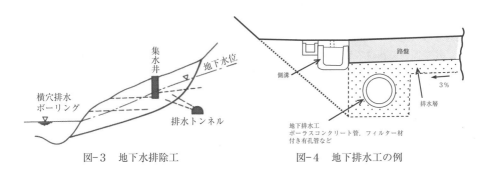

図-3　地下水排除工　　　　図-4　地下排水工の例

水を排除することにより間隙水圧（地下水位）を低下させ地すべりの安定を図る工法．浅層地下水を対象とした地下排水工（暗渠工）などの浅層地下水排除工と，深層地下水を対象とした水抜きボーリング工，集水井工，排水トンネルなどの深層地下水排除工に分類される．（P.221：図-3）

ちかすいみゃく（地下水脈） groundwater vein

地盤の中である幅をもって地下水が流れている水みち．岩盤中の割れ目などが帯水層となる水みち．地下水脈の探査は水文，地質調査，電気探査，磁気探査などにより行われる．都市部における掘削工，基礎工などの建設工事においては地下水位の低下，地下水脈の遮断など地下水障害の発生を防ぐために事前に広い範囲で影響評価を行っておく必要がある．大規模な帯水層あるいはいくつかの帯水層を包含したものを地下水盆という．

ちかはいすいこう（地下排水工） shallow trench drain

路盤の耐久性を向上させるため，路盤排水等において主として地下水の排水を目的とした排水工．施工基面から1m以下に地下水位がくるように，施工位置に配慮して設計を行う必要がある．（P.221：図-4）

ちかれんぞくへき（地下連続壁） diaphragm wall

地盤中に壁状の溝を掘削し，その溝を地上で組み立てた鉄筋かごを建て込み，コンクリートを打設し，連続した壁体を構築する場所打ち鉄筋コンクリート製の山留め壁．コンクリート製地下連続壁は仮設山留め壁の利用のほかに，遮水壁，杭，本体地下外壁等本体構造物としても用いられる．また，地中連続壁ともいう．（図-1，写真-1）

ちかんこうほう（置換工法） replacement method

軟弱なシルトあるいは粘土層の一部もしくは全部を除去し，良質な土材料と置き換えることによって，構造物の安定確保や沈下の抑制を目的とした工法．本工法は，置換する軟弱土層の掘削除去および置換方法によって，掘削置換工法と強制置換工法に分類できる．掘削置換工法は，掘削によって軟弱層を除去して良質土に置き換える工法で，軟弱層が比較的浅い場合に用いられる．構造物の底面下を全面的に置き換える方法と，すべり破壊を防止する目的で部分的に置き換える方法とがある．一方，強制置換工法は盛土の自重や爆破などで軟弱土を横方向に強制的に押出し良質土と置き換える工法である．置換工法は早期にかつ確実に所定の強度を得ることができる利点があり，軟弱層が薄いほど経済的に有利である．（図-2，図-3）

ちぎょう（地業） foundation work

建築関係で基礎スラブと地盤のなじみをよくするために，基礎スラブ下等に設けた捨てコンクリート，敷砂，砂利，割り栗，杭などおよびその施工をいう．なお，最近では構造体として扱われる杭は地業に含めない考え方もある．

ちくとう（築島） artificial island

構造物の基礎工事において，海域や河川・湖沼等の水域で陸上施工と同等の施工が行うため，波浪や河川の流水の影響を受けないように鋼矢板二重締切り式やセル式等による締切り工を設けた仮設の島である．

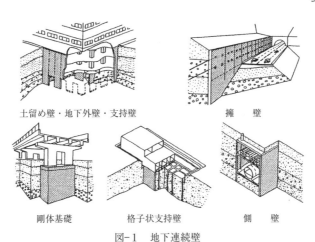

土留め壁・地下外壁・支持壁　　擁　壁

剛体基礎　　格子状支持壁　　側　壁

図-1　地下連続壁

掘削機

鉄筋かご建て込み

コンクリート打設

写真-1　地下連続壁の施工

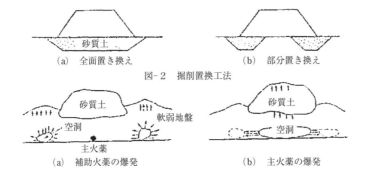

(a) 全面置き換え　　(b) 部分置き換え

図-2　掘削置換工法

(a) 補助火薬の爆発　　(b) 主火薬の爆発

図-3　強制置換工法

ちたいりょく（地耐力） ground bearing capacity

地盤が支持できる荷重度内で沈下または不同沈下が許容限度内にある力をいう．支持力は地盤の強度定数（粘着力，せん断抵抗角（内部摩擦角））から支持力式を用いて推定する方法や，原位置における平板載荷試験などから直接求める方法もある．通常は極限支持力を所定の安全率で除した値を許容支持力とし，許容支持力以内で建物の沈下または不同沈下が許容限度内に収まるようにする．

ちちゅうれんぞくへききそ（地中連続壁基礎） diaphragm wall foundation

地中連続壁を井筒状に構築し，その頭部と頂版を一体化させた構造の基礎をいい，耐力が大きく耐震性に優れている基礎である．井筒状にすることから連壁井筒基礎ということもある．施工方法は，安定液を用いて溝壁の安定性を確保しながら所定深度まで掘削し，その中に鉄筋かごを建て込み，コンクリートを打設して1つの鉄筋コンクリート壁を築造する．この1ユニットをエレメントという．次に，その隣の位置で同様に掘削し，鉄筋コンクリート壁の一部を築造する．前者を先行エレメント，後者を後行エレメントという．後行エレメントを築造する際には，先行エレメントにあらかじめ取り付けた継手と連結して一体化させる．その後，地中連続壁の頭部に頂版コンクリートを施工する．（図-1，2）

ちひょうめんせっけいじしんどう（地表面設計地震動） design seismic surface ground motion

複雑な地震力の特性の中から，耐震設計に用いやすいように，一般に応答スペクトル，入力地震動波形等の形で与えられる地震力の総称を設計地震動と呼ぶ．特に，地表面位置で定義された設計地震動を地表面設計地震動と呼ぶ．設計地震動の設定においては，振幅特性のみならず，地震動の非定常性と関連する位相特性についても十分な検討が必要である．また，地震動の特性だけでなく，構造物の振動特性も重要である．

ちゅうかんそう（中間層） intermediate layer

アスファルト舗装において基層を2層に分けた場合の上の層．表層と基層の間に挟まれた層をいう．また，コンクリート舗装において路盤とコンクリート舗装版との間で路盤の最上部に設けるアスファルト混合物の層をアスファルト中間層といい，路盤の耐水性，耐久性および施工性，平坦性の向上を目的とする．

ちゅうくうくい（中空杭） hollow pile

遠心成型された PC 杭，PHC 杭や鋼管杭などの中空部分を有した杭をいう．

ちゅうじょうず（柱状図） boring log, drilling log

ある地域の地層の層序，層厚，岩相，含有化石などを柱状に示した図．地質柱状図ともいう．ボーリング調査でその地点の地層，層厚，土質区分，N 値などを記載するボーリング柱状図，露頭でみられる地層の状況を示した露頭柱状図，また，ある地域における層序，岩相などを概念的に示した模式柱状図などがある．

ちゅうじょうたいきそ（柱状体基礎） column type foundation

ケーソン基礎，鋼管矢板基礎や地中連続壁基礎のように，基礎本体を1本の柱状体と

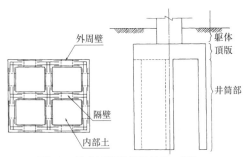

図-1　地中連続壁基礎各部の名称

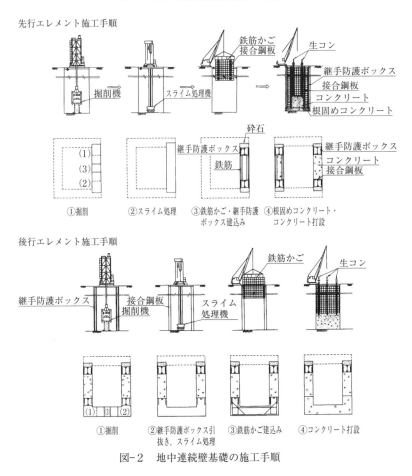

図-2　地中連続壁基礎の施工手順

して取り扱うことのできる基礎形式．設計において，基礎本体の曲げ剛性を考慮する必要があるものがこれにあたる．ケーソン基礎でも根入れの浅いものについては柱状体基礎とは扱われず，剛体基礎に区分される．⇨剛体基礎

ちゅうせきじばん（沖積地盤） alluvium ground
　河川の作用により堆積した粘土・シルト・砂・礫など（河成堆積物）により形成された，新しい時代の地盤を沖積地盤という．このため，その多くは軟弱地盤を形成し，粘性土は正規圧密状態にある高塑性粘土が多く，砂はゆるいものが多いため，盛土時の大きな圧密沈下や地震時の液状化など，構造物の計画にあたり問題となることが多い．

ちゅうせきそう（沖積層） alluvium
　沖積地盤の地表面を構成している，河川の作用により堆積した粘土・シルト・砂・礫など（河成堆積物）の堆積層のことである．わが国においては，臨海部においては最終氷河以前の圧密の進んだ洪積層を覆う未固結の海進堆積物を沖積層と呼称する．
　ここで，海進堆積物の海進とは縄文海進のことをいい，最終氷河の極相期の約1.8万年前に-80〜-120mだった海面が，その後の急速な温暖化により約6,000年前には現在より数m高くなったこの間をさしている．したがって，この間を含めこれ以降に堆積した層が沖積層である．ただし，この沖積層が堆積した時期を以前は沖積世と呼称していたが，万国地質学会において沖積世が廃語となり，約1万年前を境に更新世と完新世とに区分されるため，近年は完新世に堆積した層を沖積層と呼称することが多い．

ちゅうにゅうこうほう（注入工法） injection method, grouting method
　⇨薬液注入工法

チュービングそうち（チュービング装置） casing installation apparatus
　杭工事においては表層地盤崩壊防止用のケーシングを，地中障害撤去工事においては障害縁切り用の先端ビット付ケーシングを油圧ジャッキ等により地盤へ圧入する装置．地中障害撤去用の装置は，全周回転型のものが多い．（写真-1）

ちゅうれつしきちかれんぞくへき（柱列式地下連続壁） columnar diaphragm wall
　一軸や多軸の掘削機を用いて円柱状の構造体を連続して造成される地下連続壁．場所打ちコンクリート杭，プレキャストコンクリート杭を連続的に並べる方法や，セメントミルクと原位置土を混合して構築するソイルセメント柱を連続的にラップ連結させる方法などがある．一般に止水壁，山留め壁として用いられる．（図-1）

ちょうい（潮位） tidal water level
　基準面から測った海面の高さ．代表的な潮位面には，平均海面（M.S.L.），観測基準面（C.D.L.），朔望平均満潮位（H.W.L.），朔望平均干潮位（L.W.L.）などがある．（図-2）

ちょうおんぱたんしょうしけん（超音波探傷試験） ultrasonic testing
　超音波を利用して材料の欠陥や損傷調査する試験．非破壊検査手法の一種であり，超音波を用いた試験では損傷のほか，厚さを測定して腐食を調べる試験などがある．超音波検査法，超音波測定法あるいは単に超音波試験などともいう．

ちゅう～ちょう

写真-1　チュービング装置

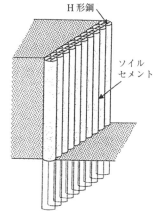

図-1　柱列式地下連続壁

統計期間	自 1951 年 至 1995 年	
(cm)		
530.2		球分体
477.1		高極潮位（1917.10.1） （統計期間以前の観測）
386		高極潮位（1979.10.19）
277.3		朔望平均満潮位*
190.7		最近5年平均潮位*
185.2		東京湾平均海面（T.P.）
101.2		江戸川工事基準面（Y.P.）
75.5		朔望平均干潮位*
72.9		潮位表基準面
71.8		荒川工事基準面（A.P.）
27		低極潮位（1953.2.13）
0.0		観測基準面（D.L.）

*印は 1991～95 年の平均値

注：T.P.（東京湾平均海面）を基準としたとき
Y.P.（江戸川工事基準面）は－0.840m，
A.P.（荒川工事基準面）は－1.134m である。

図-2　潮位

ちょうおんぱでんぱんそくど（超音波伝播速度） ultrasonic wave velocity
　超音波の伝播する速度をいう．音波は電波や光に比べてその伝搬速度は著しく遅く，さらにその物質の状態や湿度，圧力などによっても変化（音は物質がなければ伝搬しないから，その物質の性質によって伝搬速度も変化）する．例えば，空気中の音の伝搬速度は約 340m/s，水では 約 1 530m/s，鉄では約 5 000m/s 程度である．

ちょうばん（頂版） top slab
　ケーソン基礎，鋼管矢板基礎や地中連続壁基礎などの大型基礎において，橋脚，橋台等の下部工躯体からの荷重を基礎本体に伝達する版状の構造部材．ケーソン基礎では，上スラブともいう．

ちょうばんせつごうほうほう（頂版接合方法） top slab connection method
　鋼管矢板と頂版の結合方式には，鋼管矢板に取り付けたプレート，ブラケットによるプレートブラケット方式，鋼管矢板に開けた穴に差筋して中詰めコンクリート打設した差筋方式，鋼管矢板に鉄筋スタッド溶接したスタッド溶接方式がある．最近の鋼管矢板基礎の施工では，ほとんどがスタッド溶接方式になっていることから，平成 24 年度に改定された道路橋示方書では，スタッド方式のみが記述されている．なお，スタッド溶接とは，ボルト（スタッド）やピンを溶接機の電極部分に挟んで，電流を流して平板の間に火花を発生させ，ボルト（スタッド）・ピンと 平板が適度に溶けた状態で，圧力を加えて溶接する方法と，加圧してから，電流を流して電気抵抗で生じる発熱で，瞬時に溶接する方法がある．いずれも，溶材を必要とせず，溶接時間も極めて短かく，十分な溶接強度が得られる自動溶接方法である．（図-1，写真-1）

ちょうはり（丁張り） finishing stake
　盛土切土等の土工事を施工する際に，高低を表したり，法面および勾配を表すための定規．土工の基準となるため，原地盤の沈下，盛土の圧縮沈下による丁張りの移動を常に点検する必要がある．（図-2）

ちょくせつがたせんだんしけん（直接型せん断試験） direct shear test
　せん断応力を供試体に直接負荷するせん断試験である．この試験には一面せん断試験，単純せん断試験，リングせん断試験やねじりせん断試験がある．一面せん断試験ではせん断面に垂直力とせん断力を直接作用させて試験を行う．土のせん断強さはモール・クーロンの破壊基準によって求めることができ，せん断試験の原理がわかりやすい．一軸圧縮試験や三軸圧縮試験は主応力を制御して行う主応力載荷型せん断試験である．（図-3）

ちょくせつきそ（直接基礎） spread foundation
　支持層が浅く，上部工からの荷重を直接支持層に伝える形式の根入れの浅い基礎．一般に，他工法よりも経済的となり，支持層を直接確認できるので施工の信頼性も高い．道路橋示方書における基礎形式の設計上の区分によると，基礎の有効根入れ深さ L_e と基礎の短辺幅 B との比 L_e/B が 1/2 以下の場合に直接基礎と分類される．（図-4）

ちょっかがたじしん（直下型地震） earthquake directly above epicenter
　直下型地震とは，対象施設（地点）と震源の位置関係で定義されるものである．すな

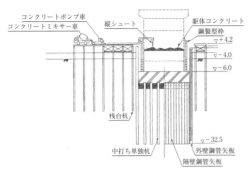

図-1　頂版橋脚のコンクリート

写真-1　鉄筋スタッド溶接方式

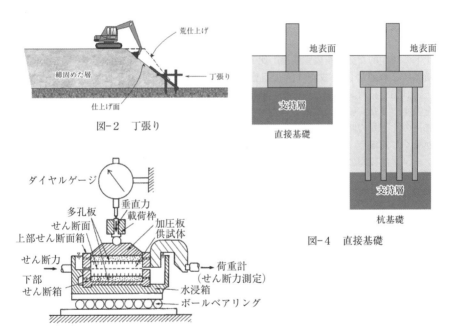

図-2　丁張り

図-4　直接基礎

図-3　直接型せん断試験：skempton bishop 型の一面せん断試験箱の例

わち，対象施設の直下あるいは直下近傍の震源によって発生する地震と定義され，地震発生のメカニズムを表すものではない．対象施設の多くが人間の生活圏（陸上）に存在することから，活断層が活動することによる地震が直下型地震に分類されることが多く，震源距離が近いこともあり，しばしば甚大な被害が発生する．

ちょりゅうけいすう（貯留係数） storage coefficient
　帯水層からの揚水などによる排出水量とその排水によって生じる地下水面（または被圧地下水頭面）の低下体積との比．水頭低下による帯水層からの排水量は水の膨張と帯水層の圧縮によって生じ，水頭上昇による貯留水量の増加は水の圧縮と帯水層の膨張により生じる．被圧帯水層の場合は地下水頭変化量に対する帯水層厚変化量の比にほぼ等しい．不圧帯水層の場合は土中水が流れ得る間隙の有効部分を有効間隙率といい，これにほぼ等しい．

ちんかかんけいず（沈下関係図） settlement-force relationship
　⇨沈設計画

ちんかきょくせん（沈下曲線） settlement-time curve
　沈下の時間的な経過を表す曲線．沈下－時間曲線，時間－沈下曲線ともいう．時間軸を横軸にとり通常 $\log t$ または $\sqrt{t}$ で目盛り，沈下量を縦軸にとり作成される．主に粘土の圧密試験や載荷試験などの結果の整理に用いられ，各荷重段階での沈下の時間的な経過を表す．また，軟弱地盤上での盛土の沈下検討にも用いられ，盛土の施工段階および完成後の沈下量の時間的な経過を表す．

ちんかそくしんほう（沈下促進法） settlement method
　ケーソン沈設時に沈下抵抗が大きいと考えられる場合に，沈下促進の手段としては，フリクションカットの配慮，特殊表面活性剤の外壁面への塗布あるいはジェッティングなどがある．また，監督者の許可があれば，作業室内の気圧を一時減じることによって減圧沈下させることもある．
　ジェッティングによる方法は，あらかじめケーソン本体の外周壁に配置した数段のパイプに1m程度の間隔で噴射孔（φ3mm程度）を設け，高圧空気，または高圧水を噴出させて壁面摩擦力を減少させるものである．

ちんせつけいかく（沈設計画） sinking plan
　ケーソン基礎の設計において，あらかじめケーソンの沈設に対する検討を行うことをいう．ケーソンの施工段階ごとに沈下荷重（自重＋水荷重等の載荷重）と沈下抵抗力（揚圧力または浮力＋周面摩擦力および刃口抵抗力）の関係を想定し，沈設作業に支障があるかどうかを照査する．この関係を沈下工程に応じて図示したものを沈下関係図といい，どのような対策を行う必要があるか明確になる．（図-1）

ちんまいかん（沈埋函） submerged caisson
　沈埋トンネルを構成する単体であり，水底に敷設する際に，曳航して沈設する作業に支障のない範囲の大きさに分割した部分をいう．沈埋函の製作はフローティングケーソンと同様であるが，沈設後は水平につながるために左右端の開口部は一時的に仮壁で閉

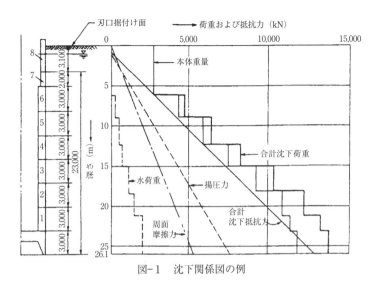

図-1　沈下関係図の例

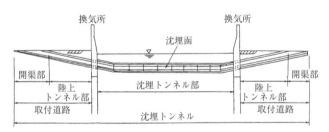

図-2　沈埋トンネル

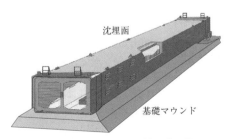

図-3　沈埋トンネルの沈埋函概要図

じ,フローティングケーソンとして運ばれる.曳航後,所定の位置に沈めて既設部分と連結した後に仮壁を取り除き,埋戻しを行ってトンネルとなる.(P.231:図-2,3)

〔つ〕

ツーウエッジほう（2ウエッジ法） two wedge method
　補強土壁などの設計を行う際の内的安定を照査する方法.補強領域内部において2つのくさびを仮定し,このくさびの大きさを変動させ壁面土圧力と補強材定着力の比が最小となるすべり線を試行的に求め土圧を決定し,転倒や滑動などの安定を評価する.すべり線変動方式かつ全体安定計算法による設計手法である.(図-1)

つきかためエネルギー（突固めエネルギー） compaction energy
　土の締固めの過程において加えられる仕事量.JIS A 1210「突固めによる土の締固め試験」において,ランマーを繰り返し自由落下させることにより土に与えるエネルギーをいう.締固めエネルギーともいい,土に転圧,振動,衝撃として与えられる.一般に仕事量が増加すると土は密実となる.塑性のある土質材料では含水量が多い状態で大きな締固めエネルギーが練返し作用となり強度が低下していくオーバーコンパクションの状態が現れる.

つぎて（継手） joint
　既製杭を現場で長手方向に継ぎ足して1本の基礎杭にしたときの接続部分.鋼管杭およびコンクリート杭ともほとんどが現場溶接によって接続される.以前は,現場溶接であり杭の弱点となりやすく,継手の数に比例して支持力を低減していたが,現在は半自動溶接方式となって信頼性も向上しており,原則として支持力の低減は行わない.なお,継手部の現場溶接は雨など天候の影響を受けやすいので,ねじ方式・接続プレートボルト固定方式などが開発されている.(図-2,写真-1,2,3) ⇨機械式継手

つちのあつみつど（土の圧密度） degree of consolidation
　圧密過程の開始時を0,終了時を1として,圧密の進行度合いを比で表した量のこと.ひずみ（沈下量）で定義される「ひずみの圧密度」と過剰間隙水圧の消散（有効応力の増加）で定義される「応力の圧密度」がある.テルツァーギの圧密理論のように粘土の応力～ひずみ関係が線形であると仮定した場合,応力の圧密度はひずみの圧密度と一致する.圧密が進む粘土層内では,圧密度は排水面からの距離によって異なっており,ある時刻における土槽内の圧密度の深度分布を等時曲線という.実際の圧密沈下計算では,各深度方向に分布する圧密度ではなく,粘土層全体の平均圧密度Uを用いる.熱伝導型圧密方程式の解では,Uと時間係数T_v(無次元化された時間で,圧密係数c_vと排水距離Hを用いて$T_v=c_v t/H^2$で定義される)との間には唯一固有の関係（例えば,圧密度90%に対応する時間係数は$T_{v90}=0.848$）があり,任意の時刻における平均圧密度,すなわち圧密沈下量を計算することができる.(図-3)

つーう～つちの

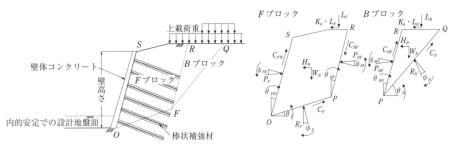

図-1 2ウェッジ法に対する力の釣り合い

写真-1 半自動溶接方式による鋼管杭継手部の現場溶接

写真-2 半自動溶接方式によるPHC杭継手部の現場溶接

写真-3 機械式継ぎ手方式によるPHC杭継手部の現場作業

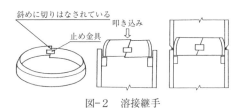

図-2 溶接継手

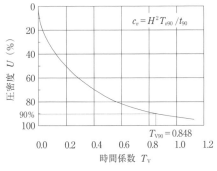

図-3 土の圧密度

つちのどうてきへんけいとくせい（土の動的変形特性） dynamic deformation properties of soil

土は非常に小さいひずみ領域から非線形を示す．一般には，せん断ひずみが大きくなるとともに，せん断剛性 G は小さくなり，履歴減衰 h は大きくなる．このような土のひずみに依存した非線形特性を動的変形特性とよぶ．ここで動的とは，外力の作用が急速という意味ではなく，繰り返し外力が作用するという意味でとらえられている．動的変形特性を求めるのには，三軸試験機や中空ねじり試験機を用い，試料に繰り返しせん断力を加え，得られた応力－ひずみ関係の形状よりひずみに応じたせん断定数 G と等価減衰定数 h を求め，一般には G-γ 関係，h-γ 関係としてまとめられる．

つちのねつでんどうりつ（土の熱伝導率） thermal conductivity of soil

土中の熱の伝達の度合いを表す定数．単位長さを隔てる単位温度差の2つの等温面の単位面積を単位時間に伝わる熱量で表す．土中での熱伝導は非常に複雑な現象であり，熱伝導率は土中の水分，密度，土質，温度など多くの要素に依存するが特に含水状態の影響を大きく受ける．熱伝導率の測定法には定常法，非定常法などがあるが，すべての土の熱伝導率を精度よく推定するまでには至っておらず，必要に応じて原位置で実測される．

つちのひせんけいモデル（土の非線形モデル） nonlinear stress-strain model of soil

土は塑性化しやすい材料であるため，地震動に対する動的解析を実施する際には，その非線形特性を何らかの数学モデルに置換する必要がある．そのモデルの総称を土の非線形モデルという．応力～ひずみ関係を数式で表現した簡易なものから弾塑性構成則までさまざまなものが提案されているが，HDモデル，ROモデル，GHEモデルなどがよく使われている．

つなぎばり（つなぎ梁） footing connection beam

フーチング基礎等において，フーチングとフーチングを結ぶ梁をいう．（図-1）

〔て〕

ティーがたきょうきゃく（T形橋脚） T-type pier

橋脚の柱頂部において橋梁上部工を支持するために幅員方向に梁を伸ばし，T型の形状をした橋脚．基礎地盤が強固で道路幅員に対して基礎の幅員方向寸法が小さい場合や，都市圏で桁の下を道路が通る場合などでは，橋脚の断面を縮小したT型形状の橋脚が採用される．（図-2）

ディージェイエムこうほう（DJM工法） dry jet mixing method

粉体撹拌噴射工法．軟弱地盤中に生石灰・セメントなどを粉粒体のまま供給し，強制的に原位置土と撹拌混合し，土質性状を安定なものにするとともに土の強度を高め，固結パイルを造成する工法．DJM工法は安定材として粉粒体をそのままドライで空気圧送により供給するため地盤中に水分を加えることがなく，少量の安定材で改良効果が得られる．

つちの〜でぃー

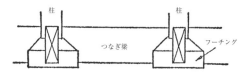

図-1 つなぎ梁

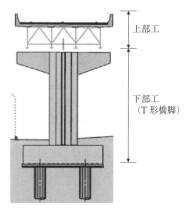

図-2 T形橋脚

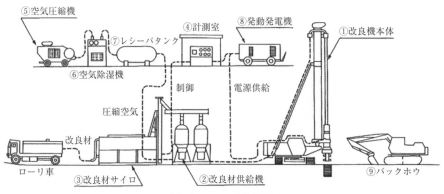

図-3 DJM工法概要

（P.235：図-3）
ディーゼルパイルハンマー diesel pile hammer
　　打撃式のパイルドライバの一種で，2サイクルディーゼル機関と同じ原理を使用し，シリンダ内の爆発力を利用して重錘を押し上げ，その落下エネルギーにより杭を打ち込む機械．大きな打撃力が期待できるが，騒音，振動などの面で問題がある．ディーゼルハンマーとも呼ばれる．（図-1）

ディーナプル（DNAPL） dense non aqueous phase liquid
　　水よりも重い非水溶性液．トリクロロエチレン，テトラクロロエチレンなどの揮発性有機塩素化合物がこれに当たる．粘性が水よりも低いことが特徴である．このため，地中深くに浸透しやすく，地下の深い所まで汚染することがある．これらの物質は非水溶性ではあるものの，地下水環境基準の1万倍以上の水溶性を有しており，基準を超過する濃度に汚染された地下水が拡散する恐れがある．また揮発性が高いため，地下水面上に気体で存在して拡散することもある．

ディープウェルこうほう（ディープウェル工法） deep well method
　　井戸径30〜60cm程度のディープウェル（深井戸）を帯水層中に設置して，集まった地下水をポンプにて揚水する地下水低下工法の一種．井戸1本当たりの揚水能力が大きく，地下水位低下量を大きくすることが可能である．重力排水であるため，透水性が高い地盤に適する．ディープウェルによる揚水は，周辺地下水位も低下させることがあるため，適用に際して留意する必要がある．（図-2）

でいがん（泥岩） mud stone
　　粘土やシルトなどが圧密作用を受け，脱水固化した堆積岩．一般に塊状，無層理の細粒堆積岩を指し，堆積面に沿って薄くはがれる剥離性の性質を示すものを頁岩という．また，泥岩や頁岩が圧力による低変成作用を受けて堆積面と無関係に剥離しやすくなったものを粘板岩という．第三紀の泥岩や頁岩などはスレーキングを生じやすく，土工材料として使用する場合は圧縮沈下や陥没などが問題となることがあるため注意する必要がある．

ていけつそうち（締結装置） fastening device
　　まくらぎおよび軌道スラブなどの支承体に左右2本のレールを締結し，軌間を保持するとともに，列車走行時に軌道に与える上下，横方向，水平レール方向の荷重や振動に抵抗し，それらを下部構造の支承体，道床，路盤に伝達する装置．支承体の種類によって，それぞれ異なる．（図-3）

ていこうけいすうアプローチ（抵抗係数アプローチ） resistance factor approach（RFA）
　　荷重の特性値と地盤パラメーターの特性値を直接計算モデルに代入し，構造物の応答（荷重効果含む）や耐力の特性値を求め，これらの特性値に直接部分係数を適用して限界状態に対する照査を行おうとする部分係数による設計法．設計抵抗力 R_d は以下の式によって表現される．

$$R_d = R(X_R, a_{nor}) / \gamma_R / \xi$$

でいー～ていこ

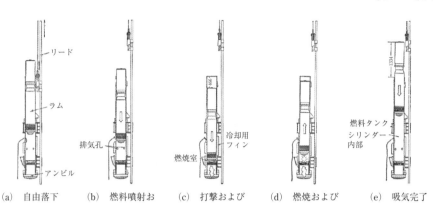

図-1　ディーゼルパイルハンマーの作動機構

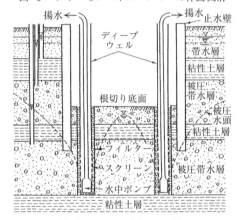

図-2　ディープウェル工法

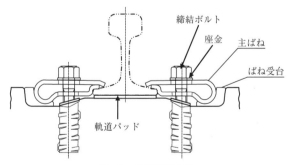

図-3　締結装置の例

ここに，X_R：地盤パラメーターの特性値，γ_R：抵抗係数，a_{nor}：幾何学量の公称値，ξ：相関率である．Eurocode では，RFA 方式は杭の設計に用いられ，LRFD（荷重抵抗係数法）方式に類似している．相関率ζとは，原位置での載荷試験の回数を考慮する係数である．
⇨荷重抵抗係数法，材料係数アプローチ

でいすいこかへき（泥水固化壁） slurry-hardening wall
地盤中に安定液を用いて所定の溝を掘削し，その掘削用安定液を固化剤により固化させて構築される山留め壁や遮水壁．泥水固化壁は鉄筋コンクリート製地中連続壁に比較し，強度だけを低く抑えた不透水の山留め壁といえる．泥水固化体の構築方法は原位置固化方式，置換固化方式などがある．また，壁掘削機・構造材（応力材）などの違いにより各種の工法がある．（図-1，2）

ていすいじき（低水敷） low water channel
河道において常時水が流れる低い部分のこと．
⇨高水敷

でいすいしょり（泥水処理） mud water treatment
地下連続壁工法・場所打ち杭工法・泥水シールド工法などでは，一般に掘削地盤の壁面を安定させる目的で各種の安定液を使用する．これらの安定液は最終的に廃棄処分する必要があるが，この廃液は，そのまま下水道や河川・海へ廃棄すると水質汚濁などの公害発生源となる．泥水処理とは，この廃液を清水と固形分とに分離処理することを総称していい，一般に化学的，あるいは機械的な分離方法が用いられている．

ていちかんりつエスシーピーこうほう（低置換率 SCP 工法） low-replacement-ratio sand compaction pile method
粘性土を対象としたサンドコンパクションパイル工法のうち，置換率（改良率）が 30％程度のもの．これまで港湾工事では，改良される地盤の 70％の体積にも相当する砂を圧入する高置換率 SCP 工法が広く用いられてきたが，工法の経済化や良質な砂の不足などを背景に低置換率 SCP 工法が研究・開発され，各地で適用されている．（図-3）

ていばんのあんてい（底盤の安定） footing stability, stability of spread foundation
直接基礎（底版）の安定をいう．一般には滑動，転倒および支持力に対し所定の限界状態を満足する場合に安定しているとする．

ていぶはかい（底部破壊） base failure
斜面のり尻よりも深いすべり面による斜面崩壊．軟弱粘性土上に盛土した場合に生じやすい．すべり面の生じる位置により斜面先破壊と斜面内破壊に分類して呼称する．（図-4）

ていもりど（低盛土） low embankment
盛土高さが 1～3 m 程度の低い盛土．盛土表面からの荷重が基礎地盤に伝達されやすく，基礎地盤が軟弱または不均質な場合は盛土表面にもその影響を受けることがある．道路盛土において特に基礎地盤が軟弱な場合，自動車などの交通荷重の基礎地盤への影響による変形や不同沈下による路面の損傷，構造物接続部の沈下による段差などを生じ

でいす～ていも

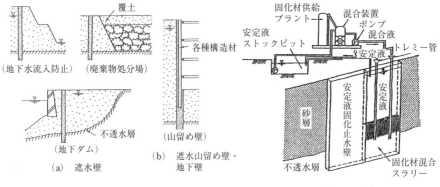

図-1　泥水固化壁の利用例

図-2　置換固化方式の例

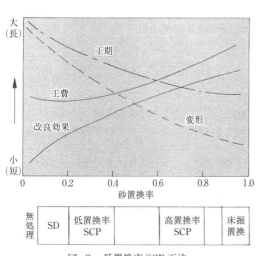

図-3　低置換率SCP工法

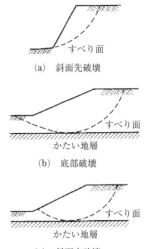

図-4　底部破壊：斜面破壊の種類

ることもあり，設計，施工にあたっては，基礎地盤の調査や対策など十分な検討が必要である．

テールアルメ　reinforced earth
　⇨帯鋼補強土壁

テストピット　test pit
　地盤内の地層の観察，サンプリング，載荷試験などを目的として掘った孔や溝．試掘ともいう．地盤が複雑で地層などを直接観察する必要がある場合，多くの試料を必要とする場合，原位置試験が必要な場合などに行う試掘の一つ．試掘にはこのほか，調査の目的や地盤状況によって，試掘横抗，テストトレンチがある．

てっきん（鉄筋）　reinforcement bar
　引張りに弱い特性を有するコンクリートを補強する目的でコンクリート中に埋め込む鋼材．表面が平滑な丸鋼と凸凹のある異形棒鋼とがあり，熱間圧延により作られたこれらの種類の鉄筋の規格がJIS G 3112に規定されている．（写真-1）

てっきんかご（鉄筋かご）　reinforcement cage
　地下連続壁や場所打ち杭の施工において，地盤を掘削した後，コンクリートを打設する前に孔内に挿入するかご状に組み立てられた鉄筋のこと．場所打ち杭には，円形断面を有する杭や長方形断面の杭があり，鉄筋かごの断面形状は杭断面形状に依存する．杭が長い場合には，鉄筋かごを深度方向に分割し，鉄筋かご同士を接続しながら孔内に挿入する．（図-1）

てっきんコンクリート（鉄筋コンクリート）　reinforced concrete
　鉄筋により補強され，外力に対してこれと一体となって抵抗するコンクリート．曲げにより生じる圧縮応力に対しては圧縮に強いコンクリートが，引張応力に対しては鉄筋が抵抗し，それぞれの材料の長所を有効に利用したものである．RCとも呼ばれる．

てっきんコンクリートせいきりばりこうほう（鉄筋コンクリート製切梁工法）　reinforced concrete shore strut
　山留め支保工の形式の一つである切梁方式に分類される支保工．鉄筋コンクリート製切梁は，剛性があり大きな軸力を負担することが可能で，切梁としての平面形状を自由に設定できることから複雑な掘削平面形状や大スパンにおいても適用できる．留意点としては，コンクリートの強度発現までに養生日数が必要なこと，転用できないので工費が比較的高価になることや解体撤去作業に手間がかかることなどがある．（写真-2）

てっきんひ（鉄筋比）　steel ratio, ratio of reinforcement
　鉄筋コンクリート部材の断面における，コンクリートの断面積に対する鉄筋の断面積の比．

てっこうスラグ（鉄鋼スラグ）　iron and steel slag
　銑鉄を産出する際に出る高炉スラグと鋼を産出する際に出る製鋼スラグとに分かれる．製鋼スラグはさらに，鋼産出過程の違いから転炉スラグと電炉スラグに分類される．製鋼スラグは，鉄を多く含むため，単に体積重量が重いという特徴を有する．製鋼スラグ

写真-1　鉄筋（異形棒鋼）

写真-2　鉄筋コンクリート製切梁工法

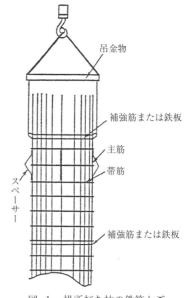

図-1　場所打ち杭の鉄筋かご

は，40％以上が土木工事全般に用いられており，ついで路盤材としての利用が多い．セメントの原料としてはほとんど用いられない．⇨高炉水砕スラグ

てっこつてっきんコンクリート（鉄骨鉄筋コンクリート） steel framed reinforced concrete

　鉄骨と鉄筋により補強され，外力に対してこれらと一体となって抵抗するコンクリート．鉄筋コンクリート部材に比べて部材の断面積を小さくすることができるため，鉄筋のみによる補強ではその配置が困難となる場合に用いられる．英語名の略称でSRCとも呼ばれる．

デニソンがたサンプラー（デニソン型サンプラー） denison double tube sampler

　二重管構造をした回転式のサンプラーでロータリ式二重管サンプラーのこと．デニソン型サンプラーはデニソン地区の密な地盤の試料を採取するためにH. L. Johnson（ジョンソン）によってアメリカで開発された．このサンプラーは内管のサンプリングチューブと外管のアウターチューブとからなっている．アウターチューブの先端にはメタルクラウンが付いており，送水しながらこのアウターチューブを回転することによって地盤の掘削がなされる．内管と外管とは独立しており，アウターチューブの回転が内管には伝達されない構造となっている．硬さが中位から固い地盤の粘性土を対象とする．内管には固定ピストン式シンウォールサンプリングで使用するサンプリングチューブが用いられる．（図-1）

てようせつ（手溶接） hand welding

　一般に，杭の現場円周溶接では，手溶接，半自動溶接，自動溶接の3種類の溶接方法が用いられる．手溶接は，溶接速度は遅いものの，段取り時間が少ない等のメリットがあり，小径管の溶接のように溶接量が少ない場合に使われる．

テルツァーギしき（テルツァーギ式） Terzaghi's equation

　均質な水平地盤上の浅い帯基礎の極限支持力度を求める式で，次式で表される．

$$q_f = c' N_c + p_0 N_q + \gamma_t B N_\gamma / 2$$

ここに，q_f：極限支持力度，c'：土の粘着力，p_0：上載荷重，γ_t：土の単位体積量B：基礎幅，N_q, N_c, N_γ：支持力係数．

でんきけんそう（電気検層） electrical logging, electrical stratum detection

　ボーリング孔を利用して地層の電気抵抗（比抵抗），自然電位などを測定する方法．地盤工学や地下資源開発の分野において，地層区分，帯水層，貯油層の検出，判定などを目的として用いられている．電気検層には測定方法，電極間隔などの違いによりノルマル検層（ノルマル配置）とマイクロ検層があり，後者は特に薄層の検出，地層境界の正確な把握および浸透性地層の判定などに用いられる．（図-2）

でんきしきコーンかんにゅうしけん（電気式コーン貫入試験） electric cone penetration test

　先端抵抗，周面摩擦および間隙水圧の3データを測定できるコーンを使用して行う静的コーン貫入試験．3データを測定することから三成分コーン貫入試験とも呼ばれてい

てつこ～でんき

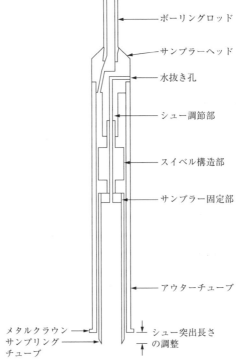

図-1　デニソン型サンプラー

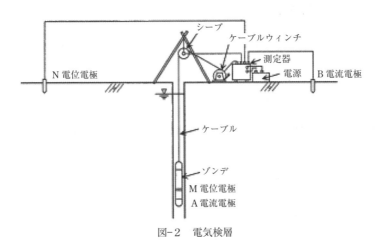

図-2　電気検層

る．コーンの形状は先端角度60°，断面積1,000mm^{2}である．コーンを連続的に地中に押し込むことによって，地層構成や土のせん断強さを知ることができる．一般に，先端抵抗や周面摩擦は粘性土地盤で小さく，砂質土地盤では大きく測定される．間隙水圧は粘性土地盤で大きく，砂質土地盤では静水圧程度あるいはコーン貫入時の正のダイレイタンシーによって静水圧よりも小さく測定されることがある．測定値の相互関係を利用して土質分類を判別したり，粘性土のせん断強さ，砂質土の相対密度，液状化抵抗の評価などが行われている．（図-1）

でんきたんさ（電気探査） electrical prospecting, electric detection

地盤の電気的性質の差異を利用して自然あるいは人工的に発生した信号より比抵抗，電位などを測定して地質を調査する方法．広義には電磁現象を利用する物理探査法全般をさし，直流電流による電場を扱う狭義の電気探査と交流電流による電磁場を扱う電磁探査に分けられる．電気探査は，地下水，温泉，地熱開発など地下水資源開発の分野，ダムやトンネルの基礎調査，地質の不均一な地すべり地の調査など土木の分野などで用いられている．（図-2）

でんきぼうしょく（ほう）（電気防食（法）） cathodic protection(method)

鋼材に対して外部より電流を供給することにより鋼材の電位を分極させ，不活性の状態もしくは不動態の状態に移行させて防食を行う方法．電気防食法にはカソード防食法とアノード防食法の2種類がある．アノード防食法は適用が特定の環境条件に限られるため，実用的でないことから，電気防食法といえばカソード防食法を指すのが一般的である．カソード防食法の原理は，対象とする鋼材に外部より電流を供給し，鋼材の電位を不活性領域まで分極させることにより防食を行うものである．電流の供給方法により，外部電源方式と流電陽極方式（犠牲陽極方式）の2種類に大別される．

てんじょうがわ（天井川） raiseed-bed river

上流からの土砂供給の多い河川において，土砂が河床に堆積する一方で，洪水を防止するために人工的に堤防を高くしたことによる競合の結果河床面が堤内地の地盤面より高い状態になった河川．このため，堤内地における内水の排水や堤防の安全性の問題が生じる．（写真-1）

てんとう（転倒） over-turning

構造物が倒れること．構造物の安定を判断する一つの基準であり，転倒に対する安定性は，転倒モーメントと抵抗モーメントの大小関係により評価することができる．基礎の設計では，一般に自重および外力の合力の基礎底面における作用位置で安定性が判断される．

てんねんダム（天然ダム） natural dam

地震，集中豪雨による河岸の崩壊・地すべりの土砂や火山噴火による噴出物などが河川をせき止め発生するダム．河道閉塞（かどうへいそく）とも表記する．天然ダムは，溜まった水の水圧や越流水により崩壊する可能性があり，下流部に土石流等の災害を及ぼす危険がある．対処工法としては，仮排水路や強制排水により天然ダム内の水位を下

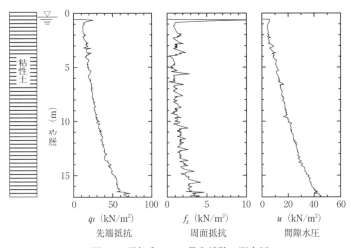

図-1 電気式コーン貫入試験の測定例

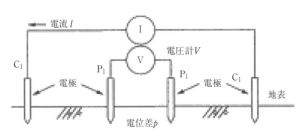

図-2 電気探査

写真-1 天井川(旧草津川)の下をくぐる東海道線

写真-2 天然ダム

げる方法があげられる．（P.245：写真-2）

〔と〕

どあつ（土圧） earth pressure
　一般には構造物に作用する土の圧力のこと．広い意味では地中の応力を土圧ということもある．これらを使い分ける場合は，前者を壁面土圧，後者を土中土圧という．また地下水位以下については，有効応力に関するものを有効土圧，間隙水圧を含むものを全土圧と呼んで区別する．構造物に作用する土圧は，地盤と構造物の変位の関係によって変化する．

どあつけいげんがたきょうだい（土圧軽減型橋台） abutment for reduced earth pressure
　背面からの土圧を軽減して経済化を図った橋台の総称．背面土圧の軽減方法としては，セメント安定処理土にて背面盛土を構築して土圧を軽減する方法，EPS，FCBなどの軽量盛土を用いる方法，背面盛土にジオテキスタイルによる補強土を用いる方法，これらの複合構造とする方法がある．（図-1）

どあつけいすう（土圧係数） coefficient of earth pressure
　水平方向の土圧（地中応力）を鉛直応力で除して無次元化した値．地盤の状態に応じて，主働土圧係数，受働土圧係数，静止土圧係数などがある．土圧係数が明らかであれば，地盤の鉛直応力に乗じることにより水平方向の土圧（応力）を求めることができる．

どうあつみつ（動圧密） dynamic consolidation
　動圧密工法は衝撃力によって地盤を締め固める地盤改良工法であって，移動式クレーン等の吊り上げ装置を用いて，重さ10〜20tのハンマーを10〜30mの高さから自由落下させ，地表面に巨大な衝撃力を繰り返し与えて地盤を圧密固結させるものである．施工に付随して事前および施工中における土質調査，打撃孔周辺の沈下や降起の観測，さらには間げき水圧等の観測を行いつつ打撃エネルギー，その他施工全般をコントロールして，より圧縮性が低く，強度の高い均質な地盤に改良することがこの工法の大きな特質となっている．
　この動圧密工法は砂地盤はもとより粘性土にも適用でき，他の地盤改良工法では施工困難とされるような都市廃棄物，あるいは岩砕等の地盤でも容易に適用可能である．改良可能な深さは，現在日本国内で入手しうるクレーンを使った場合で10〜15mであるが，容量の大きな特殊な吊り上げ装置を使えば深さ30〜40mまでの改良も可能であり，すでに欧米では実用化されている．（図-2）

とうかエヌち（等価N値） equivalent N-value
　有効上載圧が$65kN/m^2$のN値と等価となるように補正したN値．等価N値は$(N)_{65}$と表す．等価N値$(N)_{65}$は計測されたN値を計測地点の有効上載圧σ_v'を用いて，$(N)_{65} = \{N - 0.019 \times (\sigma_v' - 65)\}/\{0.0041 \times (\sigma_v' - 65) + 1.0\}$で補正して得られる．等価$N$値は港湾施設の地盤の液状化予測・判定で用いられている．有効上載圧$65kN/m^2$は，土

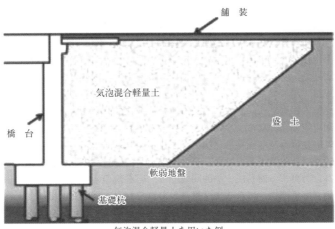

気泡混合軽量土を用いた例

図-1　土圧軽減型橋台

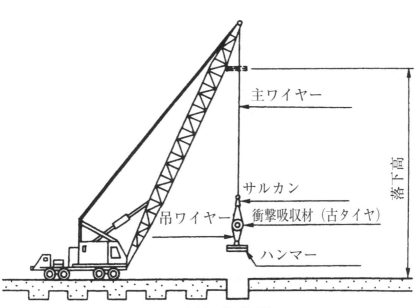

図-2　動圧密工法の概念図

の湿潤単位体積重量を18kN/m^2，水中単位体積重量を 9.8kN/m^2 とした場合，地下水位が G.L. − 2 m の地盤で地下水位面下 3 m での有効上載圧に相当する．(図−1)

とうかこゆうしゅうき（等価固有周期） equivalent natural period

せん断 1 次振動が卓越する水平多層地盤をこれと等価な 1 層系地盤として取り扱う場合の固有周期で，基本的には水平多層地盤の固有周期と同一とする．等価 1 層系地盤は，単位体積重量，ポアソン比および減衰定数などの物性は各層の厚さを重みとした平均値を用い，地盤の振動性状にかかわるせん断弾性波速度やせん断弾性係数を水平多層地盤の（等価固有周期）となるようにモデル化する．

とうかせんけいかほう（等価線形化法） equivalent linearization

非線形特性（非弾性復元力特性）をもつ構造系，部材および材料を線形モデルに置き換えて応答を計算する簡易法．静的問題では，応答値の応力とひずみの関係が非線形モデルと等価（等価剛性）になるよう繰返し計算を行う．動的問題では，応答値の周期およびエネルギーの逸散が非線形モデルと等価（等価剛性，等価減衰定数）になるよう繰返し計算を行う．

とうけつこうほう（凍結工法） freezing method

対象土層の土中水を冷媒を供給して凍結させることにより地盤の安定性，止水性を高める工法．土の種類に関係なく適用でき，大きな強度と止水効果が得られるが，凍結時の膨張あるいは融解時の収縮により，地表面が隆起あるいは沈下を起こすこともある．ブラインと呼ばれる−20〜−40℃に冷却した凍液を凍結管で循環させて地盤を凍結するブライン方式と，液体窒素などを直接凍結管に流し込み，気化熱を利用して地盤を凍結する低温液化ガス方式とがある．前者は大規模な凍結工事に，後者は小規模で短期間の工事に適している．(図−2)

とうけつしすう（凍結指数） freezing index

日平均気温の 0℃以下の値を日ごとに積算したものを積算寒度（℃・day）といい，一冬の間の積算寒度を総計したものが凍結指数である．日平均気温が連続してマイナスになる最初の日から，それが連続してプラスになる前日までの日平均気温を積算し℃-day で求める．寒冷地での寒さの度合いを定量的に示す値で凍結深さを予測するために用いられる重要な値である．同じ場所でもその年によって値は異なるため，凍上対策の検討を目的とする場合には，過去 10 年間の最大値などが用いられる．(図−3)

とうけつふかさ（凍結深さ） depth of frost penetration, freezing depth

寒冷地において地表面が冷却され，その地表面から土中の 0℃の等温面である凍結境界面までの深さ．土の凍結深さは地盤の土質，気温，地表面の温度，土の熱的性質，地下水の状況などにより影響される．凍結深さを求めるには，過去の経験による方法，実測調査による方法，気温などの気象情報を用いて求める方法などいくつかの方法がある．凍結深さを実測するにはメチレンブルー凍結深度計を用いるもの，調査孔によるものなどがある．

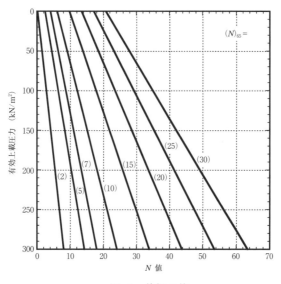

図-1 等価 N 値

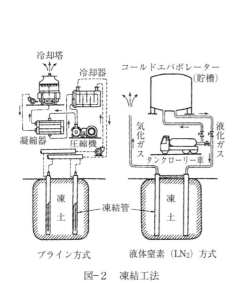

図-2 凍結工法

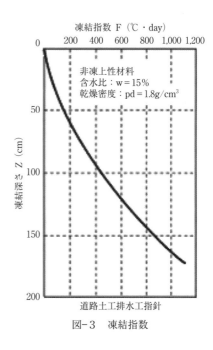

図-3 凍結指数

とうけつゆうかいしけん（凍結融解試験） freezing and thawing test
　岩や安定処理土などの地盤材料やコンクリートなどが凍結，融解の繰返し作用を受けたときの耐久性や劣化状態を調べるための試験．試験は供試体に急速な凍結と融解の繰返し作用を与え，地盤材料の場合には，その過程において供試体の質量減少，体積変化，含水比変化などから耐久性や劣化の程度を判断し，コンクリートの場合には，動弾性係数，質量減少率，耐久性指数などにより凍害に対する抵抗性や劣化の程度を判断する．

どうざい（導材） guide
　鋼管矢板基礎の施工において，鋼管矢板を井筒状に閉合する際に，鋼管矢板を高い打込み精度を確保するために設置する導杭，導枠等で構成された定規材である．（図-1）

とうじょう（凍上） frost heave
　土が凍結する過程で，土中に発生した氷晶が成長することにより土の体積が膨張する現象．凍上は，地盤の土質が凍上を起こしやすいものである，水分の供給がある，土中の温度低下と温度勾配が凍上の発達に適している場合で，これらの条件が同時に満たされる場合に発生する．凍上現象により地盤の地表面が隆起し，またその隆起も一様ではなく，地表面の構造物，道路の路面，水道管やガス管など地下埋設物などに被害が発生する．（写真-1）

どうしょう（道床） trackbed
　まくら木と路盤の間に用いられる砂利，砕石等の粒状体により構成された軌道構造の部分．まくら木の均一な支持，列車荷重を路盤に分散させる，保守作業が容易などの機能・特徴がある．

とうじょうしけん（凍上試験） frost heaving test
　土の凍上性を判定するための試験．室内において土を一次元的にかつ自由に吸水できるようにして凍結させ，凍上率，凍上速度，供試体の凍結様式などより土の凍上性を判定する試験である．凍上率とは，凍上によって生じる供試体の鉛直高さの増加量（凍上量）に対する水浸膨張後の供試体の高さの比を百分率で表した値であり，凍上速度とは，単位時間当たりの凍上量をいう．また，凍結様式とは，供試体の凍結状態を表すものである．

とうじょうよくせいそう（凍上抑制層） antifrost layer, frost blanket
　路床の所定の厚さを非凍上性材料に置き換える置換工法でその置き換える層．凍上抑制層の材料には，凍上を起こしにくい材料を選定するとともに路床の品質を満足する材料が用いられる．凍上抑制層の厚さは，凍結深さを推定し，置換率を乗じることより算出される置換厚さから求められる．（図-2）

どうすいあつ（動水圧） hydrodynamic pressure, dynamic water pressure
　水に動きがある場合における水圧．ベルヌーイの定理に関連した流速のある水（非圧縮性流体）の速度圧をいう場合と，地震時において水の圧縮性により壁体に作用する動的な水圧をいう場合がある．後者について算定する式として，ウェスターガードの式などがある．

とうけ～どうす

写真-1　凍上被害の例

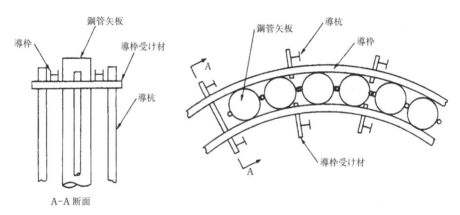

A-A断面

図-1　導材各部の名称

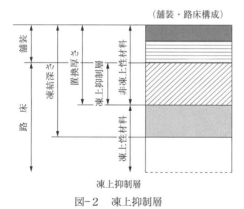

図-2　凍上抑制層

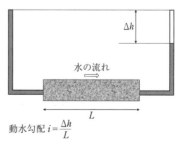

動水勾配 $i=\dfrac{\Delta h}{L}$

図-3　動水勾配

とうすいけいすう（透水係数） coefficient of permeability
　　ダルシーの法則における比例定数．浸透流に関する次式における比例定数 k をいう．
　　　　$v = q/A = ki$
　ここに，v：浸透流速，q：単位時間当たりの浸透水量，A：浸透断面積，i：動水勾配，k：単位動水勾配のもとで流れに直角な単位断面を単位時間に移動する水量を表す．透水係数は，多孔媒体内の流体の平均的な流れの状態を表し，その種類，性質などによりある範囲の値を示す．土の透水性を表し，透水試験により求められる．⇨ダルシーの法則

どうすいこうばい（動水勾配） hydraulic gradient
　　土の中を流れる水の層流の流速（v）はダルシーの法則に基づいて $v = k \cdot i$ で求められる．ここで i は動水こう配または動水傾度と呼ばれるものである．動水こう配は地下水位または水頭の傾きであり，これが大きいほど土中の水の流速は速くなる．（P.251 図-3）⇨ダルシーの法則

とうすいしけん（透水試験） permeability test
　　土の透水係数やコンクリートの内部の透水性を求めるための試験．前者には，室内透水試験と現場透水試験があり，室内透水試験には試験時の水頭の状態により定水位透水試験と変水位透水試験に区分される．現場透水試験には揚水試験や単孔式透水試験などがある．また，後者には，圧力水を供試体に加えてその浸透流量を測定して透水性を求める外圧方式と，供試体内に水を圧入してその浸透深さなどから透水性を求める内圧方式がある．（図-1）

とうすいそう（透水層） permeable layer
　　礫，砂層等からなる地下水を通しやすい土層．礫，砂層中の水は流動性が良い．地下水を通しにくい層を不透水層という．粘土層や亀裂の少ない密な岩盤がそれにあたり，地下水の流動性が悪い．透水層は帯水層ともいい，帯水層中に自由水面があるものを不圧帯水層といい，帯水層が不透水層に覆われ，帯水層内の地下水の圧力水頭が帯水層の上端より高いとき被圧帯水層という．

どうてきかいせき（動的解析） dynamic response analysis
　　地盤や構造物などの振動系の動的外力に対する応答を算定するための解析の総称．振動系をその固有周期特性や減衰特性を考慮して数学モデルに置換し，地震動などの動的な外力が作用したときの力のつり合いを解くことにより，動的応答が得られる．その解法には，周波数応答関数に基づく方法と，逐次数値時間積分による方法とがある．（図-2）

どうてきかいせきほう（動的解析法） dynamic response analysis method
　　⇨動的解析

どうてきしじりょく（動的支持力） dynamic bearing capacity
　　杭の打込み時に，杭が地盤に挿入する際の地盤の動的抵抗．動的支持力には地盤の静的抵抗成分と動的抵抗成分が含まれる．

どうてきしじりょくしき（動的支持力式） dynamic bearing capacity formula
　　杭の打込み時に測定した1打撃当たりの貫入量，リバウンド量，杭体応力，加速度な

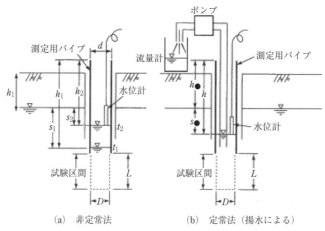

(a) 非定常法　　　(b) 定常法（揚水による）

図-1　透水試験

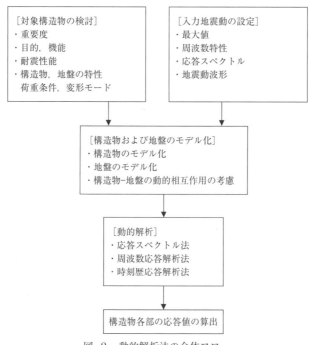

図-2　動的解析法の全体フロー

どの動的貫入性状から，経験的にあるいは動力学理論によって支持力を求める支持力算定式．古くは杭打ち時の最終貫入量と載荷試験による極限支持力を関係付けた経験則的な動的支持力式が提案され，その後，ハンマー衝突等の打撃エネルギーの損失を考慮した打撃エネルギーと地盤抵抗の消費した仕事量の平衡方程式から導いた動的支持力式が数多く提案されている．（図-1）

どうてきせんだんきょうどひ（動的せん断強度比）　dynamic shear strength ratio

　動的せん断強度比は，一般に繰返し三軸強度比のことをいう．ただし，液状化の発生やその程度は，地震動の大きさだけでなく繰返し特性にも強く支配される．すなわち，同一の最大加速度を有する地震動の場合でも，地震動波形に最大振幅に近い大きな振幅の波が多く含まれている振動型波形の方が，最大振幅が衝撃的に発生する衝撃型波形の場合よりも地盤の液状化が発生しやすい．このため，近年最新の研究成果より，繰返し三軸強度比を地震動の繰返し特性を考慮して動的せん断強度比とする場合が多い．例えば道路橋示方書では，式に示すように，繰返し三軸強度比に地震動の繰返し特性を考慮した補正係数（c_W）を乗じて動的せん断強度比としている．

$$R = c_W \cdot R_L$$

ここに，R：動的せん断強度比，R_L：繰返し三軸強度比，c_W：地震動の繰返し特性を考慮した補正係数

タイプIIの地震動の場合のc_Wは以下の式のようにして求められる．

$$c_W = \begin{cases} 1.0 & (R_L \leq 0.1) \\ 3.3R_L + 0.67 & (0.1 \leq R_L \leq 0.4) \\ 2.0 & (0.4 \leq R_L) \end{cases}$$

　ここでの補正係数（c_W）は，既往の8地震動で得られた合計130の強震記録および広範囲の相対密度を有するように調整した豊浦砂の液状化強度曲線（動的せん断強度比と繰返し回数の関係）を用いて，累積損傷度法による分析を行い，動的せん断強度比を推定するための繰返し三軸強度比に対する地震波の不規則性を補正するための係数を設定したものである．この結果を図-1に示すが，タイプIIの地震動では，土の液状化強度が大きいほど補正係数（c_W）の値が大きくなっており，これは繰返し三軸強度比が大きな土ほど，衝撃型の地震動に対して液状化に対するねばりがあることを意味している．（図-2）

どうてきていこう（動的抵抗）　dynamic resistance

　地震荷重や交通荷重等の動的な荷重が構造物に作用した場合の，地盤や部材の抵抗のこと．

ドーナツオーガこうほう（ドーナツオーガ工法）　doughnut auger method

　回転する向きが互いに異なるケーシングとその中のスクリューにより地盤を掘進する掘削機械を用いたロックオーガ工法の一つ．外側のケーシングと内側のスクリューの回転方向が逆であるため，掘削時の反動トルクを互いに打ち消しあい，鉛直精度の高い削孔が可能である．（P.257：図-1）

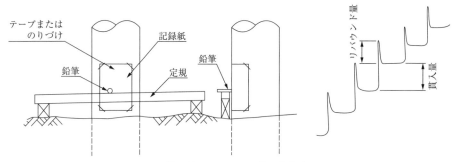

図-1 貫入量,リバウンド量測定方法の例

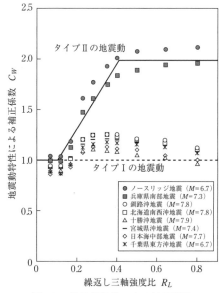

図-2 地震動特性による補正係数

どかぶり（土かぶり）　overburden
　⇨土かぶり圧

どかぶりあつ（土かぶり圧）　overburden pressure
　地盤内のある点において地盤面までの土の全重量によって生じる鉛直応力である．全応力を用いる場合もあるが，通常は有効応力で考えることが多く有効土かぶり圧と同義で用いられることもある．土かぶり圧は壁面土圧の計算，圧密沈下計算などの地盤解析で用いられる基本的な応力である．なお，地盤内のある点から地盤面までの高さを土かぶりという．（図-2）

とくしゅじばん（特殊地盤）　special ground
　特殊地盤とは，軟弱地盤のような地震時の地盤変位の影響を考慮した設計を行うことが必要な設計上区分された地盤の総称をいう．このような地盤では，慣性力の影響のみを考慮した設計のほか，地盤変位および慣性力の影響を考慮した設計が成される．⇨普通地盤

とくしゅど（特殊土）　unusual soil, problem soil
　砂，粘土を主な対象とする在来の地盤工学の手法だけでは適切な設計，施工が困難な土をいい，外国でいう普通でない土，あるいは問題土のことである．地盤工学の分野では，特殊土には，正統の学術名だけでなく，地名，色名，形態名など種々様々の俗称も用いられており，日本の特殊土としては，しらす，ぼら，こら，赤ほや，黒ぼくなどがある．

とくせいちょうさしけん（特性調査試験）　characteristics test
　杭の鉛直載荷試験は，試験の目的によって特性調査試験と確認試験の2種類に分けられる．前者は，杭の施工法開発のための調査や杭の実施設計に先立って行われる現地での基礎的調査など，鉛直支持力特性に関する資料を得ることを主目的とする．後者は，実際に設計された本杭が設計支持力を満足しているかどうか確認することや，設計において変位量の制限値がある場合にはそれを検証することを主目的とする．

どくりつフーチングきそ（独立フーチング基礎）　independent footing foundation
　単一の柱からの荷重を単独で支持するフーチング基礎であり，独立基礎あるいは独立フーチングとも呼ぶ．地盤条件が良好な場合に用いられる．（図-3）⇨連続フーチング基礎

どこうぞうぶつ（土構造物）　earth structure
　道路，鉄道，ダム，堤防，空港，宅地などの施設に必要な空間を得るために造成した切土や盛土などで，土砂や岩石などの地盤材料を主材料として構成される構造物の総称．切土，盛土に付帯した法面，排水，擁壁，土留め壁，補強土なども土構造物の一種である．「つちこうぞうぶつ」と呼ぶこともある．一般に土構造物は不均一な材料を取り扱い，気象など自然の影響を受けやすく，コンクリート構造物など他の構造物に比べ設計や施工が難しい．

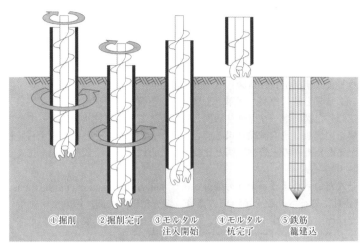

図-1　ドーナツオーガ工法（場所打ち杭施工の場合）

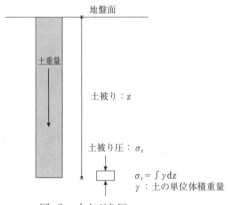

図-2　土かぶり圧

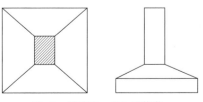

図-3　独立フーチング基礎

とこづけ(床付け) bedding
　所定の深さまで掘削後，その面を構造物構築の基盤面とするため，砂利の敷込みやならしコンクリートの打設ができる状態にすることをいう．掘削し過ぎて，基礎の底盤を乱したり，緩んだ土をそのままにしないことが重要である．（写真-1）

どしつちゅうじょうず(土質柱状図) soil boring log
　ボーリング結果を基に標高，層厚，土層区分，色調，試料採取位置や標準貫入試験結果などを記録した図．ボーリング柱状図ともいう．この土質柱状図によってその位置の土質の概要を把握し，室内試験結果と照合することによってその位置の土質特性を明らかにする．また，近傍の土質柱状図と比較することによって土質断面図を描くことができる．（図-1）

どじょうおせんたいさくほう(土壌汚染対策法) soil contamination countermeasures act
　2003年2月に施行された土壌汚染の調査，調査結果の公開，汚染土壌対策の基本方針を決めた法律．この法律が対象とする汚染リスクは，汚染土壌を直接摂取することによるリスクと汚染地下水を摂取することによるリスクである．このため，土壌汚染が存在しているだけでは対策の必要はなく，汚染が人体に影響を及ぼす可能性が出てきたときにはじめて対策をとる必要が出てくるというものである．

どじょうかんきょうきじゅん(土壌環境基準) environmental quality standards for soil
　環境保全のために定めた土壌の化学物質による汚染の程度の目標値を示したもの．環境基準としては，土壌のほかに，大気，水質，騒音についても定められている．土壌環境基準では，重金属，揮発性有機化合物，農薬など27項目について規定されている．なお，このほか，ダイオキシン類による汚染の基準，油による土壌汚染に対する対策のガイドラインも示されている．

どじょうこうど(土壌硬度) hardness of soil
　土の硬さを表す指標．植物の根が土中に侵入する限界や植物の生育などの検討，植生工の選定などのために用いられる．土壌硬度，三相（固相，液相，気相）組成，保水力，透水性などの土の物理的性質は，植生に大きく影響するため，植生工の選定にあたってはこれらを十分に調査する必要がある．土壌硬度は，平坦に削った土壌の表面に一定規格のコーンを押し付けたときの指標硬度目盛り"mm"を読み取る土壌硬度計により測定される．（図-2）

ど・すいあついったい(土・水圧一体) total stress analysis
　土留め（山留め）構造物を設計する際，土圧と水圧を一緒に考えた側圧を定義し，土留め壁の断面力や変形計算を行う手法．この手法は土圧と水圧を一体として考えた全応力による計算手法で，側圧は土の湿潤単位体積重量 γ_t に掘削深さ H と側圧係数 K を掛けて得られる．土木学会のトンネル標準示方書や建築学会の山留め設計施工指針では側圧によって土留め壁の計算を行う．（図-3）

ど・すいあつぶんり(土・水圧分離) effective stress analysis
　土留め（山留め）構造物を設計する際，土圧と水圧を別々に考え，土留め壁の断面力

とこづ〜ど・す

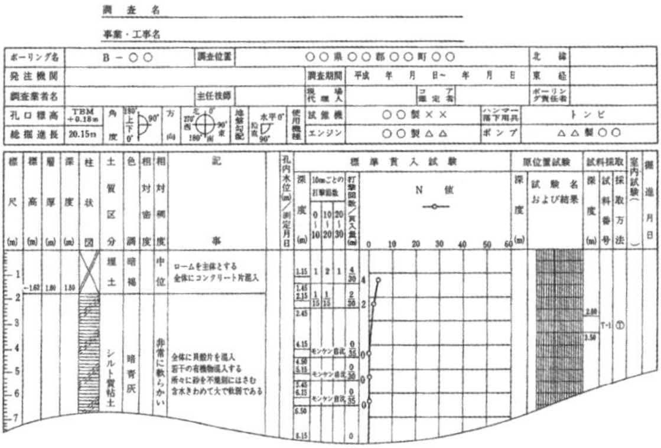

図-1　土質柱状図

写真-1　底付

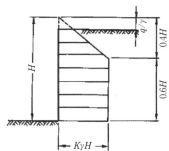

地盤種別	K
砂	0.2〜0.3
硬い粘土 ($N>4$)	0.2〜0.4
軟らかい粘土 ($N\leq 4$)	0.4〜0.5

図-3　土・水圧一体型の土圧の考え方

図-2　土壌硬度計：山中式土壌硬度計の例

ここに，
K：見掛けの側圧係数* (右表)
γ：土の単位体積重量 (kN/m³){tf/m³}
　　　粘性土 $\gamma = 16$kN/m³{1.6tf/m³}，砂質土 $\gamma = 17$kN/m³{1.7tf/m³}
H：換算掘削深さ (m)
q：上載荷重 (kN/m²){tf/m²}
* 原典では見掛けの土圧係数となっている．

や変形計算を行う手法．土留め壁の受ける圧力を土圧と水圧に分けて計算を行う．ここでいう土圧は全応力から水圧を引いた有効応力に関する土圧である．日本道路協会の共同溝設計指針に示されている大規模山留めの設計では，土圧と水圧を分離したランキン・レザール式を用いている．(図-1)

どすてば（土捨場）soil disposal area

建設工事において掘削，浚渫などによって発生した残土を工事区域外に運搬し盛土を行う場所．最近では，工区外盛土場などとも呼ぶ．道路事業などでは，発生土をできるだけ事業地内で処理するよう計画されるが，やむを得ず残土が発生する場合に計画される．また，土捨場における盛土中，完了後の防災，環境保全が重要であり，特に降雨時の濁水の流出やのり面の崩壊に注意するとともに，のり面などの緑化も計画時より考慮する必要がある．

どせきず（土積図）mass curve

道路などの設計縦，横断図から土量を求め，土量変化率を用いてその土量を補正して工事に必要な土工量を算出し，切土部分をプラス，盛土部分をマイナスとして，縦断方向の測点ごとに累加土量を示した図．土積曲線ともいう．土工事において，一般に切り取った土は盛土に流用され，余った土は工事区域外の盛土場（土捨場）へ搬出されるが，その搬土計画や土量配分，土工機械の運用計画などに利用される．(図-2)

どせきりゅう（土石流）debris flow

水，土砂，礫，巨礫，転石などが混合して一体となって渓流などある傾斜角を有する斜面を急速に流下する現象．土石流は一般に豪雨により急な河床勾配を有する山地の小河川で発生しやすく，流下速度も5〜20m/s程度と急速であり，下流の集落などを埋没させる災害を起こすことがある．土石流が発生するには，渓流の勾配（15°程度以上），土石流となり得る土砂などの堆積物の存在および堆積状況，多量の水の存在などの条件が影響する．(写真-1)

どせきりゅうたいさくこう（土石流対策工）countermeasure works against debris flow

土石流による氾濫，堆積による被害を防止，軽減するための工法．渓流の上流において発生を抑制するための山腹工などの土石流発生抑制工，渓流の中流・下流において発達を防止するための砂防ダム，遊水地などの土石流流下抑制工，渓流の下流において河道外への氾濫を抑制するための導流堤，流路工などの土石流氾濫抑制工がある．これらはハード的な対策であり，警戒，避難体制の整備，土地利用の規制などソフト的な対策も必要である．(図-3)

どせきりゅうたいせきちけい（土石流堆積地形）debris flow deposit topography

土石流が谷などの中やその出口で堆積した土石流堆積物で形成された地形．土石流堆積物は，大小の土砂，礫，巨礫，転石および木の幹，枝などが無秩序に混在して堆積したもので，粒径の比較的そろった砂礫が流水によって流掃され層を成して堆積する掃流砂の堆積物と対比される．

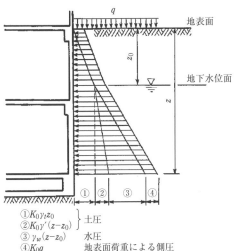

① $K_0 \gamma_t z_0$ ⎫
② $K_0 \gamma'(z-z_0)$ ⎬ 土圧
③ $\gamma_w (z-z_0)$ 水圧
④ $K_0 q$ 　地表面荷重による側圧

写真-1　土石流

土・水圧分離　図に示すように土圧成分と水圧成分に分けて壁に作用する土圧を推定する．土圧係数は土圧にだけかける．

図-1　土・水圧分離型土圧の算定法

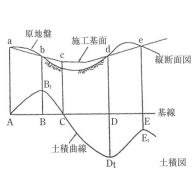

図-2　土積図：縦断面図と土積図の一例

図-3　土石流対策工

どたん（土丹） mudstone, hardpan

新第三紀のシルト岩や泥岩，ときには洪積世の非常に硬く締まったシルト，粘土をいい，土丹はその俗称．一般には，淡～暗青灰色を呈し，標準貫入試験によるN値は50～120程度の間にあり十分な強度をもつが，土と岩の中間的な挙動を示すため軟岩に分類されることが多い．

トップリング toppling

転倒崩壊．岩盤斜面における大規模な岩体の崩壊現象を岩盤崩壊といい，その発生形態のひとつがトップリングである．板状や柱状節理の発達した受け盤の岩盤斜面や割れ目の発達した岩盤斜面が，重力の作用によりクリープ変形を生じ，全体的に回転を伴って前方へ転倒する現象をたわみトップリングという．また，同様に柱状あるいは板状岩盤斜面が，ブロック状となって崩壊する現象をブロックトップリングという．（図-1）

どどめ（土留め） earth retaining

⇨山留め

どどめへき（土留め壁） earth retaining wall

⇨山留め壁

どとりば（土取場） borrow pit

建設工事において，盛土などのための土が不足する場合，その土を採取する場所．また，砂や砕石など市販を目的としてそれらを常時採取する砕石場も土取場と呼ぶこともある．土取場の位置は盛土からできるだけ近く，積載時に平坦もしくは下り勾配となるような場所が好ましい．最近では土取り後の土地利用を前提として，その位置や規模が決められる場合もある．土取場の設計，施工にあたっては，防災，環境保全にかかわる検討も重要である．

どのう（土のう） sandbag

袋の中に土砂を詰めて用いる資材．袋の材質は，ポリエチレン製が一般的である．現地で，土砂を詰め袋を縛り積み上げることで，水や土砂の移動を妨げることができることから水害時の応急対策や土木工事全般に用いられる．爆発物を処理する際の遮蔽物などにも用いられる．（写真-1）

どは（土羽） embankment slope

盛土法面の浸食防止，植生などを目的として粘性土，礫混じり粘性土などにより厚さ20～50cm程度の被覆土で仕上げた法面の表層部分．当初は，盛土法面保護工の一つである筋芝工を土羽といったようである．盛土の法面を土羽板で締め固めていたことから，人力による法面の締固めを土羽付け，土羽打ち，土羽踏み，土羽構えなどというが，機械化土工の発展により，現在では小型締固め機械などにより施工される．（写真-2）

どはつち（土羽土） soil blanket on embankment slope

盛土法面の保護，植生などを目的として法面の表層部分を被覆するために用いられる土．「どはど」ともいう．盛土に使用する材料が強酸性土，強アルカリ性土，植物の生育に支障となる成分を含む土など植生に適さない場合，または雨水に洗掘されやすい土

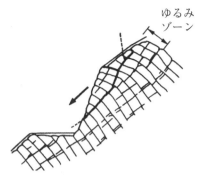

図-1　トップリング破壊の例

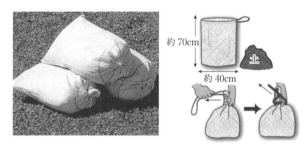

写真-1　土のう

写真-2　土羽：土羽打ちの例

である場合などに土羽として用いられる．土羽土には主に粘性土が用いられるが，現場で発生する表土や耕土などを有効に利用することが自然復元などの点からも大切である．

トフトこうほう（TOFT工法）　TOFT method

液状化が予想される軟弱地盤上に建築・土木構造物が建設される場合，深層混合処理工法を用いて構造物直下の液状化層を液状化層下部地盤まで格子状に地盤改良し，液状化を防止する工法．適切な格子間隔で囲うことにより，地震時の液状化層の変形が抑止されて液状化を防止できる．格子間隔は改良する地盤の土質性状，設計上想定する地震力の大きさで決まる．（図-1，写真-1）

どまコンクリート（土間コンクリート）　ground slab, concrete on earth floor

屋内の1階に梁，柱に荷重を伝達させる構造床を張らず，地盤に直接，コンクリートを打設したもので，自重や積載荷重は地盤に直接伝達されるように設計する．主に，工場や倉庫の1階に広く用いられている床工法．土間コンクリートは，施工後に沈下やひび割れが生じることもあるので，建屋の要求性能，荷重条件や地盤条件について十分な調査，検討を行う必要がある．（写真-2）

トラフィカビリティ　trafficability

ブルドーザやダンプトラックなどの建設機械の走行性や作業性の良否を示す地表面の能力．通常は軟弱な地盤上での走行性や作業性の判定に使用される．これに関連する地盤の要因にはせん断抵抗と繰返し走行による強度低下，表層面でのすべり性や粘つき性などがあり，車両の接地圧など車両自身の特性も関係する．判定法にはWES型のコーンペネトロメータを用いる方法があり，現場コーン指数によって判定される．

どりゅうしみつど（土粒子密度）　density of soil particles

土を構成する個々の土粒子の平均密度．土粒子密度は試料の土粒子の質量 m_s と土粒子の体積 V_s の比で表される．土粒子密度は土粒子の密度試験（JIS A 1202）から求められる．土粒子の体積は主にピクノメータを用いて測定する．土粒子密度は粒度試験，飽和度や間隙比等の計算に使われる．

どりょうかんざんけいすう（土量換算係数）　bulk conversion coefficient of soil

建設機械の運転1時間当たり作業量を算出するための係数．運転1時間当たり作業量は，実作業時間，移動時間や作業待ち時間などを含めた運転時間に対して次式で表される．

$$Q = 60 \cdot q \cdot f \cdot E/T$$

ここで，Q：運転1時間当たり作業量，q：1作業サイクル当たり標準作業量，f：土量換算係数，E：作業効率，T：1作業当たりサイクルタイム（分）である．土量換算係数は，土の状態により土量変化率を用いて算出される．

どりょうへんかりつ（土量変化率）　bulk change ratio of soil

地山の土の体積に対する，ほぐした土の体積および締固め後の土の体積の比．土は地山の状態，ほぐした状態，締め固めた状態では，それぞれ単位体積の重量が異なる．土量変化率は，このおのおのの状態の変化の割合を，地山の土量を基準としてほぐした土

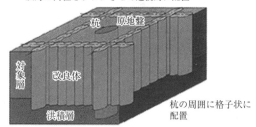

図-1 TOFT工法(格子状地盤改良)工法概要図

写真-1 TOFT工法

写真-2 土間コンクリート

量，締固めた土量の体積比率を次式で表したものである．土工計画における土量配分などに不可欠である．ここに，

　　　ほぐした土の土量変化率：ほぐした土の体積／地山の土の体積，
　　　締固め後の土量変化率：締固め後の土の体積／地山の土の体積．

ドレーンこうほう（ドレーン工法）　drain method

　地盤改良工法の一種で，主に透水性の悪い飽和した粘性土地盤においてその地盤内に排水路を形成する工法．排水路の形成により排水距離を短くすることにより排水を促進し，圧密時間を短くする工法で，排水路の設置方法により，水平ドレーン工法，バーチカルドレーン工法に分類される．また，排水材の種類により，サンドドレーン工法，PVD工法，グラベルドレーン工法などに分類される．ドレーン材には，砂，礫，人工材料など排水性の良い材料が用いられる．（図-1，写真-1）⇨水平ドレーン工法，バーチカルドレーン工法，グラベルドレーン工法

トレミーかん（トレミー管）　tremie pipe

　場所打ちコンクリート杭の施工において，水中あるいは泥水中でコンクリートを打設する場合に，コンクリートが水あるいは泥水と混合することなく，掘削した孔内にコンクリートを流し込むために用いるパイプ．（図-2）

トレンチカットこうほう（トレンチカット工法）　trench cut method

　溝掘り工法の総称．例えば土留め掘削において，支保工位置を溝掘りして矢板の変位を小さく抑える場合や，帯状フーチングを構築する際にトレンチカットにより掘削土量を減らす場合などに用いられる．

ドロップハンマー　drop hammer

　モンケンと呼ばれる重錘をワイヤロープで巻き上げ，自由落下させることにより杭や矢板などを打ち込む装置．ドロップハンマーは構造が簡単で，巻上げ高さの調節により落下エネルギーを調節することが可能であり，狭い場所での施工も可能である．一方で，打込み能率が悪く，大口径の杭や長尺杭には適していない．

〔な〕

ないぶど（内部土）　internal soil
　① 安定計算や断面計算を行う際に，構造物内部の土のことを指していう．
　② 鋼管杭を打設した際の内部の土を指していう
　③ 中掘り杭やケーソン基礎を設置する際の掘削する基礎内部の土を指していう

ないぶまさつかく（内部摩擦角）　internal friction angle

　せん断抵抗角と同義である．最近では，せん断抵抗角という用語の方が使われることが多い．⇨せん断抵抗角

なかうちたんどくくい（中打ち単独杭）　inner-driven single steel pipe pile

　鋼管矢板基礎において，荷重規模が大きい場合に，基礎内部に配置する鋼管杭をいう．鉛直支持力を増すため，頂版が過大に厚くならないように，また頂版支持地盤が軟弱で

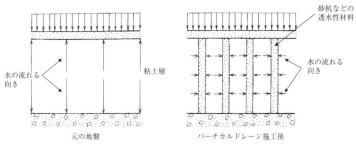

図-1　ドレーン工法の原理

写真-1　プラスティックボードドレーン

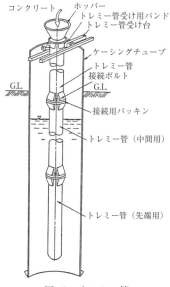

図-2　トレミー管

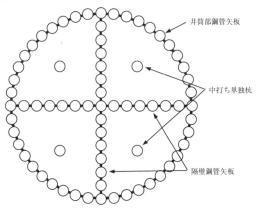

図-3　鋼管矢板基礎各部の名称

頂版コンクリートの打込み時の支持力が不足する場合などに設ける．(P.267：図-3)

なかぐい（中杭） middle pile
　既製杭の長さは製作や運搬などの制約から1本の長さが決まっているため，支持層が深く施工する杭長が長い場合は継ぎ杭を用いる．2本以上の既製杭をつなぐ場合に構成される杭体の最下部と最上部を除く杭を中杭という．⇨上杭，下杭

なかばしら（中柱） center column
　⇨開削トンネル

なかぼりかくだいねがためこうほう（中掘り拡大根固め工法） enlarged-and-solidified-root center bored piling method
　中掘り根固め工法の一つ．杭の中空部に挿入したオーガによって所定の深さまで掘削しながら杭を沈設し，支持層に到達したのち，拡大ビットやジェットノズルにより杭先端部を拡大してセメントミルクで根固め球根を築造する工法．支持層は直接確認できないので，オーガ電流の積算値で管理する方法等が採られている．(図-1)

なかぼりぐいこうほう（中掘り杭工法）center bored piling method
　先端開放型の既製杭の中空部にオーガを挿入して回転させ，杭先端付近の地盤を掘削しながら杭体を沈設する施工方法．最終工程においてハンマーで打ち止める最終打撃方式，根固め液を注入，撹拌して支持力を発現させるセメントミルク噴出撹拌方式，及び先端地盤が岩盤等の場合に用いられるコンクリート打設方式がある．道路橋示方書では，最初の2方式で施工できない場合にのみコンクリート打設方式を適用するとしている．(図-2，3)⇨中掘り拡大根固め工法

ながればん（流れ盤） dip slope
　斜面の傾斜方向と同方向に傾斜する層理や節理を有する岩盤または岩盤斜面．このような層理や節理を流れ盤と呼ばれており，崩壊やすべりを生じやすい．狭義には，層理面や節理面の傾斜に対して，斜面の傾斜が急な場合をいう．流れ盤ののり面を切土する場合には，切土勾配を層理面や節理面の傾斜より緩くするのも，のり面の安定を図る一つの方法である．受盤の対語．(p.271：図-1)

ななめひっぱりてっきん（斜引張鉄筋） diagonal tension rebar
　コンクリート部材において，斜引張応力に対する補強のために配置する鉄筋．斜引張応力とは，曲げ応力とせん断応力とが合成して部材軸に斜めに生じる引張応力であり，曲げモーメントに対して補強を行うのと同様に斜引張応力に対しても補強を行い，所要の安全度を確保させる必要がある．斜引張鉄筋には，スターラップと折曲げ鉄筋とが使用される．

ならしコンクリート leveling concrete
　地盤上に構造物を構築する際に，起伏のある地表面を平らにならすために打設する貧配合のコンクリート．

なんがん（軟岩） soft rock
　土と硬岩の中間的な固さをもつ岩で，リッパ工法により掘削できる程度の岩．土工の

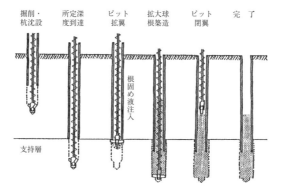

中掘り拡大根固め工法の施工順序の例
図-1　中掘り拡大根固め工法

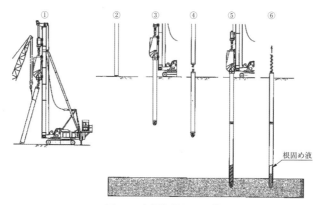

図-2　中掘り根固め工法

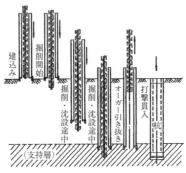

図-3　中掘り（最終）打撃工法

分野での岩質の分類で，施工性を主に分類したものである．硬岩と軟岩に分類され，風化や亀裂の程度によりさらに細かく分類される場合がある．弾性波速度が 2 km/s 程度以下の場合が多い．

なんじゃくじばん（軟弱地盤） soft ground
　構造物の基礎地盤として十分な地耐力を有していない地盤のこと．厳密には，軟弱地盤であるかどうかは地盤の特性と作用する荷重との相対的な関係によって決まる．しかし，N 値や一軸圧縮強さを基準に判定することが多い．N 値 2 以下，一軸圧縮強さ 25kPa 以下の粘性土地盤は特に軟らかく，東アジアや東南アジア諸国の沿岸部に特徴的に見られる．わが国の場合，東京湾，伊勢湾，大阪湾はいずれも軟弱な粘土地盤が厚く堆積しており，東京，名古屋，大阪等の近郊の都市では，地盤改良を施さなければ土地として利用できない場合がほとんどである．

なんじゃくじばんたいさく（軟弱地盤対策） countermeasure for soft ground
　軟弱地盤の支持力増加，有害な沈下の抑制，液状化の防止，耐久性の維持・増進等を目的とする対策の総称である．対策には，圧密排水や締固めによる密度増大を図る方法，固結剤の注入等により軟弱土の工学的性質を改良する方法，敷設材で補強する方法，軟弱土を良質土等で置換する方法，地盤処理は行わずに外力条件を制御する方法等がある．液状化対策工法を除く主な軟弱地盤対策工法は図-2に示すものがあり，対策の目的等に応じて単独または組合せて採用される．（図-2）

〔に〕

にくさびほう（2 くさび｜楔｜法）
　⇨ 2 ウエッジ法

にじあつみつ（2 次圧密） secondary consolidation
　圧密曲線の沈下量のうち，微小ひずみ圧密理論に基づく熱伝導型圧密方程式の解に従う圧密度 100% までの部分を 1 次圧密というが，それ以降に生じる沈下のこと．1 次圧密の終了までに過剰間隙水圧は消散しているので，2 次圧密は，有効応力一定の下で時間とともに変形が進行するクリープ現象と解釈することもできる．2 次圧密では，間隙比の変化が時間の対数にほぼ比例することから，2 次圧密の速度を表す係数として 2 次圧密係数 $C_a = -\Delta e/\Delta \log t$ が定義されている．2 次圧密係数は，実務においても，2 次圧密沈下量が多く含まれる残留沈下の予測に用いられている．なお，圧縮ひずみに基づく 2 次圧密係数 $C_{a\varepsilon} = -\Delta \varepsilon/\Delta \log t$ が用いられることも多い．（図-3）

にじゅうかんコーンかんにゅうしけん（二重管コーン貫入試験） double tube cone penetration test
　サウンディング方法の一種で，静的コーン貫入試験の代表的な試験．オランダ式二重管コーン貫入試験またはダッチコーンの略称で呼ばれ，JIS A 1220 に規定されている．コーン貫入抵抗を求め，原位置における土の硬軟，締まり具合または地盤の土層構成を

なんじ～にじゆ

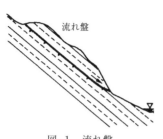

図-1　流れ盤

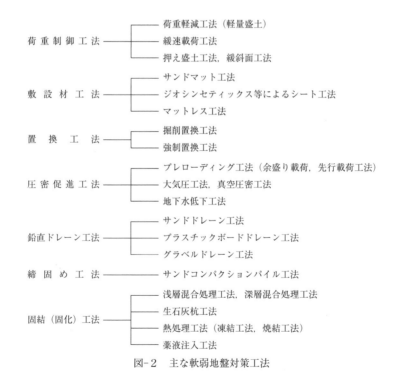

図-3　二次圧密

図-2　主な軟弱地盤対策工法

荷重制御工法
　├── 荷重軽減工法（軽量盛土）
　├── 緩速載荷工法
　└── 押え盛土工法，緩斜面工法

敷設材工法
　├── サンドマット工法
　├── ジオシンセティックス等によるシート工法
　└── マットレス工法

置換工法
　├── 掘削置換工法
　└── 強制置換工法

圧密促進工法
　├── プレローディング工法（余盛り載荷，先行載荷工法）
　├── 大気圧工法，真空圧密工法
　└── 地下水低下工法

鉛直ドレーン工法
　├── サンドドレーン工法
　├── プラスチックボードドレーン工法
　└── グラベルドレーン工法

締固め工法 ── サンドコンパクションパイル工法

固結（固化）工法
　├── 浅層混合処理工法，深層混合処理工法
　├── 生石灰杭工法
　├── 熱処理工法（凍結工法，焼結工法）
　└── 薬液注入工法

判定するために用いられる．ロッド部分を二重構造としてコーン貫入時のロッドの周面摩擦を分離し，コーン貫入抵抗だけを求められるようにした試験機である．

にじゅうやいたしきごがん（二重矢板式護岸） double sheet pile wall revetment
　　2列の矢板を打設して両方の列の矢板頭部をタイ材などで結合した後，土砂などを中詰めした構造による締切りを持つ護岸．この形式の岸壁構造物もある．中詰めを施工するまでの間の二重矢板は不安定な状況にあり，変形しやすいため，なるべく早く中詰めを施工する必要がある．通常の二重矢板式構造物では，一定区間長ごとに隔壁で仕切るのが普通であるが，一般にはその効果は設計上考慮しない．ただし，剛な隔壁を用いることや固化処理土を用いることによって全体の変形剛性を高めることが可能となるので，その効果を見込む場合もある．（図-1）

にほんこうち（二本子打） drop hammering guided by two poles
　　ドロップハンマのモンケンの落下をガイドする機構のうちで，2本のガイドにそってモンケンを落下させる方式をいう．小型の杭を打ち込む場合に便利であり，組立解体が容易である．（図-2）

ニューマークほう（ニューマーク法） Newmark method
　　残留変形に着目した地震時の比較的簡易な変形解析手法．すべり面を仮定し，すべり土塊を剛体，すべり面における応力－ひずみ関係が剛塑性であると仮定して運動方程式をたて変形量を求める手法である．例えば，盛土の場合には円弧すべり法で臨界すべり面を求め，すべり土塊に降伏震度以上の加速度が生じたときに滑動が生じるとしている．

ニューマチックケーソン pneumatic caisson
　　先端部の作業室に圧縮空気を送り込んで水を排除し，人力あるいは機械により底面下の土砂を掘削して所定の支持層まで沈下させる方式のケーソン基礎をいい，潜函あるいは圧気ケーソンともいう．セントルを下型枠にして先端に刃口を取り付けた作業室と側壁の一部を構築してマテリアルロック，マンロック，送気設備などのぎ装を行った後，作業室内に水圧に見合った圧縮空気を送り込んで作業室内の水を排除しながら人力あるいは機械により底面下の地盤を掘削し，土砂を排出することによって沈下させ，躯体の構築と沈設を繰り返しながら所定の支持層まで到達させてから作業室内に中埋めコンクリートを打設した後，ぎ装を撤去して頂版を築造する．（図-3）

〔ぬ〕

ぬのきそ（布基礎） continuous footing foundation
　　フーチング基礎の一種であり，連続フーチング基礎あるいは帯状基礎とも呼ばれており，フーチングとつなぎ梁から構成されている．独立フーチング基礎では設計できず，べた基礎では大きすぎる場合に用いられる．戸建て住宅の基礎や低層の壁式鉄筋コンクリート構造の基礎が代表的な使用例である．（P.275：図-1）

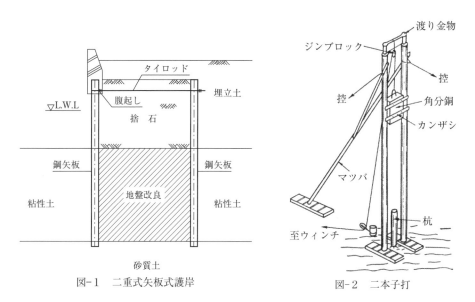

図-1　二重式矢板式護岸

図-2　二本子打

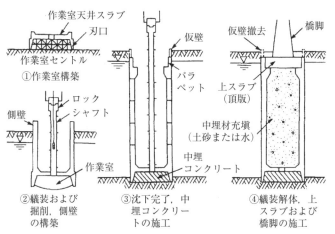

図-3　ニューマチックケーソンの施工手順

ぬのほり（布掘り） continuous footing excavation
　一般に布形に長く掘削することで，延長の長い土留め壁の基礎や，家屋の土台基礎などの根掘りで基礎幅に従って長く続けて掘削することをいう，また排水のために溝を長く掘削する場合などにもこの用語が使用される．

〔ね〕

ねいれこうはんセルこうほう（根入れ鋼板セル工法） embedded-type steel plate cellular-bulkhead method
　締切り構造形式の一つ．鋼板でセルを作り，中詰めをしたもの．置き鋼板セルと根入れ鋼板セルとがある．置き鋼板セルは地盤条件の良好なところに適している．根入れ鋼板セルはどのような地盤条件でも適用できる．根入れ鋼板セルは鋼矢板セルと同様に根入れを持った構造形式であり，安定性が高く，護岸，岸壁としての利用のほかに防波堤としても利用した例がある．（図-2）

ねいれひ（根入れ比） embedded length ratio
　①支持層への杭の換算根入れ長さ L と杭径 D との比 L/D．道路橋示方書では，打込み杭の場合には，中間層と支持層の区別が明確でないときに根入れ比が5よりも小さいときには，極限支持力度 q_d と杭先端地盤の設計 N 値の比 q_d/N を低減することを推奨している．また，開端杭の場合にも先端閉塞効果を考慮して根入れ比が5以下の場合には，q_d/N を低減する．
　②港湾基準では，曲げモーメント第一0点の深さ l_{m1} に対する杭の根入れ長 l の比 $E_r=l/l_{m1}$ を根入れ比という．杭の横抵抗特性は杭の根入れ長の影響を受ける．この影響は l_{m1} によって評価することができる．E_r が1.5よりも大きければ，杭は無限に長いものとしてよい．E_r が1.5より小さいときには，杭の根入れ長さの影響を考慮する必要がある．とくに，E_r が0.6よりも小さいときには，杭は剛体杭として考えるべきである．⇨短杭

ねがためきゅうこん（根固め球根） solidified root
　埋込み杭工法の杭材を定着させるためにセメントミルクを注入して築造する先端ソイルセメントの部分．埋込み杭の先端部分の施工において，支持層に達したオーガ先端から根固めセメントミルクを噴出し，オーガにより支持層中の砂や砂礫と混練してセメントモルタル状にして，杭材を挿入して定着する部分．（図-3，写真-1）

ねがためコンクリート（根固めコンクリート） concrete for footing protection
　洗掘などから基礎を保護または補強するために基礎を取り巻いて打設されるコンクリート．（図-4）

ネガティブフリクション negative friction
　負の周面摩擦力．杭の鉛直方向の抵抗力は杭軸の周面抵抗と杭先端部の支持抵抗に分類される．杭軸の周面抵抗は杭が周辺地盤に対して下向きに変位する場合に鉛直荷重に対する抵抗として作用する．ところが，周辺地盤が圧密沈下などによって周辺地盤が杭

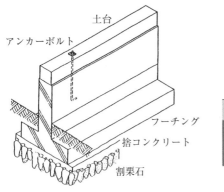

図-1　布基礎（木造の場合）

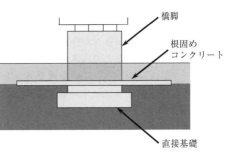

図-4　根固めコンクリート

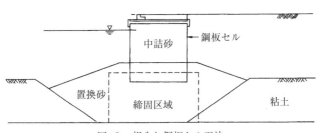

図-2　根入れ鋼板セル工法

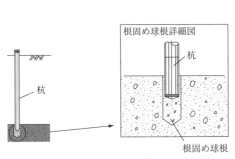

図-3　根固め球根

写真-1　根固め球根の掘出し

に対して下向きに変位することがある．このような場合には，杭は杭軸に作用した下向きの力によって押し込まれることになる．このように，杭軸の周面に作用する力の向きが通常想定するのと逆向きになって作用するものをネガティブフリクションと呼ぶ．杭を打設する地盤に圧密層がある場合には，当該地盤の圧密によって圧密層以上の部分でネガティブフリクションが作用する可能性があるので注意が必要である．このように，杭軸に作用する摩擦力の向きは，杭と地盤の相対変位によって変化するので，ネガティブフリクションが作用している杭であっても，異常荷重が作用することによって杭が沈下するとネガティブフリクションは解消される．（図-1）

ねぎり（根切り） excavation

構造物の基礎や地下を構築するために地盤を掘削することで，建築分野では根切り，土木分野では根掘という用語も使われる．部分的に細長く溝形に掘削するものを布掘り，角形に掘削するものをつぼ掘り，全面を一度に掘削するものを総掘りという（図-2）．総掘りの場合，掘削深度が浅い場合や地山が良い場合は素掘りが可能となる場合があるが，一般的には構造物の周囲に山留め壁またはそれに代わるものを設け，内部は必要に応じて切梁，腹起し等を設けながら地盤を掘削する．

ねぎりていめんのあんてい（根切り底面の安定） stability of excavation base

根切り工事において，根切り底面の破壊現象に対する安全性の検討項目をいう．軟弱な粘性土地盤におけるヒービング，地下水位の高い砂質土地盤におけるボイリング，根切り底面下に被圧水のある場合における盤ぶくれがある．これらの現象が生じると，根切り工事の続行が不可能となることや，周辺地盤・構造物に障害を与える可能性が大きいので，計画時における入念な検討が必要となる．（図-3）⇨ヒービング，ボイリング，盤ぶくれ，パイピング

ねぎりやまどめこうじ（根切り山留め工事） construction work by excavation and earth retaining

根切りの方法と山留めの方法を組み合わせて地下を掘削する工事のこと．建築工事で採用されている根切り山留め工法はオープンカット工法と逆打工法および特殊工法に大別される．工法の選定に当たっては地盤条件，掘削広さ，掘削深さ，周辺環境条件（周辺構造物）など種々の要因を考慮して選定する．（図-4）

ねじりせんだんしけん（ねじりせん断試験） torsional shear test

円柱または中空円筒状の供試体の上下面にねじりモーメントをかけ，供試体内に水平せん断応力を発生させて行う直接せん断試験．等方，異方の応力状態や平面ひずみ条件下での単純せん断が可能で，また連続的に主応力方向の回転を行うこともできるなど，多様な条件での試験が可能である．水平一方向は必ず主応力となるが，他のせん断試験と比較して原地盤の応力条件をより忠実に再現できる試験である．（p.279：図-1）

ねまき（根巻き）[コンクリート] cast-in-place concrete around foundation

基礎を保護または補強するために基礎の周辺を取り巻いてコンクリートを打設すること．鋼製橋脚とフーチングとの結合部において，結合部の補強，自動車の衝突または腐

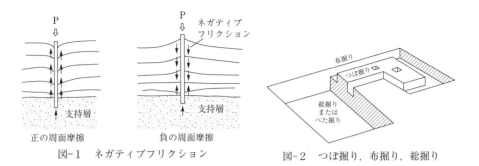

図-1 ネガティブフリクション　　図-2 つぼ掘り，布掘り，総掘り

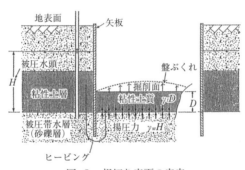

図-3 根切り底面の安定

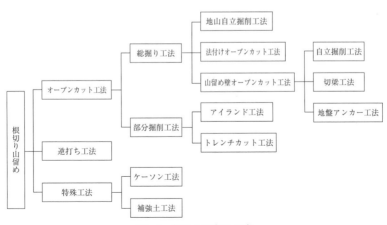

図-4 根切り山留め工事

食に対する防護などを目的としてコンクリートを打設することもある.

ねんせいど（粘性土） clayey soil
　細粒土（粒径75μm以下の細粒分（シルト分および粘土分）を50%以上含む土）のうち，有機質土および火山灰質粘性土を除いた土．粘性土は塑性図を用いてシルトと粘土に分類される．一般に粘性土を対象とする工事では円弧すべりや圧密沈下など多くの工学的問題が発生するので，調査方法，設計方法や維持管理をも含めた対応が必要である．

ねんだいこうか（年代効果） aging
　2次圧密，セメンテーション，シキソトロピー等により，高密度化や粒子間の結合が起こり，いわゆる構造の発達によって，応力履歴からだけで説明できないほどに大きな非排水せん断強さが発現されることをいう．なお，自然堆積粘土の場合，正規圧密状態の$e \sim \log p$関係から推定される有効土かぶり圧の下での間隙比よりも高い間隙比の状態，すなわち構造が高位な状態を維持しているにもかかわらず，年代効果により大きな非排水せん断強さを発現していることが多い．このため，設計には，原位置から採取した乱さない試料から得られる力学試験結果を用いるべきであり，これは，試験室で練返し再構成された年代効果のない粘土試料から得られる力学挙動とは根本的に異なったものになる．

ねんちゃくりょく（粘着力） cohesion
　土の破壊規準を$\tau_f = c + \sigma_f \tan \phi$（ここに，$\sigma_f$：垂直応力，$\phi$：せん断抵抗角（内部摩擦角）である．）で表した時に，σ_fに依存しないせん断強さの成分cを粘着力という．
　土の粘着力には，化学的固結作用（セメンテーション）に起因する真の粘着力と，間隙水に負圧が作用（サクション）することなどに伴う見かけの粘着力がある．（図-2）
　⇨見かけの粘着力

〔の〕

のりいれこうだい（乗入れ構台） deck for construction machinery
　根切り・地下構造体・鉄骨建方，山留め架構の組立て・解体などの工事を行う場合に，自走式クレーン車・トラック類・生コン車・コンクリートポンプ車などの施工機械および車両の走行ならびに作業と各資材の仮置きなどに使用される仮設構台．（図-3）

のりかた（法肩） top of slope
　⇨法面

のりじり（法尻） toe of slope, foot of slope
　⇨法面

のりつけオープンカットこうほう（法付けオープンカット工法） open cut with sloping side
　所定の掘削深さに対して周囲に法面を設けて掘削する方法．法面は安定勾配を保つ必要があるため，周辺の敷地に余裕があり比較的浅い掘削の場合に適するが，軟弱な地盤へ適用する場合や掘削深度が深い場合に適用する場合には掘削地盤の安定や掘削土量の

ねんせ〜のりつ

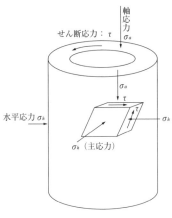

中空筒ねじり試験と応力状態

図-1 ねじりせん断試験

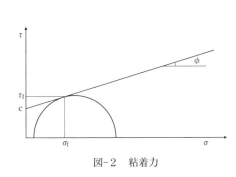

図-2 粘着力

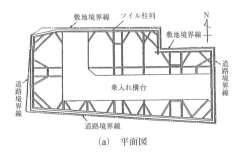

(a) 平面図

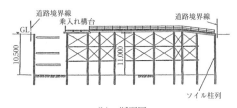

(b) 断面図

図-3 乗入れ構台

増大といった問題が生じる場合がある．(図-1) ⇨根切り山留め工事

のりめん（法面） slope

切土や盛土など，土工により人工的に形成された斜面．切土の場合は切土法面，盛土の場合は盛土法面という．法面の各部位には名称があり，上端部を法肩または斜面肩，下端部を法先（尻）または斜面先，法面の中間に設けられた水平部分を小段と呼ぶ．法面の傾きは法面勾配または法勾配といい，鉛直高さと水平距離の比で表され，鉛直高さを1としたときの水平距離がnの場合，$1:n$と表示される．(図-2)

のりめんこう（法面工） slope protection works

⇨法面保護工，法枠工

のりめんはいすい（法面排水） slope drainage

切土や盛土法面において雨水，浸透水などによる侵食，洗掘，崩落を防止するための排水．切土や盛土の安定を図るのため重要な要素である．法肩排水，小段排水，法尻排水，縦排水などがあり，隣接地からの流入水，法面表面の流下水，道路などからの路面水などの表面水，法面からの地下水や湧水，盛土内の浸透水などの排水のために排水溝などが設置される．(図-3)

のりめんほごこう（法面保護工） slope protection works

法面の侵食，風化，崩落を防止するために植生または構造物により法面を被覆し，保護する工法．植生工と構造物による法面保護工に大別され，一般的には前者で十分対処できる場合が多く，優先的に採用される．後者は，植生が不適な法面，植生だけでは侵食などに対して安定性が確保できない場合に用いられ，プレキャスト枠工，場所打ちコンクリート枠工，吹付け枠工などの法枠工（格子枠工），コンクリートおよびモルタル吹付工，コンクリート張工，石張・ブロック張工，蛇かご工など種々の工法がある．

⇨格子枠工（法枠工）

のりめんりょっかこう（法面緑化工） slope vegetation works

切土や盛土法面に草木を繁茂させ緑化する工法．法面はその安定を前提として周辺環境に調和，適合し，将来的には自然環境に同化することが望ましく，環境や景観に配慮して計画，設計を行うことが重要である．特に自然環境の豊かな地域では自然環境調査や土壌調査などを十分に行い，植生種の選定にあたっては自生種を採用するなど，自然復元に努める必要がある．また，近年では地球温暖化防止のため法面の樹林化が図られている．

〔は〕

バーチカルドレーンこうほう（バーチカルドレーン工法） vertical drain method

軟弱地盤中に人工のバーチカル（鉛直）ドレーンを多数設置して，排水距離を水平方向に短縮し，載荷重などによって生じる地盤の圧密を促進する工法．本工法は圧密・排水工法の一種で，ドレーン材に砂を用いるサンドドレーン工法と帯状の工場製品ドレー

のりめ〜ばーち

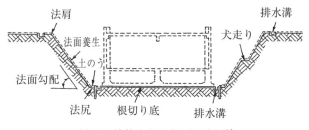

図-1　法付けオープンカット工法

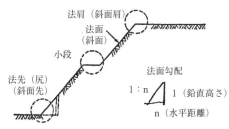

図-2　法面各部の名称

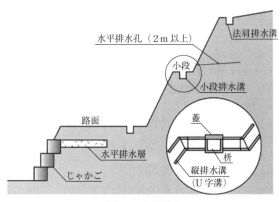

図-3　法面排水

ン材を用いる PVD 工法（プレファブリケイティッドバーチカルドレーン工法）に大別することができる．PVD 工法には従来のボード系ドレーン工法を含む．バーチカルドレーン工法における圧密は，ドレーン材を中心とする内向き水平放射流れによって生じる軸対称圧密となり，圧密理論解には通常バロンの解（放射流れの圧密理論）が用いられる．バーチカルドレーンは三角形または正方形に配置される．（図-1）⇨サンドドレーン工法，PVD 工法

はあつ（こう）しき（波圧（公）式）　wave pressure formula

構造物に作用する波圧を算定するための公式．防波堤などの直立壁に働く波圧を対象とした式としては，砕波帯内を対象として，波圧を波高に比例する形で示した広井式，非砕波の領域を対象として，水深，波高，波長をパラメーターとして表したサンフルー式，砕波，非砕波のいずれにも適用可能で，水深，波高，波長のほか構造物の形状もパラメーターとした合田式などがある．（図-2）

バイオアッセイ　bioassay

Bio(生物) と Assay(分析・評価)を組み合わせた言葉で，生物検定法などと呼ばれる．特に環境問題として，排水や排気ガスなどに含まれる化学物質が生体に及ぼす毒性について，メダカやミジンコなどの生物を使って試験する手法である．

バイオレメディエーション　bio-remediation

汚染土壌や汚染地下水の対策方法のうち微生物を用いて汚染物質の除去や分解をする方法．すでに地盤中にいる微生物を活性化することによって汚染物質の微生物分解を促進させる．微生物を活性化するためには何らかの物質を地盤中に注入することになる．よく用いられるのは，空気，微生物，栄養塩類などである．

はいきぶつしょりほう（廃棄物処理法）　wastes disposal and public cleaning act

正式には廃棄物の処理及び清掃に関する法律である．廃棄物の排出を抑制し，廃棄物の処理を適正化することにより，生活環境の保全と公衆衛生の向上を図ることを目的とした法律である．循環型社会を形成するための法律体系として，循環型社会形成推進基本法がある．これを支えるための廃棄物の処理と再利用に関する二つの柱が，廃棄物処理法と資源有効利用促進法（リサイクル法）である．廃棄物処理法は廃棄物の適正処理を主眼としたもので，資源有効利用促進法はリサイクルの推進を主眼としたものである．

はいきん（配筋）　arrangement of rebar

コンクリート部材に鉄筋を配置すること，またはその配置された状態．

ハイグレードソイル　high grade soil

建設発生土に付加価値を付け，急勾配盛土や軽量材料など，高度で多目的なニーズに対応できるように開発した混合補強土の総称．ハイグレードソイルには，気泡混合土・発泡ビーズ混合軽量土・短繊維補強混合土・袋詰脱水処理工法などがある．（P.285：図-1）

はいごう（配合）　mix proportion

コンクリートやモルタル，アスファルト混合物などをつるくときのこれらを構成する骨材，セメント，アスファルト，水，各種添加材などの使用する割合あるいは使用量．

はあつ～はいご

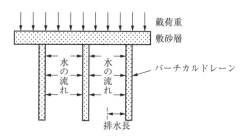

(a) バーチカルドレーン打設状況（概念図）

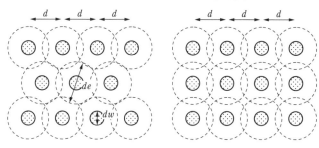

正三角形配置　　　　　　　　正方形配置

(b) ドレーンの配置と等価有効円

図-1　バーチカルドレーン工法（概念図）

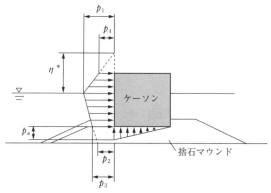

図-2　合田式による波圧のイメージ

配合は所要の性状，強度などの品質を有する目的物を経済的につくれるように，材料の特性，施工方法などに応じて決定される．示方書や仕様書により定められる示方配合，示方配合に基づき，現場における材料の状態，機械などを考慮して定められる現場配合などがある．

はいごうきょうど（配合強度） required strength, target strength

コンクリートの配合を定める場合に目標とするコンクリートの強度．コンクリート構造物の設計において基準とする設計基準強度を下回るコンクリートの生じる確率が一定値以下となるように，コンクリートの製造条件に応じた強度のばらつきを考慮して，あらかじめ設計基準強度に所定の係数を乗じて割り増した値とする．

はいすいこう（排水工） ditch works, drainage works

表面水，地下水，湧水などによる切土，盛土本体や法面の侵食，洗掘，崩壊などを防止するために設ける排水施設，またはトンネルへの地山からの湧水や路面水，洗浄水などを速やかにトンネル外へ排水するために設ける排水施設．前者はその目的により，路面排水やのり面排水などの表面排水工および地下排水工に大別され，後者はその目的により，裏面排水工，路盤排水工，路側排水工に分類される．（図-2）

はいすいこう（排水溝） drain, ditch

雨水などによる路面や法面の表面水，地下水，湧水などを排水するための水路．道路の路肩，法面の法肩，小段，法尻などに設けられる．表面水などを排水するために地表面に設けられるものを側溝，このうち街路の路面排水のため歩車道境界部に設置するものを街渠，のり面の各部に設けられるものを法肩排水溝，小段排水溝，法尻排水溝，たて排水溝と称するなど，設置される場所や目的によりそれぞれ名称がある．（p.287：写真-1）

はいすいブランケット（排水ブランケット） water drainage blanket

降雨等により盛土内の間隙水圧の上昇を防ぐため盛土法尻部に設置する排水工法．排水層には，一般に透水係数 $k>1$ (cm/s) となる材料（盛土材により異なる）を用いる．また，盛土材料と接する面については盛土材の流出防止のため不織布等のフィルター材で覆う．（P.287：図-1）

パイピング piping

地下水の浸透圧により，砂が地表面に向かって噴出するボイリングが地中で局部的に発生し，パイプ状に進行する現象．地下水位が高い条件下の地下工事において，止水壁の一部に欠陥があった場合などに背面地盤内にパイピング現象が進行し，止水壁欠陥部からの大湧水や背面地盤の陥没といった事態が生じることもある．（p.287：図-2）

パイプひずみけい（パイプひずみ計） pipe strain gauge, internal strain meter

ボーリング孔に挿入，固定した硬質塩化ビニル管などのたわみ性パイプにひずみゲージをはり付け，パイプの屈曲を電気抵抗により測定する計器．地中ひずみ計ともいう．地すべりの調査に用いられ，パイプの屈曲から地すべり面，地すべりの滑動状況などを把握することを目的に測定される．ひずみゲージのはり付け間隔は 1～2 m 間隔とすることが多いが，想定される地すべり面などの位置により，間隔を粗にしたり密にした

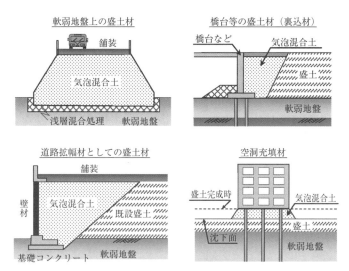

図-1　軽量化したハイグレードソイルの利用例（気泡混合土工法）

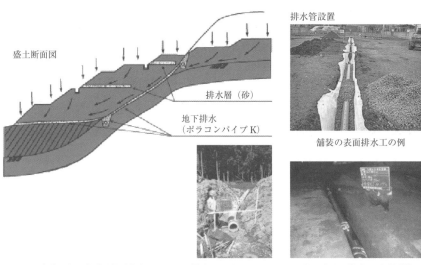

図-2　排水工

りする場合がある．

バイブロケーシングこうほう（バイブロケーシング工法） vibro-hammer casing method
　障害物を撤去する際，ケーシングをバイブロハンマーにより障害物を取り囲むように打設し，ハンマーグラブを用いて内部土とともに障害物を撤去する工法．（図-3）

バイブロハンマー vibro-hammer
　偏心重錘を回転させて上下方向の振動を与え，杭を打ち込む機械．振動によって杭の周面摩擦を切りながら打ち込むため，打撃工法に比べて騒音の発生が少なく，打込み抵抗が抑えられることから杭頭部の破損も少ない．従来，土留め用矢板の打込みなどによく使用されていたが，最近では本杭の施工にも使用されている．（図-4）

バイブロフロテーション vibro-flotation
　バイブロフロテーション工法は，砂質地盤に対する水締め・振動締めの効果を地中で利用した巧みな工法である．埋立地などのゆるい砂質地盤中に，垂直つり下げられたバイブロフロットと呼ばれる棒状の振動体をその先端に取り付けられたノズルから水を噴射させながら同時に，フロットを振動させて自重により静かに地中に貫入する．所定の深さに達したら主に横噴きジェットによって，フロット周辺の地盤を飽和させて振動を加える．すると周辺の流動化した砂はしだいに締め固まり始め，下部の土が締め固まってくるにつれ，フロット周辺の上方の砂は順次下方に落ち込んで周囲に孔ができてくる．この孔に砂・砂利などの適当な補給材を連続的に投入して振動が周囲の地盤に十分伝わるようにする．補給材は周囲に振動を伝えるばかりでなく押しこめられる．適当な時間そのままで振動をさせておき，振動部地盤が締め固まってきたことが確認されたら，50cmくらいずつ引き上げて以上の操作を段階的に地表面までくりかえす．

はいめんもりど（背面盛土） back filling
　橋台，擁壁，護岸などの構造物の背面に構築される盛土．特に橋台や擁壁などの裏込め部においては，通常，大型の締固め機械による施工が難しく，沈下，段差などが生じやすいため，良質な裏込め材の使用，良好な締固め管理が重要となる．近年，橋台への土圧軽減を図るため，裏込め部にセメント安定処理土や気泡混合軽量土などによる軽量盛土が採用される場合がある．（P.289：図-1）

はいりょくてっきん（配力鉄筋） distribution rebar
　1方向だけに主鉄筋を有するコンクリートの版構造などにおいて，主鉄筋と直角の方向の連続性を確保し，荷重による応力を広く分布させるために配置する鉄筋．一般に主鉄筋と直角の方向に配置する．

パイルキャップ pile cap
　杭頭部を固めるコンクリートの部分で上部構造からの荷重を，パイルキャップを介して杭に伝えるために設ける．（P.289：図-2）　⇨フーチング

パイルド・ラフトきそ（パイルド・ラフト基礎） piled-raft foundation
　1つの構造物に，直接基礎と杭基礎などの複数の支持形式が異なる基礎が複合して構造物を支持する併用基礎のうち，直接基礎と杭基礎を併用した基礎形式．直接基礎と杭

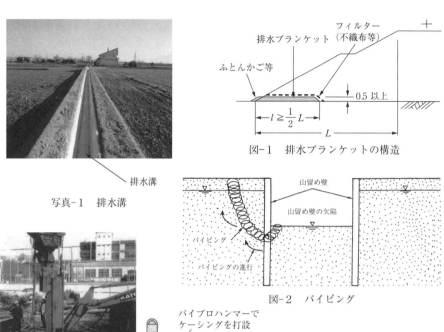

写真-1 排水溝

図-1 排水ブランケットの構造

図-2 パイピング

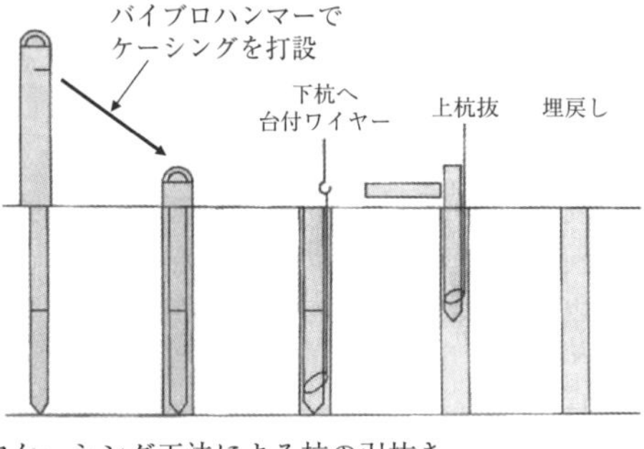

図-3 バイブロケーシング工法による杭の引抜き

図-4 バイブロハンマーによる杭の打込み状況

基礎の中間にあたり，直接基礎に近いものから杭基礎に近いものまである．適用にあたっては直接基礎と杭の相互作用を考慮した検討を行い，荷重分担と沈下の評価が必要となる．（図-3）⇨併用基礎

パイルドライバ　pile driver

既製杭の打込み機械の総称で，打込み機構が打撃式と振動式のものとがある．打撃式のものは主として重錘が落下するエネルギーを利用して杭を土中に貫入させるもので，ドロップハンマー，ディーゼルパイルハンマー，スチームハンマー，油圧ハンマーなどがある．振動式のものは起振機による起振力を利用して杭を土中に貫入させるもので，バイブロハンマーと称される．

パイルハンマー　pile hammer

パイルドライバのうち打撃式のものの総称．⇨パイルドライバ

パイルベント　pile bent

橋脚の形式の一種で，フーチングを設けずに打設した杭をそのまま橋脚とし，頭部を梁でつなぎ合わせ，上部工荷重を受ける構造をいう．工期が短い，締切りなどの仮設が不要，掘削土量が少ないなどの利点を有し，簡単な橋脚に用いられてきた．また，地震時などで水平変位が大きくなりやすい，洪水時に異常洗掘を起こしやすいなどの留意点を有する．杭式橋脚ともいう．（図-4）

パイルベントしききょうきゃく（パイルベント式橋脚）　pile-bent-type pier

地中に打ち込んだ杭に直接横梁を渡して橋脚にしたもの．水深が深い場合や簡単な橋脚に多く用いられてきたが，河川内橋梁においては洪水時に流下物がひっかかりやすいため好ましくない構造とされている．

はかいひずみ（破壊ひずみ）　failure strain

材料が破壊したと認められるときの，ひずみの大きさをいう．土質試験においては応力－ひずみ曲線は，一般的にひずみの増加に伴い応力は増加し，材料が破壊した後は応力が減少する．そのときの最大応力を示したときのひずみ量を破壊ひずみという．

はぐちかなもの（刃口金物）　cutting edge plate

ケーソンにおいて，刃口先端に取り付けられる金物を刃口金物という．ケーソン沈設の際に受ける衝撃や摩擦，あるいは施工時にやむを得ず使用する火薬等から，刃口の損傷を防護するためのものである．（P.291：図-1）

はけいマッチングかいせき（波形マッチング解析）　signal matching analysis

波形マッチング解析は，杭および周辺地盤をモデル化し，計測波形をシミュレートすることにより，地盤の静的抵抗成分を詳細に推定する方法である．杭を一次元の弾性体，地盤の静的抵抗成分をばねとスライダーで，動的抵抗成分をダッシュポットでモデル化し，杭体を伝播する応力波を特性曲線法などにより解析する．衝撃載荷試験における特性曲線法では，波動方程式が持つ重ね合せの原理を利用し，杭中を伝播する入力波と反射波を加算することによって杭の応力や粒子速度を解析する方法である．地盤抵抗モデルとしては，スミスの方法が使われることが多い．（P.291：図-2）

ぱいる～はけい

図-1　橋台背面盛土の例

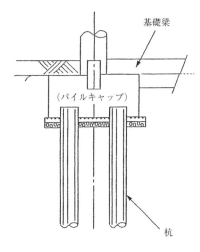

図-2　パイルキャップ

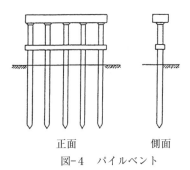

図-4　パイルベント

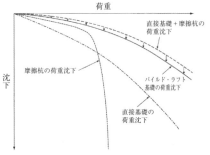

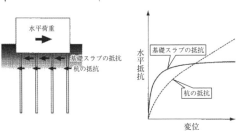

(a) 水平荷重におけるパイルド・ラフト基礎の抵抗イメージ
(b) パイルド・ラフト基礎の水平抵抗における荷重変位

図-3　パイルド・ラフト基礎

ばしょ〜はつと

ばしょうちコンクリートくい（場所打ちコンクリート杭） cast-in-place concrete pile
　杭を設置するための孔を機械や人力で掘削したあと，事前に組み立てた鉄筋かごを立て込み，コンクリートやモルタルを打設して作成する杭をいう．近年建築では，水平抵抗を増やすために杭頭部を拡大したり，先端支持力を増やすために先端部を拡大する杭が多く用いられる．また，施工方法としてアースドリル工法，オールケーシング工法，リバース工法，深礎工法などがある．（図-3）

ばしょうちてっきんコンクリートちちゅうへきこうほう（場所打ち鉄筋コンクリート地中壁工法） cast-in-place reinforced concrete diaphragm wall
　⇨地下連続壁

はしらしききょうきゃく（柱式橋脚） column-type pier
　橋脚の形式の一種で，脚部の断面が柱状の形状をした橋脚．脚部の形状が壁状である壁式橋脚に対する分類である．橋脚の形状は，架橋地点の状況，上部構造の設計条件，施工性，景観などを考慮して決定されるが，特に道路，鉄道上に架かる橋では，道路，鉄道の幅員構成，建築限界，視距などを考慮して計画される．（図-4）

はちゅうりょく（把駐力） anchor force
　アンカーが引抜き力に抵抗する力．アンカーの把駐力は海底の土質，地形，アンカー形状等により大きく変化する．

ばっかいじょこん（伐開除根） clearing and grubbing
　有用立木を伐採した後，掘削または盛土の施工に先立ち，工事用地内の草木，竹等の刈り取りおよび切株を取り除くことをいう．切土箇所においては，盛土箇所に腐植物の混入を防ぐため，盛土箇所においては，これら木根等の腐食により盛土の沈下が生じないためのものである．なお，伐開除根により発生する廃棄物は建設副産物となるため，チップ化しマルチング材とするなど，有効利用を図ることが必要である．

ばっき（ばっ|曝|気） aeration
　汚水処理の過程で，液体と空気を接触させて液体に酸素など空気中の成分を供給する工程をいう．機械的に撹拌することにより，空気中の酸素を十分に供給し酸化作用と好気性微生物の分解処理を促進させる．一方，建設工事では，含水比の高い土を敷きならしまたは，かき起こし，天日や空気にさらして，含水比の低下を図ることで再利用する作業をばっ気乾燥という．

はっせいど（発生土） surplus soil
　建設工事に伴って発生する土．大きくは，建設汚泥と建設発生土に分類される．建設工事では大量の土砂（発生土）が発生する．（P.293：図-1）

ハットがたこうやいた（ハット形鋼矢板） hut-type steel sheet pile
　U形鋼矢板壁は，継手を壁体の中央に位置させ交互に方向を反転させて壁体を構成する．このため壁体構築後の中立軸と鋼矢板単体の中立軸が一致しない断面形状になる．土圧等による曲げ荷重を受けると，継手部にせん断力が作用し，せん断抵抗が不足すると継手部にずれが生じ，隣り合った鋼矢板が一体として働くことができなくなる．この

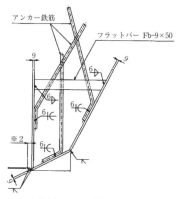

※2 砂礫地盤に用いる場合 12〜16
　　玉石混りの砂礫地盤に用いる場合 19〜22

図-1　ケーソン刃口構造例

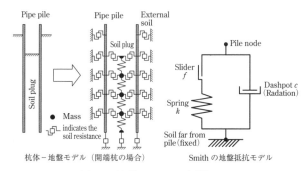

図-2　波型マッチング解析モデル

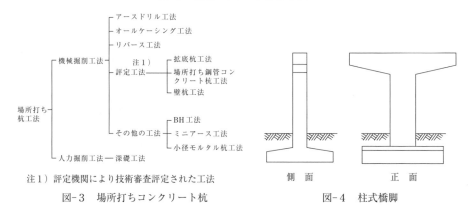

注1）評定機関により技術審査評定された工法

図-3　場所打ちコンクリート杭　　図-4　柱式橋脚

場合，継手効率により断面性能を低減する必要がある．一方，ハット形鋼矢板は，継手位置を壁体の最外縁に配置することにより，壁体築造後の中立軸と鋼矢板単体の中立軸が一致する断面形状になり，継手効率により断面性能の低減は不要である．（図-2）

バットレスきょうだい（バットレス橋台） buttressed retaining abutment
⇨控え壁式橋台

バットレスようへき（バットレス擁壁） buttressed retaining wall
⇨控え壁式擁壁

はっぽうビーズこんごうけいりょうど（発泡ビーズ混合軽量土） light weight soil mixed with expanded resin beads

軽量盛土工法の一つで，土砂に超軽量な発泡ビーズを混合して軽量化を図った人工軽量土である．発泡ビーズの材質は，粒径2から7mm程度の発泡スチロール，発泡ポリプロピレンなどである．主な特徴としては，軽量性，強度設定が可能，変形追随性，水密性，建設発生土の有効利用，設計・施工は通常の土砂と同様の取扱いが可能であることなどがあげられる．一般に単位体積重量が$8 \sim 15 kN/m^3$，一軸圧縮強さで$q_u = 50 \sim 300 kN/m^2$程度の範囲で使用することが多い．（写真-1，図-3）

ばねじょうすう（ばね定数） spring constant

弾性の範囲内でばねまたは弾性体に加えた力と変位量との間の比例定数．基礎の設計に関するものでは，道路橋示方書の杭種に応じた杭の軸方向ばね定数K_Vの推定式がある．

$$K_v = a \frac{A_p E_p}{L}$$

ここに，K_v：杭の軸方向ばね定数（kN/m），A_p：杭の純断面積（mm^2），E_p：杭のヤング係数（kN/mm^2），L：杭長（m），a：0.014（L/D）+ 0.72……打込み杭（打撃工法），0.017（L/D）- 0.014……打込み杭（バイブロハンマー工法），0.031（L/D）- 0.15……場所打ち杭，0.010（L/D）+ 0.36……中掘り杭，0.013（L/D）+ 0.53……プレボーリング杭，D：杭径（m）である．

はらおこし（腹起し） wale

山留めの支保工の一部で，山留め壁に作用する側圧（＝土圧＋水圧）を切梁やアンカーで支持するために設置する水平部材．腹起しは山留め壁面に沿って切梁やアンカーと同じ深さごとに水平に設置される．（P.295：図-1）

バラストきどう（バラスト軌道） ballast track

レールを固定し，列車荷重を分散させるための軌道の構成部材であるまくら木を砕石等の粒状体で支持する軌道構造．路盤とまくら木の間にバラスト層（砕石層）を設け，路盤にかかる列車荷重を分散させる．基本的には定期的に保守作業が必要となる構造であるが，軌道狂いなどの補修に対しては突固め等により容易に整備を行うことが可能である．（P.295：図-2）

ばつと〜ばらす

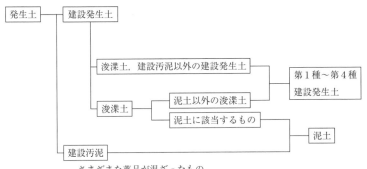

さまざまな薬品が混ざったもの
泥土状のもの

図-1　発生土

図-2　ハット形鋼矢板

写真-1　気泡ビーズ

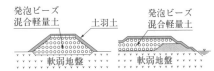

(a) 軟弱地盤上の盛土での沈下低減・側方流動抑制
(b) 嵩上げ等の堤防盛土における沈下低減・すべり抑制

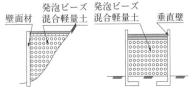

(c) 山岳地の盛土における荷重および土圧の軽減
(d) 両壁面を有する盛土における土圧軽減

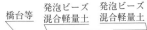

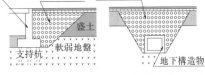

(e) 構造物取付け部における段差防止や土圧軽減
(f) 地下構造物への鉛直土圧の軽減および不同沈下対策

図-3　発泡ビーズ混合土の適用例

はらづけもりど（腹付け盛土） widening of embankment
　道路や線路の増設など盛土の基底幅を拡張する必要がある場合に，既存の盛土法面に添土した部分の盛土．既設の盛土の法面に直接盛土をすることから，既設の盛土に変形などの影響に注意する必要がある．また，既設の盛土との境界面が弱部とならないように，接続部の構造や施工に対して十分な配慮が必要となる．（図-3）

パラペット parapet wall
⇨胸壁

はり・ばねモデル（梁・ばねモデル） beam model on elastic foundation
　地盤をばね，基礎を梁として解析する基礎の設計法の一つ．離散ばねモデルを用いた解析が一般に用いられている．（図-4）

ハンドオーガボーリング hand auger drilling
　ボーリング方法の一つで，きりもみ式の器具を回転力と推進力を与えながら地中に圧入し，削り取った試料を引き上げることで土層構成の調査を目的とする方法．適用地盤は，送水しないで掘進するため，固結していない，軟らかい～中位の固さの細粒土，粘性を有する湿った粘質土など，地下水面上の礫を含まない未固結地盤で，比較的浅い地盤に適用する．（図-5）

はんじどうようせつ（半自動溶接） semiautomatic welding
　溶接ワイヤの自動送り装置を用いた溶接をいう．杭継手は溶接の良否によって杭全体の強度を左右することになるので，熟練工による慎重な作業が必要である．従来の手溶接では熟練度によって品質のバラツキが大であったが，近年，鋼杭・コンクリート杭ともに，一定の品質確保・作業時間の短縮のために半自動溶接を用いた杭継手が多用されている．作業時間は手溶接の約1/3である．構造的には，受電部，電流調節部，自動送り装置，溶接ワイヤリールから成り，溶接ワイヤとしては溶接補助剤を封入した溶接ワイヤをケーブル状にリールに巻いたものが用いられる．（P.297：図-1，写真-1）

ばんぶくれ（盤膨れ） heaving
　透水性の低い粘土層の下に水頭が高い被圧帯水層があるような地盤条件で粘土層を掘削するときに，被圧帯水層の水圧による揚圧力によって根切り底面が膨れ上がる現象．（P.297：図-2）⇨根切り底面の安定

ハンマー hammer
　打撃力を与える工具や機械のこと．基礎工におけるハンマーとは一般に杭の打撃に用いるものをいい，ドロップハンマー，ディーゼルパイルハンマー，スチームハンマー，油圧ハンマー，バイブロハンマーなどがある．

はんむげんちょうのくい（半無限長の杭） pile with semi-infinite length
　弾性支承梁としての杭の解析法において，地盤反力係数が深さ方向に一定な場合について Chang が示した理論解の杭長条件のこと．有限長の杭であっても杭がある程度以上長く（道路橋示方書では $\beta \ell > 3$，β：杭の水平抵抗の特性値，ℓ：杭の根入れ長）なると杭先端条件の影響を受けないためこの理論解を適用できる．

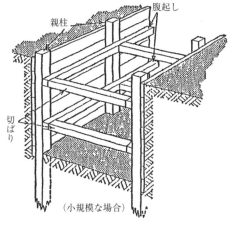

図-1　腹起し

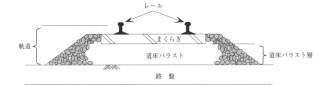

図-2　バラスト軌道

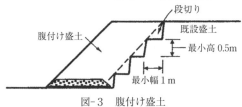

図-3　腹付け盛土

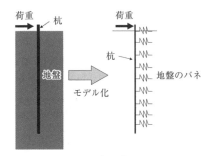

図-4　はりバネモデル

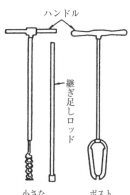

図-5　ハンドオーガーボーリング

〔ひ〕

ピア bridge pier, pier
⇨橋脚

ピアアバット abutment pier
　橋台の形式の一つで，上部構造からの荷重のみを受け，背面土圧が作用しない下部構造．軟弱地盤の地域に用いられる．また，堤防に設置されている橋脚のことを指す場合もある．工作物設置許可基準（（一財）国土技術研究センター）では，橋脚を堤体内に設置する場合は，鞘管構造等の堤防に悪影響を及ぼさない構造のピアアバットを設け川裏側において堤防補強を行うこととされている．（図-3）

ひあつすいとう（被圧水頭） artesian head
　帯水層の上限，下限が不透水性の地層で境界となっていて地下水面をもたない，被圧地下水の地下水位のこと．（図-4）

ひあつたいすいそう（被圧帯水層） confined aquifer
　被圧地下水を有する帯水層のこと．⇨被圧地下水

ひあつちかすい（被圧地下水） confined groundwater
　帯水層の上端が不透水性の地層で被覆されていて帯水層の上端まで地下水があり，地下水面がない．被圧地下水を有する層は被圧帯水層と呼ばれ，その地下水位を被圧水頭と呼ぶ．被圧帯水層中にパイプを立てると，その圧力により水位は被圧帯水層の上端より上に上がる．（図-4）

ピーアールシーくい（PRC杭） prestressed reinforced concrete pile
　遠心力を応用して作製した異形鉄筋入りの超高強度コンクリート（圧縮強度が80N/mm^{2}以上）にPC鋼棒によるプレテンションを導入して作製したプレストレスト鉄筋コンクリート杭．異形鉄筋と超高強度のコンクリートの使用とあらかじめ圧縮応力を導入することが特徴．PHC杭より曲げに対する耐力が高いこと，靱性が高いことがあげられる．（図-5）

ビーエッチこうほう（BH工法） bored hole method
　場所打ちコンクリート杭の施工法の一つ．大型ボーリング機械のロッド先端に付けたビッドを回転させながら掘削する．ビッドの先端から安定液を噴出し，上昇流を発生させて掘削土を上部まで運びサンドポンプによって排出する．ボーリング機械を用いて掘削を行うため，施工スペースに制約がある場合や杭径が小さい場合に用いられる．（P.299：図-1）

ピーエッチシーくい（PHC杭） prestressed high strength concrete pile
　遠心力を応用して作製した超高強度コンクリート（圧縮強度が80N/mm^{2}以上）を用いたプレテンション方式によるプレストレストコンクリート杭．超高強度のコンクリートの使用とあらかじめ圧縮応力を導入することが特徴．（P.299：図-2）

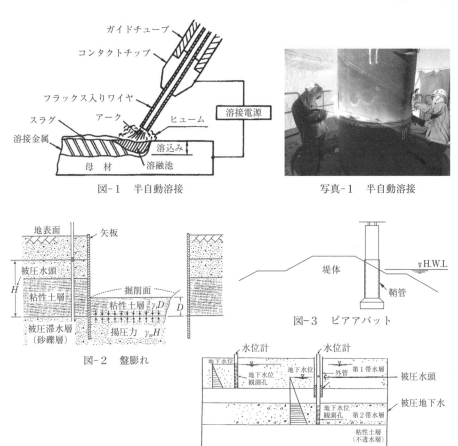

図-1 半自動溶接

写真-1 半自動溶接

図-2 盤膨れ

図-3 ピアアバット

図-4 被圧水頭（被圧地下水）

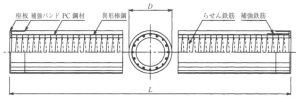

図-5 PRC杭

ピークきょうど（ピーク強度）　peak strength

応力が最大となったときの強度．せん断試験等においては，応力－ひずみ曲線は，一般的にひずみの増加に伴い応力は増加し，ピーク値を示した後，応力が減少し徐々に低下し定常状態に達する．このとき最大応力を示したときの強度をピーク強度という．

ピーシーウェル（PCウェル）　prestressed concrete well

工場で製作した遠心力などで締め固めた円筒状の鉄筋コンクリートブロックを沈設しながら積み重ね，そのつどポストテンション方式でプレストレスを導入して一体化し，内部掘削しながら圧入により沈設して構築する基礎．オープンケーソンの一種であり，PCケーソンともいう．躯体にプレキャスト製品を用い，沈設に圧入装置を利用するので，正確かつ急速な施工ができる．最近は組立て時に必要なプレストレスのみを導入し，軸方向主鉄筋を後設置するPRC構造が用いられている．（図-3）

ピーシーくい（PC杭）　prestressed concrete pile

プレテンション方式遠心力プレストレストコンクリートくいのこと．杭体にプレストレスを導入した杭で，圧縮強さが $500 kg/cm^2 \{4.90 kN/cm^2\}$ 以上のコンクリートが使用されている．1950年代に開発され，1968年にJIS化されたが，1993年にはJISから外れ，国内では生産されていない．現在はJISA5373によりプレストレストコンクリート杭としてPC杭，ST杭，節杭を含んでいると表現されているが，その中で示されているPC杭は従来から通常的に使われているPHC杭の性能と同等のものであり，表示するときはST杭，節杭も含めてPHCとすることになっており若干混乱する表現に注意が必要である．

ヒービング　heaving

軟弱な粘性土地盤を掘削したときに山留め壁の背面地盤の自重により，背面地盤の土が掘削面側に回りこんできて，掘削底面が盛り上がる現象．ヒービングは英語で膨れ上がるということを意味することから，上載荷重の除去や上昇浸透圧による地盤の膨れ上がり（盤膨れ）も総称してヒービングと呼ぶ場合がある．（P.301：図-1）⇨盤膨れ

ピーブィディこうほう（PVD工法）　prefabricated vertical drain method

PVD工法はプレファブリケイティッドバーチカルドレーン工法のことであり，ドレーン材にペーパー（カードボード）を使用したカードボードドレーン工法，不織布とプラスチックで構成されたプラスチックドレーン材を使用したプラスチックドレーン工法，ドレーン材に黄麻とヤシの実の外皮繊維を利用した天然繊維を使用したファイバドレーン工法などがある．（P.301：図-2）

ひうち（火打ち）　angle brace

腹起しを補強する目的で水平に設置する斜め部材．

ピエゾメータ　piezometer

水位管（両端のみ開いているパイプ）内の水頭を計測する方法．地盤調査においては，ボーリング孔を利用し，地中に開いた部分の水圧に応じて地下水があがってくる被圧地下水の圧力水頭を，観測する簡易な方法として用いられている．一般に砂質土地盤に適用する．また，ボーリングのケーシング内に水を注入したり，水をくみ出したりして，水位の回復を測定し，その地盤の透水係数とする透水試験方法として利用されている．

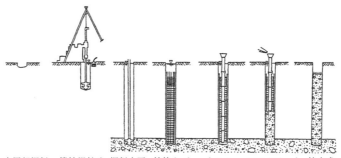

図-1　BH工法

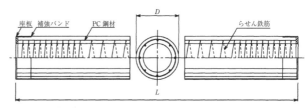

図-2　PHC杭

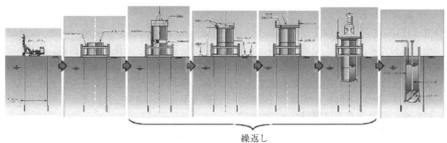

図-3　PCウェルの施工手順

⇨間隙水圧計

ひかえかべしききょうだい（控え壁式橋台） counterfort type abutment
　扶壁式橋台の一つで，逆T型式橋台の躯体とフーチングの間に控え壁を設けて補強した橋台をいう．一般に橋台の高さが高くなると，逆T型式擁壁に比べ経済的となることが多いが，配筋，型枠などの組立てが複雑となる．（図-3）

ひかえかべしきようへき（控え壁式擁壁） counterfort retaining wall
　扶壁式擁壁の形式の一つで，逆T型，またはL型擁壁のたて壁と底版の間に控え壁を設けて補強した擁壁をいう．控え壁を用いることにより，逆T型擁壁に比べて，たて壁および底版の各部材の厚みが薄くなるため，比較的高い擁壁に適用される．しかし，控え壁が裏込め土内に突出していることから，控え壁は裏込め土の施工性を考慮した設置間隔とする必要がある．また，控え壁を擁壁前面に配置したものを支え壁式擁壁，背面側に配置したものを控え壁式擁壁という．（図-4）

ひかえしきやいたへき（控え式矢板壁） counterfort type sheet pile wall
（図-5）⇨タイロッド式矢板壁

ビショップほう（ビショップ法） Bishop's method
　円弧すべり解析を行う際，i 番目の分割片に作用する力として，上載荷重 Q_i，全重量 W_i，すべり面下からの垂直力 N_i とせん断抵抗力 T_i，水圧による力 U_i を考え，分割片間の力（V_i, V_{i+1}, E_i, E_{i+1}）のやりとりを考慮して安定解析を行う方法のこと．分割片間の力のうち，鉛直力の変化がない（$\Delta V_i = V_i - V_{i+1} = 0$）と仮定して解く簡便法が一般には用いられている．震度法による地震時の安定解析など，水平方向の力の成分が重要な設計に用いられることが多い．飽和粘土地盤を対称とした UU 解析（$\phi_u = 0$ とする解析）の場合には，フェレニウス法や修正フェレニウス法と同じ解が得られるが，砂地盤のように ϕ がある材料の場合には，ビショップ法の方が他に比べて大きな安全率を与える．
（P.303：図-1）

ひせんけいスペクトルほう（非線形スペクトル法） nonlinear response spectrum method
　構造物の地震に対する非線形応答量を，非線形応答スペクトルにより求める方法の総称．近年の耐震設計では，構造物の周期と降伏震度を別途算定しておき，降伏震度スペクトルを用いて応答塑性率を算定する方法が用いられている．構造物をモデル化して，時刻歴非線形応答解析を実施して非線形応答量を算定するよりも，はるかに計算時間が短いので設計実務では有用な手法である．

ひっぱりきれつ（引張亀裂） tension crack
　引張応力により生じる縦方向亀裂．通常，粘土斜面の法肩付近ですべり破壊の前兆として発生する．

ひっぱりてっきん（引張鉄筋） tension bar
　コンクリート部材の引張応力を受けるように配置される鉄筋．引張鉄筋は，引張応力を分担させるほかに，コンクリート部材にひび割れが生じた場合のひび割れ拡大の抑制，部材の靱性の増大などを目的に配置されることもある．

ひかえ～ひつぱ

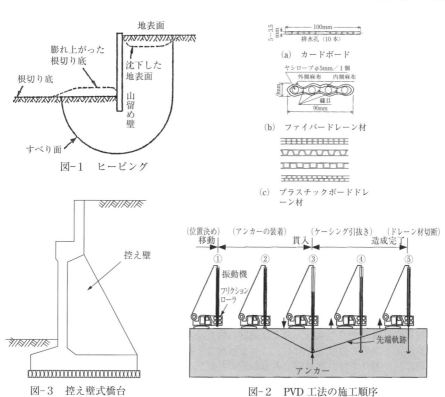

図-1　ヒービング

(a)　カードボード

(b)　ファイバードレーン材

(c)　プラスチックボードドレーン材

図-2　PVD工法の施工順序

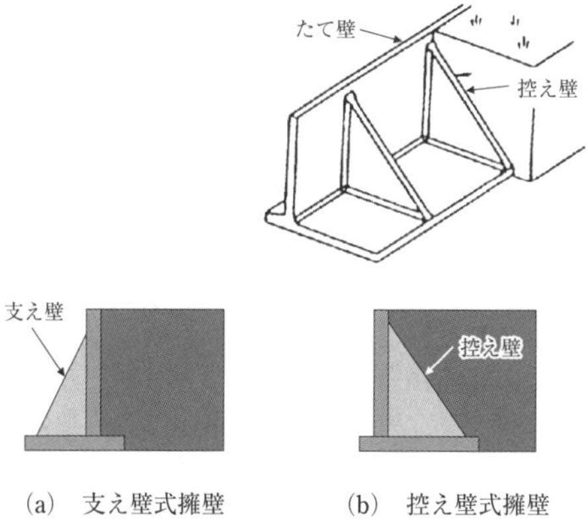

図-3　控え壁式橋台

図-4　扶壁式擁壁
(a)　支え壁式擁壁
(b)　控え壁式擁壁

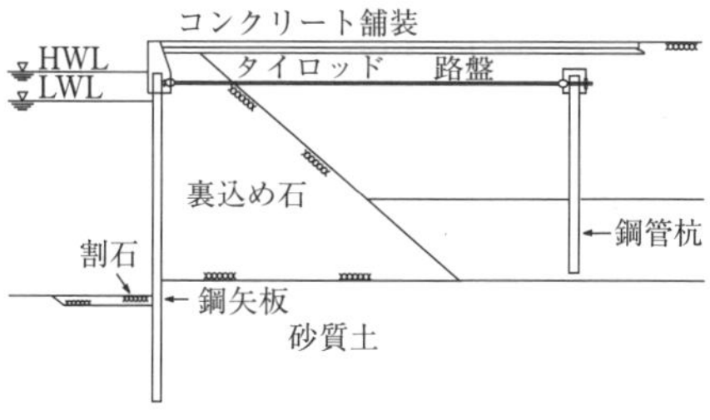

図-5　控え式矢板壁（控え直杭式）の例

ひとうじょうせいざいりょう（非凍上性材料） non-frost susceptible material
　凍上を起こしにくい材料のことで凍上抑制層として使用される材料．非凍上性材料であるかは凍上試験によって判定される．土の凍上性は，土粒子の粒度が特に重要であり，一般に，0.1mm以上の砂では凍上現象が起こらない．シルト質の土や火山灰粘性土，泥岩など乾湿繰返し作用や凍結融解作用により土砂化する岩石は凍上性が高い．

ひはいすいせんだんきょうど（非排水せん断強度） undrained shear strength
　主として飽和した土供試体を非排水状態でせん断したときに発揮する強さ．実務では，透水性の低い粘性土で非排水せん断強度が問題となり，全応力解析の際に用いられる．粘性土地盤に荷重を載荷した場合には，短期的には，発生した過剰間隙水圧の消散を見込んで設計することができないため，載荷前の粘土が有する非排水状態でのせん断強さが設計で用いられる．
　粘性土の一軸圧縮試験は，拘束圧の無い非排水せん断強度を求める試験とみなすことができ，一軸圧縮強さの2分の1を非排水せん断強さとする．しかし，一軸圧縮試験結果は，サンプリングされた試料の乱れの程度によってばらつくことが知られており，原位置の非排水せん断強度をより信頼性高く求めるためには，非排水状態で拘束圧を供試体に付与してから非圧密非排水せん断試験（三軸ＵＵ試験）をすることが有効である．この場合，理想的には，図-2に示すように，拘束圧が変化してもせん断強さが変化しないため，せん断抵抗角（内部摩擦角）ϕをゼロとして原位置の粘性土の非排水せん断強度を求める．

ひびわれげんかいきょうど（ひび割れ限界強度） critical strength of crack occurring
　部材の水密性や使用鋼材，および鋼材の腐食環境に応じて設定されるひび割れ幅の制限値超える限界の強度．ただし，これを精度よく推定することは困難なため，設計では一般にひび割れの検討を省略できる鉄筋の発生応力度を規定し，これを制限値として用いている．

ひびわれゆうはつめじ（ひび割れ誘発目地） crack inducing joint
　乾燥収縮，温度応力，その他の原因によって生じるコンクリート部材のひび割れを，計画した位置に集中して生じさせる目的で，所定位置に断面欠損部を設けて造る目地．一般に，拘束長さ（L：目地間隔）と打設高さ（H：躯体高さ）の比L/Hは1～2程度とされ，断面欠損率は30～50％程度とされている．ただし，構造物の強度，機能を損なわないように位置，断面欠損率等を決めなければならない．（図-3，写真-1）

ひょうじゅんかんにゅうしけん（標準貫入試験） standard penetration test
　標準貫入試験用サンプラーを動的貫入することによって地盤の硬軟，締まり具合の判定，土層構成を把握するための試料の採取を目的とする試験．標準貫入試験では所定の深さまでボーリングを行った後，質量63.5kgのハンマーを760mmの高さから自由落下させ，SPTサンプラーを300mm打ち込むのに必要な打撃回数（N値）を測定する．ハンマーは自動落下方式あるいはトンビ方式によって自由落下させる．コーンプーリー方式ではドライブハンマーを自由落下させることはできないので，自由落下できる他の方式を選択するかあるいはエネルギー効率を測定する．本打ちに先立ち150mmの予備打ちを行う．SPTサンプラーからは試料を得ることができ，物理試験や液状化の判定に用いられる．（P.305：図-1）

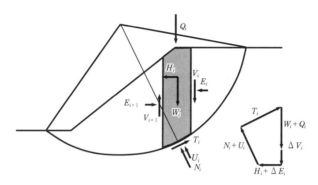

図-1　ビショップ法

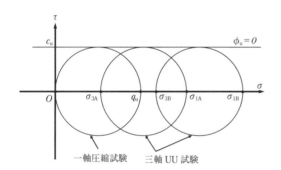

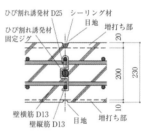

図-3　ひび割れ誘発目地の構造（例）

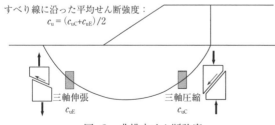

図-2　非排水せん断強度

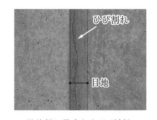

目地部に発生したひび割れ

写真-1　ひび割れ誘発目地

ひょうじゅんさ（標準砂） standard sand
　セメントの強度試験用モルタルや練混ぜ水に使用され砂で，JIS R 5201 規定されている．山口県豊浦町産の天然けい砂を精製し粒度分布を調整したもので，一般に豊浦標準砂と呼ばれている．粒度は，JIS により，試験用網ふるい 2.0mm 残分 0 %，0.08mm 残分 99% ± 1 % など，ISO 基準砂の粒度分布に準じている．

ひょうじゅんのりめんこうばい（標準法面勾配） standard gradient of slope
　地盤条件や盛土材料に応じて経験的に決められている標準的な法面勾配．標準法面勾配は，地質調査の結果および用地条件等を総合的に判断して決定される．一般に標準法面勾配を確保すれば，特に土質に問題がある法面以外では，大きな崩壊には至らないと考えられている．

ひょうそうクリープ（表層クリープ） surface creap
　斜面の表層部付近の岩石または土壌が，一定応力のもとで時間とともに緩やかに変形が継続してひずみみが増加し，表層変形を起こす現象をいう．一般に，まさ土などの砂質土主体の斜面に多い．

ひょうそうじばん（表層地盤） surface ground
　基盤面より上方の比較的軟質の堆積層によって構成される地盤の総称．一般に平野部におけるせん断弾性波速度が 300〜500m/s 以上の洪積層より上方の沖積地盤のことをいう．

ひょうそうしょりこうほう（表層処理工法） surface soil improvement
　地盤改良工法の一つで，地表面から 3 m 程度の浅い部分を地盤改良する工法である．表層処理工法は，軟弱粘性土地盤における埋立地盤などの表層処理や，道路・鉄道・空港などの路床，路盤材料の安定処理として利用されている．代表的な工法としては，表層に排水路等を設けることで地表の水位を下げる表層排水工法，シートあるいはネットを敷設する敷設材工法，石灰またはセメントにより改良を図る表層混合処理工法などがある．（図-2, 3）

ひょうそうほうかい（表層崩壊） surface failure
　斜面崩壊のうち表層の軟弱な層と地下の固い層との間に不連続面があり，その面を境界として表層の軟らかい層が崩壊するものをいう．地震や豪雨をきっかけとして起こることが多い．一般に，崩壊規模は小さいが，崩壊の中では最も多く，発生数が非常に多いことが特徴である．

ひょうめんはいすい（表面排水） surface drainage
　雨水などの水を，地表面に勾配をつけることにより排水すること．主に雨水の浸透抑制や地表面の軟弱化を防止するために実施され，一般的に 1.5 から 2.0 % 以上の勾配が必要である．路面からの水の排水は表面排水，あるいは路面排水で，側溝，雨水ますなどで処理される．

ひんしつきていほうしき（品質規定方式） quality specified
　盛土の締固め管理方式（工法規定方式と品質規定方式）の一つである．品質規定方式

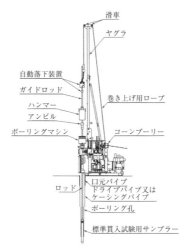

図-1　標準貫入試験装置および器具の名称

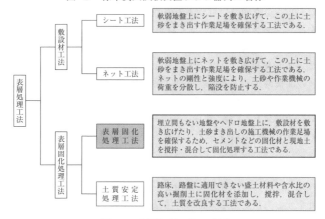

図-2　表層処理工法の分類

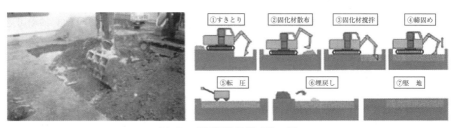

図-3　表層固化処理工法の例

とは，現場密度試験等により所定の締固め品質が確保されていることを確認する方法である．なお，流用土の場合で品質規定が困難な場合は，締固め機種，まきだし厚および転圧回数などを規定した工法規定方式が用いられる．

〔ふ〕

ファイざい（φ材） φ-material
　土のせん断強度をせん断抵抗角（内部摩擦力）（φ）のみで表現して，設計上で取扱う材料（土）のことをφ材いう．ただし，土質力学上の正しい用語（用法）ではなく，あくまで設計上の便宜的な取扱いの上での用語であることに留意する．砂質土のせん断抵抗角（内部摩擦角）を間接的に求める方法として標準貫入試験の N 値などから推定する場合がある．⇨c材

ファイバードレーンこうほう（ファイバードレーン工法） fiber drain method
　ドレーン工法の一種で，ドレーン体としてグラスファイバーのせん維を用いる．グラスファイバーは可とう性に富み，引張強度が高い．この工法の特徴は緊結滑動杭打機を用い，4本のドレーンを同時に打設するので，施工速度が速い．（表-1，写真-1）

ファンネルねんど（ファンネル粘度（F・V）） marsh fannel visgcosity
　場所打ちコンクリート杭の泥水管理などで使用されるファンネル粘度計（正式名称：マーシュファンネル粘度計，API 規格：American Petroluem Institute）で示され，見掛け粘度の一種の簡便測定値である．見掛け粘度とは、塑性流体のセン断特性（セン断応力−セン断速度）を表わす曲線上の任意点と，原点を結ぶ直線の傾きをいう．
　地盤の安定に必要なF・Vは，地質にもよるが一般に20〜50（sec）である．（写真-2）

フィックストアートサポートほう（フィックストアースサポート法） fixed earth support method
　矢板壁の設計法の一つ．矢板の根入れ長が十分に長い場合には，矢板の先端部分が地盤に拘束される（フィックストアースサポート状態）．このような条件を満たすとして矢板壁の設計をする方法である．この方法は，矢板壁の断面を決定する際に用いられる．（P.309：図-1）

フィルターざい（フィルター材） filter material
　土中の浸透水を排水させるための層に使用する透水性および粒度配合の良い砂や切込み砂利等．フィルター材は，土中に敷きならし排水層として用いるほか，排水管と一般盛土材料との接触をさけ，長期の目詰まりを防止する目的で排水管周りに用いる．また，ロックフィルダムなどにおいて，コア材の流出防止のため，コアの両側にフィルター材によるゾーンを設けている．（P.309：図-2）

ふうかがんじすべり（風化岩地すべり） weathering rock landslide
　移動土塊が風化した岩盤や粘土で構成されており，数十年〜数百年に1回程度に継続

表-1　天然繊維材の種類

項目	ファイバードレーン材	広幅ファイバードレーン材	ファイバーベルト材	ファイバーマット材
概要図				
素材	〈フィルター〉・ケナフ繊維の織物（二重） 〈芯　材〉・ヤシロープ（ヤシ実の殻の外皮短繊維をロープ状にしたもの）		〈フィルター〉・ケナフ繊維の織物（二重） 〈芯　材〉・ヤシの実の外皮短繊維を複雑に綿状に絡め，板状に圧縮したもの	

写真-1　ファイバードレーン打設機械

写真-2　ファンネル粘度計

的に発生することが多い．結晶片岩地帯に多くみられる．

ブーシネスクのかい（ブーシネスクの解） Boussinesq's equation
　半無限弾性体表面に集中荷重が作用した場合の弾性体中の解で，応力解と変位解が存在する．応力解は地表面荷重に対して弾性体中の応力を与え，変位解は地表面荷重に対する変位を与える．

フーチング footing
　柱や壁からの荷重を地盤あるいは地中に構築された基礎構造へ伝えるために柱などの下部に設けられる比較的剛な版状の構造物．フーチングの平面形状は地盤や地中の基礎構造の支持力特性から決まり，柱や壁の断面よりも広がりを持つ．直接基礎は支持地盤に接して直接荷重を伝達し，杭基礎ではフーチングと杭頭部とを連結して躯体からの荷重を杭を介して地盤に伝達する．杭基礎の場合，フーチングが基礎全体の剛性を確保する役割も担っている．パイルキャップともいう．（図-3）⇨フーチング基礎

フーチングきそ（フーチング基礎） footing foundation
　フーチングを有する直接基礎．柱1本からの荷重を地盤に伝達する独立フーチング基礎，複数の柱の荷重を伝達する複合フーチング基礎および，連続する壁からの荷重を伝達する連続フーチング基礎に分類される（図-4）．⇨複合フーチング，連続フーチング基礎

フォイルサンプラー foil sampler
　N値が0から2程度のきわめて軟弱な粘土を連続した乱さない試料を採取するサンプリング装置．フォイルテープと呼ばれる薄い金属テープを装着したサンプリングチューブを押し込むことにより，試料はフォイルテープに包み込まれながら，サンプリングチューブに吊り下げられた形で採取される．フォイルテープの腐食が生じやすいことから，試料採取後はできるだけ早く試料を引き出して試験を行う必要がある．（図-5）

ふかいきそ（深い基礎） deep foundation
　基礎の安定性を照査する際に，基礎を弾性体として扱う必要がある根入れ深さの大きい基礎．杭基礎，ケーソン基礎，鋼管矢板式基礎，地中連続壁基礎などがこれに当たる．ただし，ケーソン基礎でも基礎幅に比べて根入れが浅く，剛体として挙動するような場合は深い基礎と扱わない．⇨剛体基礎，弾性体基礎

ふかしかじゅう（付加死荷重） additional dead load
　鉄道基準では，死荷重のうち，将来的に変動する可能性が大きい荷重（舗装，バラスト，ケーブル，ダクト，高欄等）であり，構造物の自重をはじめとする固定死荷重とは区別して扱うものを付加死荷重と呼ぶ．

ふかんぜんしじきそ（不完全支持基礎） incomplete supported foundation
　鉄道基準では，基礎のうち支持層に直接設置された基礎を完全支持基礎と呼び，これ以外を不完全支持基礎と呼ぶ．不完全支持基礎の場合，不完全支持層が基礎幅と比較して薄い場合，基礎底面のほか，不完全支持層下の支持層上で基礎の支持力の検討を実施する必要がある．⇨不完全支持層

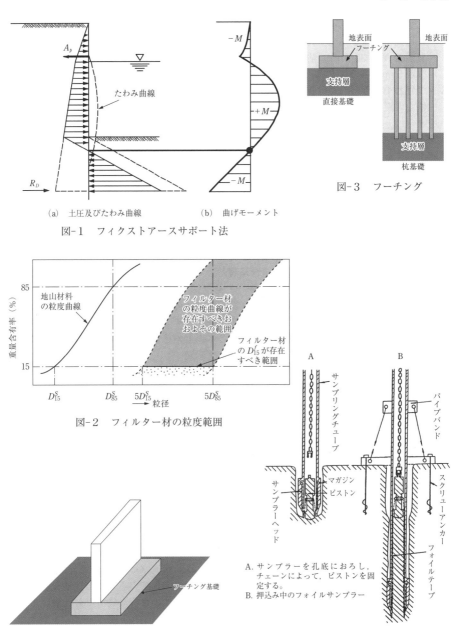

(a) 土圧及びたわみ曲線　　(b) 曲げモーメント
図-1　フィクストアースサポート法

図-3　フーチング

図-2　フィルター材の粒度範囲

図-4　フーチング基礎

A. サンプラーを孔底におろし，チェーンによって，ピストンを固定する。
B. 押込み中のフォイルサンプラー

図-5　フォイルサンプラー

ふかんぜんしじそう（不完全支持層） incomplete bearing layer
　鉄道規準では不完全支持基礎直下の地層を不完全支持層と呼ぶ．不完全支持層として砂質土で N 値 30 未満，粘性土で N 値 20 未満，さらにこれ以上の地盤強度であっても層厚が 5 m 未満の場合は不完全支持層と呼ぶ．（図-1）⇨不完全支持基礎

ふきつけわくこう（吹付け枠工） shotcrete spray grating crib works
　法面保護工の一つで，切土法面に型枠・鉄筋を設置し，モルタルまたはコンクリートを吹付け，格子枠を造成する工法．亀裂の多い岩盤法面や，早期に保護する必要がある法面に用いる．施工性がよく，凹凸のある法面でもフレキシブルに対応できる．断面形状を変えることにより，比較的安定したところの法面における風化・侵食の防止，緑化の基礎工や表層崩壊を抑える構造物，グラウンドアンカー等の受圧板として深いすべりに対する安定をはかる目的などさまざまな用途に適応できる．（写真-1）

ふくごうきそ（複合基礎） composite foundation
　異種基礎の一種で，図に示すように，水平方向に場所打ち杭と地中連続壁を連結させた井筒式基礎やケーソン基礎の下に場所打ち杭を連結した脚付きケーソン基礎など，異なる種類の基礎を組合せた基礎を複合基礎と呼ぶ．ただし，杭を矩形状に配置した基礎や地盤改良と杭を組合せた基礎も複合基礎として取り扱われる場合もあるなど，複合基礎という用語は色々な意味で用いられている．（図-2）⇨異種基礎

ふくごうフーチングきそ（複合フーチング基礎） composite footing foundation
　2 本あるいはそれ以上の柱からの荷重を単独フーチングで支持地盤へ伝達する直接基礎．外柱が敷地境界線に近接する場合や，2 本以上の柱が近接している場合などに用いられる場合が多い．（図-3）⇨連結フーチング基礎

ふくごうすべりせん（ほう）（複合すべり線（法）） compounded slip surface
　土構造物の安定計算において，仮定するすべり面を一種類ではなく円弧や直線を，適宜，組み合わせたものを用いた計算手法．（図-4）

ふくてっきん（腹鉄筋） web rebar
　梁やスラブにおいて，斜引張応力を受けるために配置される主鉄筋．折曲鉄筋とスターラップがある．桁の腹板（ウェブ）部分に配置されることからこの名があり，はら鉄筋とも呼ばれる．（図-5）

ふくてっきん（複鉄筋） double reinforcement bar, double rebar
　梁やスラブなどの曲げを受ける部材において，引張応力と圧縮応力を負担するように鉄筋を配置したもの．これに対して，引張応力のみに対して配置したものを単鉄筋と呼ぶ．（図-5，P.313：図-1）⇨単鉄筋

ふくりゅうすい（伏流水） under flow water
　自然状態で流動速度の速い地下水を伏流水という．伏流水は扇状地や旧河道において多く見られる．時には埋没谷などにもある．伏流水の流れている地域では地下水が多量に得られるため，水道水源井戸などが多く見られる．このような場所での工事は注意が必要となる．

ふかん～ふくり

図-1　不完全支持層

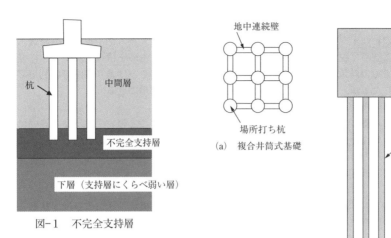

(a) 複合井筒式基礎

(b) 脚付きケーソン基礎

図-2　複合基礎

図-3　複合フーチング基礎

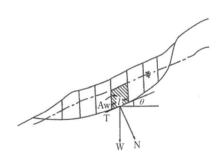

図-4　複合すべり線法のすべり線

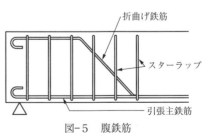

写真-1　吹付け枠工

図-5　腹鉄筋

ふくろづめだっすいしょりこうほう（袋詰脱水処理工法） packing dehydration method
　高含水比の粘性土や湖沼等に堆積している軟弱な土をジオテキスタイルでできた透水性のある袋に詰めて脱水を促進させるとともに，袋詰めしたものを積み重ねたときに袋に作用する張力の効果を期待して袋詰めした土の強度を増すことにより盛土等に利用できるようにした工法．堤防の築堤，崩壊の裏面の復旧等に利用できる．

ぶざいかく（部材角） rotation angle of member
　隣り合った基礎において，構造物の荷重により生じる基礎ごとの発生沈下量の違いによる不同沈下に伴い生じる傾斜角．基礎間の相対沈下量より求める．部材角の発生により，基礎梁などの構造物には応力が発生するため，設計時には構造物に有害な影響を与えないよう許容部材角を設定する．（図-2）

ぶざいけいすう（部材係数） member factor
　部材断面耐力の計算上の不確実性，部材寸法のばらつき，破壊性状および限界状態に及ぼす影響の度合いなどを考慮する安全係数．⇨部分係数，部分係数法

ふしくい（節杭） nodular pile
　既製コンクリート杭の一種類．杭の軸部に節状に突起を設けた形状をしている．節部の突起により，通常の円形杭に対して周面摩擦抵抗を大きく取れることを特徴としており，主に摩擦杭として用いられる．断面形状は円形杭のほかに，三角形杭，六角形杭などがある．（図-3，写真-1）

ふしょく（腐食） corrosion
　金属が環境の影響を受けて変化することをいい，多くは酸化現象をいう．
　腐食には乾食と湿食があり，通常は湿食と呼ばれる電気化学的作用によるものが多い．鋼杭は地盤に打ち込まれる場合が多く，腐食性は小さいが，水分の有無，水質などの条件により，0.03〜0.3mm/year ないし1mmの腐食しろをとるよう規定される場合が多い．（写真-2，3）

ふしょくしろ（腐食しろ（代）） anticipated corrosion rate
　全面腐食が想定される鋼構造物において，腐食速度がある程度正確に推定できる場合に適用される設計上の考え方．対象とする鋼構造物が耐用期間内に腐食すると想定される肉厚をあらかじめ初期肉厚に加えておくことにより，構造物の力学的安全性を確保するという設計上の配慮である．ここで，あらかじめ加えておく肉厚を特に腐食しろと称する．

ふしょくそくど（腐食速度） corrosion rate
　ある金属の腐食が進行する早さの目安となる値．腐食速度の表示方法は，腐食の形態によって異なるものとなる．鋼材の腐食は一般的に全面腐食に相当するが，全面腐食の腐食速度の表示方法として，ミリメートルで表した1年当たりの侵食深さ（mm/y），グラムで表した1平方メートル当たりの1日の腐食量（gmd），インチで表した1年当たりの侵食深さ（ipy），ミリグラムで表した1平方デシメートル当たりの1日の腐食量（mdd）などが一般的に用いられている．なお，腐食電流が計測できる場合は，腐食速度を腐食電流で表すことも可能となる．

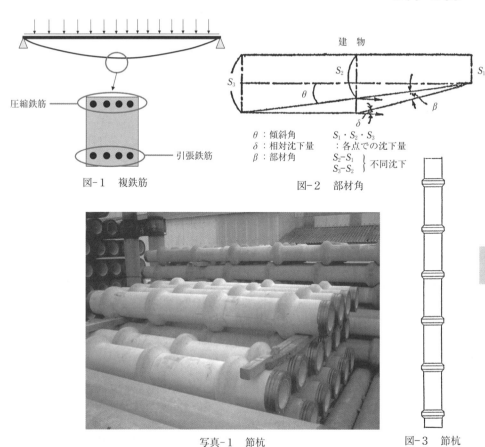

図-1　複鉄筋

図-2　部材角

θ：傾斜角　　$S_1 \cdot S_2 \cdot S_3$：各点での沈下量
δ：相対沈下量
β：部材角　　$\left.\begin{array}{l}S_2-S_1\\S_3-S_2\end{array}\right\}$不同沈下

写真-1　節杭

図-3　節杭

写真-2　鋼矢板の集中腐食の例

写真-3　鋼矢板護岸の前面に打設された鋼管杭の集中腐食の例

ふしょくど（腐植土） humic soil, humus soil
　⇨有機質土

ふせいけいじばん（不整形地盤） irregularly bounded surface ground
　水平地盤に対して，不整形な形状を持つ基盤上の地盤．不整形地盤では波動が複雑な伝播を示し，局所的に地震動が増幅されることがあるので，一般に地震被害が集中しやすいことが知られている．（図-1）

ふちゃく（付着） bond
　異種の材料が相互に付くこと．鋼材とコンクリートとの付着は，両材料の境界面における一種のせん断抵抗をいい，その抵抗機構には次の3つがあると考えられる．①材料が持つ粘性による純付着力，②鉄筋表面のあらさによる摩擦抵抗，③異形鉄筋のように表面に凹凸を有する場合の機械的抵抗．

ふちゃくおうりょく（付着応力） bond stress
　鉄筋コンクリートなどにおいて，コンクリートと鋼材とが相対的にずれようとする場合に，それに抵抗するように両材料の境界面に働く一種のせん断応力．

ふちゃくりょく（付着力） adhesion
　外力に押されていない状態における土と異種材料との間のせん断抵抗力．

ふつうじばん（普通地盤） normal ground
　普通地盤とは，特殊地盤以外の地盤の総称を呼び，構造物の設計において慣性力の影響のみを考慮した設計を実施することを基本としている．このような地盤では，地震時の地盤変位の影響よりも慣性力の影響が構造物の耐震設計上，構造物の性能レベルを決定する主要因であることから定められた．⇨特殊地盤

フック hook
　鉄筋をコンクリートに確実に定着させる目的で加工された鉄筋端部の折り曲げた部分．標準的なフックとして，半円形フック，鋭角フックあるいは直角フックが用いられる．（図-2）

ふっこうばん（覆工板） covering plate
　路面覆工を行う場合に使用する鋼製，鋳鉄製，またはコンクリート製の中空の特殊断面を持った板で，幅約750mm，原さ200mm，長さ約2m程度で種々の形式のものがある．（図-3）

プッシュオーバーかいせき（プッシュオーバー解析） push over analysis
　道路橋の下部構造の耐震設計では，要求される性能に応じた地震力を静的に下部構造に作用させ，そのときの変形量が規定された値を下回ることを確認する．プッシュオーバー解析は，部材の一部が塑性化する場合の部材や構造物の抵抗特性を求める静的解析法で，上部構造の慣性力の作用位置に水平荷重を単調に増加させながら載荷して橋脚や基礎に関する荷重－変形量関係などを求めるものである．

ぶつりけんそう（物理検層） geophysical logging
　ボーリング孔を利用し，孔壁付近の地層の性質を調べる試験の総称．孔内の検知器を移動させることにより，地層が有する電気的性質，速度伝播性，音響インピーダンス，放射能などを測定する．速度検層，電気検層，放射能検層，温度検層などがある．（P.317：表-1）

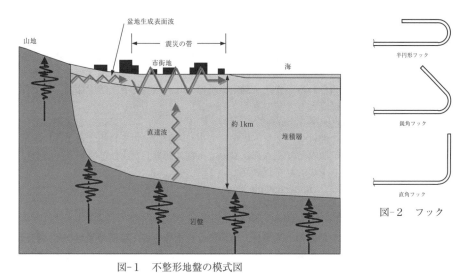

図-1 不整形地盤の模式図

図-2 フック

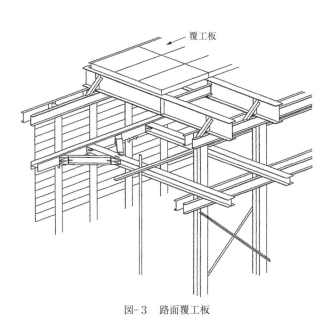

図-3 路面覆工板

ぶつりたんさ（物理探査） geophysical exploration
　地下構造を各層の物理的または科学的性質の差異を利用して，人為的または自然に生じた現象を地表から探査し，これを推定する方法．物理探査には，利用される物理現象により，弾性波探査，電気探査，磁気探査，重力探査，放射能探査，温度探査，リモートセンシングなどに分類される．また，測定場所により，地表探査，空中探査，海上探査，坑道内探査，孔内探査とも分類できる．（表-2）

ふてっきん（負鉄筋） negative rebar
　梁や版において，負の曲げモーメントによって生じる引張応力を負担するように配置した鉄筋．連続桁や連続版などで支点部において上側に配置した主鉄筋をいう．これに対し，正の曲げモーメントのそれを正鉄筋という．

ふとうすいそう（不透水層） impermeable layer
　⇨透水層

ふどうちんか（不同沈下） differential settlement
　軟弱地盤層厚の変化や地盤の不均質性，さらには盛土等の施工時期の相違などに起因して沈下量に差異が生じ，地盤表面に生じる凹凸のこと．構造物基礎に不同沈下が生じると構造物が傾いたり倒壊したりするなどの被害が生じ，また，道路等の線構造物に不同沈下が生じると乗り心地が悪くなったり，舗装の修復が必要になったりといった被害が生じる．杭で支えられた構造物とそのアプローチ道路部分に著しい段差が生じることもある．不同沈下防止対策として，残留沈下を減らすための地盤改良（十分な圧密），盛土荷重を軽量化するための軽量土やカルバートの使用，圧密沈下挙動に時間差を生じさせないようにするための施工時期の調整などが考えられる．不等沈下ともいう．（図-1）

ふとんかご（ふとん篭） gabion mattress
　鉄筋等を骨組みにし，鉄線で編んだ直方体の篭に，玉石または割栗石を入れたもの．直方体の篭をひな壇上に積み上げて使用する．主に，河川の護岸工，流路工，床固工，切土・盛土法面の法尻抑え，法尻保護，山腹土留め工等の侵食防止，洗掘防止に利用される．また，災害復旧などの緊急性のある場合に利用される．（写真-1）

ふな（そこ）がたすべりめん（船（底）型すべり面） ship-bottom-type slip surface
　すべり面が，船底の段面のような形状のもの．すべり面の下部に圧縮形の隆起部を伴うもので，岩や岩に近い状態の場合，ちょうど船底と同じような形状となるが，土砂の場合は，すべり面が直線状となる．（P.319：図-1）

ふのしゅうめんまさつりょく（負の周面摩擦力） negative skin friction
　⇨ネガティブフリクション

ふのまさつりょく（負の摩擦力）
　⇨ネガティブフリクション

ぶぶんけいすう（部分係数） partial factor
　設計者が複雑な確率論的手法を用いなくとも所定の信頼性を満足しうる設計が行えるよう，荷重，材料，部材および評価法などの不確実性を簡易な設計書式に組み込む形で係数化したもの．ISO 2394の第9章に記載される信頼性設計レベル1の部分係数法に

表-1 物理検層

地盤情報	利用対象	物理量	検層法
地盤の強度（硬軟・固結度）	トンネル・ダム・斜面の地山評価	P波速度・S波速度	速度検層（PS検層）
岩盤の風化・変質・破砕	耐震調査（地震応答解析）	密度	密度検層
地盤の空隙率	トンネル・ダム・地下・構造物等における地下水調査		電気検層
岩盤の亀裂発達度		比抵抗	地下水検層
透水性	地下水環境調査	P波速度	音波検層
透気性	地中ガス予測調査		
孔壁の可視画像	各種地盤評価	光学的画像	ボアホールテレビカメラ
（地盤構成・亀裂とその方向性）		超音波画像	ボアホールテレビュア

表-2 物理探査

区分	方法	測定する物理現象	得られる物理的性質	利用面
地表探査法 （物理探査法）	地震探査	弾性波動	弾性波速度	地盤構造，力学性
	音波探査	音波の反射	音響インピーダンス	〃（海面したの）
	電気探査	地電流	自然電位・比抵抗	〃，地下水
	重力探査	万有引力・遠心力	重力の加速度	〃，密度分布
	磁気探査	静磁気（地球磁界）	透磁率・残留磁気	〃
孔内探査法 （物理検層法）	速度検層	弾性波動	弾性波速度	地盤構造，力学性
	PS検層	〃	〃	〃
	電気検層	地電流	自然電位・比抵抗	〃，地下水
	放射能検層	放射能強度	密度，含水量	土質
	反射検層	音波の反射	音響インピーダンス	孔壁地盤の硬軟，き裂

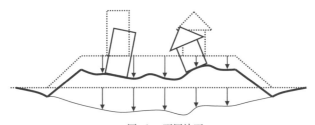

図-1 不同沈下

写真-1 ふとん篭

用いる係数．⇨荷重抵抗係数法，材料係数アプローチ，抵抗係数アプローチ，部分係数法

ぶぶんけいすうほう（部分係数法）　design method based on partial factor
　　ISO 2394の第9章に記載される信頼性設計レベル1の設計法で，設計者が複雑な確率論的手法を用いなくとも所定の信頼性を満足しうる設計が行えるよう，荷重，材料，部材および評価法などの不確実性を係数化した部分係数を簡易な設計書式に組み込んだ設計法．⇨荷重抵抗係数法，材料係数アプローチ，抵抗係数アプローチ

ふへきしききょうだい（扶壁式橋台）　buttressed abutment
　　逆T式橋台の躯体とフーチングの間に扶壁を設けて補強した橋台をいう．扶壁を橋台背面側に設置するものを控え壁式橋台，橋台前面に設置したものを支え壁式橋台という．一般に橋台の高さが高くなると，逆T式擁壁に比べ経済的となることが多いが，配筋，型枠などの組立てが複雑となる．⇨控え壁式橋台，控え壁式擁壁

ふみかけばん（踏掛板）　approach cushion slab
　　橋台と橋台背面盛土との間の路床上部に設置する，鉄筋で補強したコンクリート版．橋台背面の盛土や地盤の沈下に伴い，橋台と背面盛土との接点において舗装面に段差が生じるのを防止するために，橋台上に片側を設置し，背面盛土の沈下に伴い回転できるように設置する．（図-2）

フライアッシュ　fly ash
　　物質を焼却した時に産出される灰のうち，粒径の小さい灰．飛灰．石炭を燃焼させたときに発生する石炭灰のうち，集塵機で補足されるフライアッシュは，全石炭灰のおよそ8割である．粒径はほぼ$10\mu m$で，球形をしている．石炭のフライアッシュのうち70%以上はセメントの材料として用いられているほか，粒状化して砂の代替材として用いられたり，スラリー化してセメントを添加することにより，流動化処理地盤材料として用いられたりしている．（写真-1，2）

プランジャ　plunger
　　場所打ちコンクリート杭の施工において，トレミーを用いてコンクリートを打設する際に泥水とコンクリートが混合しないように縁切りふたをトレミー管にセットする．このふたをプランジャという．（P.321：写真-1）

プランジャほうしき（プランジャ方式）　plunger method
　　場所打ちコンクリート杭の施工において，プランジャをトレミー管にセットしてコンクリートを打設する方法のことをいう．トレミー管にセットしたプランジャはコンクリートの投入により管内の泥水を排除しながら杭先端まで下がるので，コンクリートが泥水と混ざることなく杭を作成することが可能となる．（P.321：図-1）

フリーアースサポートほう（フリーアースサポート法）　free earth support method
　　控え式矢板壁の矢板の根入れ長を決定するための設計法の一つ．この方法では，矢板先端部が地中に固定されていないと仮定し，矢板背面には主働土圧が作用するものと考え，矢板前面には受働土圧が作用すると考える．矢板の根入れ長は，矢板に作用する土圧の控え点周りのモーメントのつり合いをもとに設定する．（P.321：図-2）

ぶぶん～ふりー

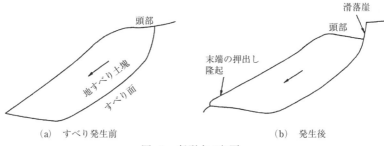

(a) すべり発生前   (b) 発生後

図-1　船型すべり面

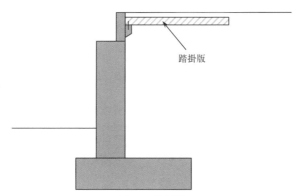

図-2　踏掛版

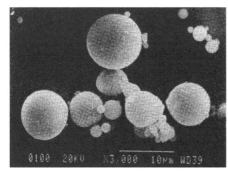

写真-1　フライアッシュの形状

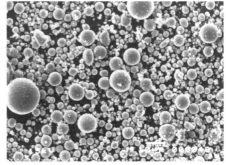

写真-2　フライアッシュの電子顕微鏡写真（×500倍）

フリクションカット　friction cut
　ケーソン工法で，ケーソンを容易に沈設させるため，底面まわりの刃口の部分に加工を施して壁面との摩擦を減少させることをいう．また，圧密沈下が懸念される場所に杭を施工する場合，杭にネガティブフリクションが生じないように摩擦低減材を施すこともいう．（図-3）

ふりょく（浮力）　buoyancy
　流体中の物体に作用する圧力の合力．浮力の大きさはアルキメデスの原理により，排水された体積と同量の流体の重さに等しい．

プルーフローリング　proof rolling
　路床・路盤の完成時に所定の支持力が得られているかを調べるため，ローラやトラックを走行させることにより，その荷重により発生するたわみにより，不良箇所を発見する方法．支持力の有無が，広い面積にわたり面的に把握できること，ならびに不良箇所の是正が迅速に行うことができる．不良箇所は，たわみ量を目視観察することにより発見されるが，不良箇所の判定や是正確認にあたっては，ベンケルマンビーム（自動車を移動させることによって生じる路盤やアスファルト舗装，コンクリート舗装のたわみ沈下量を測定する機械）により測定される．（写真-2，図-4）

プレシオメーター　lateral load test in borehole
　ボーリング孔内横方向載荷試験であり，型式名称の一つである．測定方法は，上中下のセルからなる円筒状のゴムチューブの測定管をボーリング孔内に挿入し，これに地上よりガス圧力を介して水をゴムチューブ内に注入して膨張させ，ボーリング孔壁に圧力を加え孔壁地盤の変形を読みとる計器をいう．⇨孔内水平載荷試験

プレストレストコンクリートぐい（プレストレストコンクリート杭）　prestressed concrete pile
　⇨PC杭，PHC杭

プレボーリングかくだいねがためこうほう（プレボーリング拡大根固め工法）　enlarged-and-solidified-root prebored piling
　地盤を所定深度まで掘削攪拌して根固め液に切り換え，拡大ビットなどにより球根を築造したのち，周面摩擦力を考慮する場合には杭周固定液に切り換え，オーガで引き上げる．その掘削孔に杭を建て込み，自重または回転により所定深度に定着させ，根固め液と杭周固定液の硬化によって杭の支持力を発現する工法．拡大ビットの形式，形状などは各種の工夫がされている．（P.323：図-1）

プレボーリングぐいこうほう（プレボーリング杭工法）　prebored piling method
　あらかじめオーガで地盤を削孔したのち，その中に既製杭を挿入する施工方法．最終工程においてハンマーで打ち止めるか，あるいは根固め液を注入したのち圧入して支持力を発現させる2種類の工法がある．前者をプレボーリング最終打撃工法，後者をプレボーリング根固め工法という．

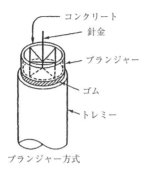

図-1 プランジャー方式

写真-1 プランジャ

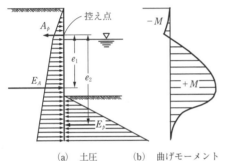

(a) 土圧　　(b) 曲げモーメント

$A_p = E_A - E_p$
$E_A e_1 = E_p e_2$

図-2 フリーアースサポート法

写真-2 プルーフローリング試験状況

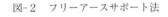

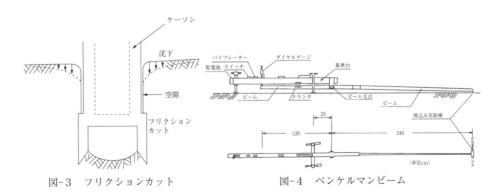

図-3 フリクションカット

図-4 ベンケルマンビーム

ぷれぼ～ふろ－

プレボーリングさいしゅうだげきこうほう（プレボーリング最終打撃工法） terminal percussion prebored piling method

　　プレボーリング工法の一種で，予めオーガー等で支持層あるいはその近傍まで地盤を削孔したのちに，既製杭を挿入し，最終工程で杭頭部をハンマーで打ち止める工法．このために杭体を地表面から打込む場合に比べて振動騒音が少ないことが特徴である．ただし掘削によって支持層周辺まで地盤を緩めるために，打込み杭と同等の支持力は期待できないことが多い．またハンマー等で杭体を打撃するために，その振動騒音は一時的とはいえ発生することが課題としてあげられる．これに対して地盤を削孔したのち，その中に特殊な先端刃や沓を取り付けた杭を挿入して杭先端部を打撃して支持層に貫入させる方法がある．この場合は先端部での打撃のために騒音は少なくなることが特徴であり，打撃工法と同等の先端支持力を期待できる．（図-2）

プレボーリングへいようだげきこうほう（プレボーリング併用打撃工法） prebored and driven piling method

　　打撃工法の一つで，オーガで地盤を途中まで削孔した後，その中に既製杭を建て込み，杭頭部をハンマーなどで打撃して杭先端部を支持層に貫入させ，支持力を発現させる工法．プレボーリングを併用しているが，打撃による振動の低減は期待できない．

プレローディングこうほう（プレローディング工法） pre-loading method

　　プレローディング工法とは，構造物あるいは構造物に隣接する盛土等の荷重と同等あるいはそれ以上の荷重をあらかじめ載荷することにより，地盤の圧密を十分に進行させ地盤の強度増加を図るとともに，橋台などのように偏荷重が載荷する場合にはあらかじめ側方流動を発生させ構造物に及ぼす影響を軽減した後，盛土を撤去して構造物を施工する工法である．プレローディング工法は，地盤の持つ本来の特性を活用した工法として軟弱地盤対策の基本であり，これまでも多くの実績を有している．本工法では，バーチカルドレーン工法やサンドコンパクション工法との併用から，プレロードに対する安定性を高め，かつその効果を促進する方法がとられることが多く，その場合の盛土の天端幅は図-1 (p.325) に示すように余裕幅を設けることが望ましい．また，カルバートなどに用いる場合で，残留沈下量が多いと予測される場合には，図-2 (p.325) のように，カルバートの縦断方向に残留沈下量に対応した量を上げ越し，残留沈下が終了したときに所定の計画高となるよう設置することがある．なお，一般盛土区間に適用される余盛工法も原理的にはプレローディング工法と同じものであり，設計盛土荷重以上に高く盛土（余盛部）を加えることで，将来生じる沈下量を速やかに生じさせるとともに，設計盛土荷重に対する残留沈下量を減少させ，その後の余盛部分を撤去して舗装を施工するものである．（P.325：図-1, 2）

フローティングケーソン floating caisson

　　海中または河中に施工する鋼製もしくはコンクリート製のケーソンで，陸上部のドライドックで構築し，浮力を利用して水上を浮かし曳航するケーソン本体をいい，浮きケーソンともいう．設置地点に到達した後にケーソン鋼殻内にコンクリートを順次打ち込んで沈めて着底させ，その後作業室内を圧気して掘削，沈設してケーソン基礎とする．

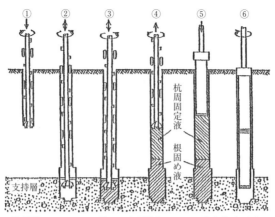

①掘削
②拡大掘削
③根固め液注入
④ロッド引抜き
　(杭周固定液注入)
⑤杭沈設
⑥定着（回転）

図-1　プレボーリング拡大根固め工法

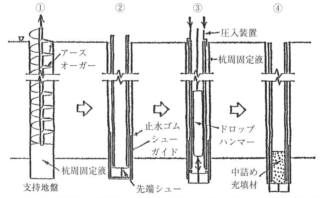

①オーガーで所定深度まで掘削し，杭周固定液を注入しながらオーガーを引上げる。
②先端に可動シューを取付けた杭を掘削孔に挿入する。
③杭中空部を利用して可動シューをドロップハンマーで打撃する。
④杭先端にセメントペーストを打設して，杭と可動シューを一体化する。

図-2　先端に可動シューをつけたプレボーリング最終打撃工法の例

（図-3, 4）

ブロックづみようへき（ブロック積擁壁） concrete block retaining wall
　コンクリートブロックを積み上げた擁壁でのり面勾配が1：1より急なもの．主にのり面の保護に用いられ，土圧の小さい場所に用いられる．ブロック積擁壁は，胴込めコンクリートを設ける練積みと，設けない空積みがある．空積みの場合，擁壁の強度が期待できないことから，高さが低い箇所にしか適用できない．（図-5）

ブロックはりこう（ブロック張工） concrete block pitching method
　法面保護工の一つで，法面の風化および侵食等の防止のため，コンクリートブロックにより法面を保護する工法．1：1以下の緩勾配の法面に用いられ，粘着力のない砂質土，崩れやすい粘土質などに用いられるほか，橋梁高架下面の日の当たらない植生が不適な箇所などにも用いられる．（図-6）

ぶんすいかい（分水界） watershed, divide
　異なる水系の境界線をいう．分水界の内側がその河川の流域となり，その面積が流域面積となる．一般に，河川上流部の山間地では明確であるが，下流部の平地部分でははっきりしないことが多い．

ふんでい（噴泥） mud pumping
　軌道の道床・バラスト部に噴出した泥土（細粒土）．また，道床・バラストが細粒化し浮き上がってきたものを道床噴泥という．路盤が粘性土などの細粒分が多い地盤でかつ雨水などが供給されやすい環境下の場合に，列車荷重などの動的作用を受けることにより泥土化され，その泥土が動的作用によって表面に噴出し噴泥となる．

ぶんりかべけいしき（分離壁形式） separate wall type
　⇨本体利用

ぶんりけいさんほう（分離計算法） separately calculation method
　地下連続壁を本体利用する場合の解析方法の一つで，施工時の設計と本体構造物完成後の設計をおのおの個別に行う方法である．完成時の設計に際して，施工時の残留応力を無視する設計法であるため，構造形式や施工条件によっては必ずしも実状に即した設計方法とはいえないが，計算が容易であるため実務での適用実績は一体計算法に比べ圧倒的に多い．

〔ヘ〕

へいこうそくあつ（平衡側圧） equilivium lateral pressure
　弾塑性法の計算では，掘削面より下の土留め壁の変形を計算する場合に，土留め壁の変形に有効に働く側圧と，そうでない側圧に分けて考えるが，後者の側圧を平衡側圧と呼んでいる．⇨弾塑性法

へいそくこうか（閉塞効果） plugging effect
　開端杭であっても，打込み時に杭内部に進入した土と杭内周面の摩擦により土が杭内

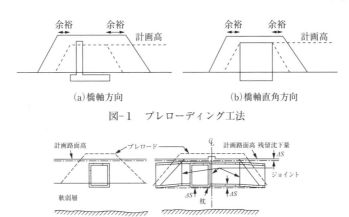

図-1　プレローディング工法

(a) 橋軸方向　　(b) 橋軸直角方向

図-2　カルバート部のプレローディング工法

(a) 載荷重工法　　(b) 上げ越しをする場合

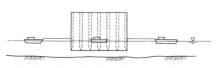

図-3　フローティングケーソンの曳航

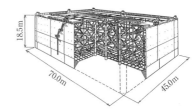

図-4　フローティングケーソンの鋼殻の例

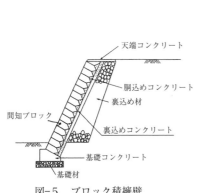

図-5　ブロック積擁壁

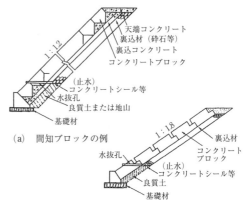

(a)　間知ブロックの例

(b)　平板ブロックの例

図-6　ブロック張工

で詰まり，杭先端が閉塞された状態となって先端支持力を発揮する状態をいう．

開端杭の先端支持力は鋼管肉厚部（R_p）の先端抵抗と管内土の摩擦抵抗（R_{sf}）の合計で表せる．閉塞効果が発揮されて杭が完全に閉塞すれば，開端杭であっても同じ杭径の閉端杭と同程度の先端支持力を期待することができる．（図-1）

へいたんぐい（閉端杭） closed-ended pile

鋼管杭やコンクリート杭など中空の杭で，杭先端部にふたをして先端を閉じた状態で使用する杭．（図-2）

へいばんさいかしけん（平板載荷試験） plate loading test

建築物や直接基礎の原地盤または，道路などの路床や路盤などに剛な載荷板に荷重を与え，荷重の大きさと沈下量との関係から，地盤の変形や強さなどの地盤の支持特性を求めることを目的とした原位置試験．直接基礎の地盤反力係数や支持力調査，道路の支持力調査などに利用される．（図-3）

へいようきそ（併用基礎） combined foundation

1つの構造物に，異なる基礎形式を併用することにより構造物を支持する基礎形式．部分的に異なる基礎を併用した基礎形式と，複数の基礎形式を複合した基礎形式がある．前者の併用基礎は異種基礎，後者の併用基礎のうち直接基礎と杭基礎を併用したものをパイルド・ラフト基礎と称する．併用基礎の適用にあたっては，鉛直および水平支持特性と変形特性に対する的確な評価が必要である．（図-4）⇨異種基礎，パイルド・ラフト基礎

ベータエル $\beta\ell$

$\beta\ell$とは，基礎と地盤との相対剛性を評価する指標である．

剛体基礎や弾性体基礎といった，基礎の安定に係わる基礎の挙動は，基礎体の剛性だけではなく，基礎体と周辺地盤との相対剛性から評価される．例えば，基礎体の剛性が小さくとも，非常に小さな剛性の地盤（極端な例では水）に設置された場合には，水平力を載荷すると剛体基礎のような挙動を示す．このような基礎と地盤との相対剛性について評価するのが，式（1）に示す基礎の特性値（β）と基礎の長さ（ℓ）との積で表される$\beta\ell$である．$\beta\ell$で評価する意味合いとしては，$1/\beta$が水平力を受ける基礎のほぼ第一反曲点の深さとなるため，基礎の長さがこの反曲点の何倍の長さを有しているかを表している．すなわち，$\beta\ell=3$とは，$\ell=3\times 1/\beta$を示す．

ここで，先の例を$\beta\ell$で評価すると，同じ剛性（EI）の基礎でも，地盤の剛性が小さい（式（1）のk_Hが小さい）場合には，βは小さくなり（$1/\beta$は大きくなり）$\beta\ell$も小さくなる．すなわち，剛体基礎的な挙動を再現することとなる．

$$\beta = \sqrt[4]{\frac{k_H D}{4EI}} \quad \cdots\cdots\cdots (1)$$

ここで，β：基礎の特性値（m^{-1}），k_H：水平方向地盤反力係数（kN/m^3），D：基礎径（m），EI：基礎の曲げ剛性（kN・m^2）（P.329：図-1）

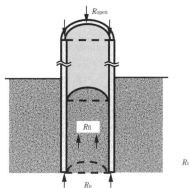

図-1 開端杭の全先端支持力

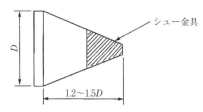

図-2 閉端杭：鋼管杭の先端を閉塞させるためのシュー金具の例

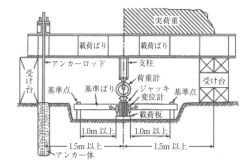

図-3 平板載荷試験

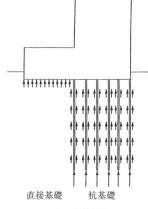

(1) 異種基礎

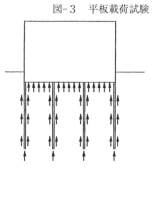

(2) パイルド・ラフト基礎

図-4 併用基礎

ベーンせんだんしけん（ベーンせん断試験）　vane shear test
　⇨原位置ベーンせん断試験

ベーンせんだんつよさ（ベーンせん断強さ）　vane shear strength
　ベーンせん断試験によって求められるせん断強さ．ベーンの寸法と最大トルク M_{max} との関係から得られるせん断強さである．ベーンの高さ（H）と幅（D）の比は 2 であることが多いので，ベーンせん断強さ（τ_v）は $\tau_v = 6M_{max}/7\pi D^3$ で求められる．また，乱さない状態での試験終了後，ベーンを急速に 10 回以上回転させ，引き続き練り返し状態での試験を行うことによって乱した土のベーンせん断強さを得ることができる．乱さない土のベーンせん断強さと乱した土のベーンせん断強さとの比から鋭敏比が求められる．（図- 2）

へきめんまさつ（壁面摩擦）　friction between backfilling material and back-face wall
　擁壁等に作用する土圧を考える際に，壁体と裏込め材の間に作用する摩擦．壁面が鉛直で，壁面と裏込め材の間に摩擦がない（完全になめらかな）場合，壁体に作用する主働土圧あるいは受働土圧の方向は水平になる．これは，ランキン土圧で前提としている条件であるが，実際には壁面には摩擦があり，土圧の作用方向が水平から変化する．クーロン土圧では，壁面摩擦のほか，種々の境界条件を扱うことができる．

へきめんまさつかく（壁面摩擦角）　angle of friction between backfilling material and back-face wall
　擁壁等に作用する土圧を考える際に，壁体と裏込め材の間に作用する摩擦によって，土圧の作用方向が壁面直交方向から変化する角度．主働時と受働時では，正負が反転する．壁体の移動量に応じて増加し，やがて一定値になることが報告されている．実際設計では，裏込め材料のせん断抵抗角(内部摩擦角)の 1/2〜2/3 程度が用いられることが多い．（図- 3）

べたきそ（べた基礎）　mat foundation
　上部構造から柱や壁を通じて伝達されるすべての荷重を単一の基礎スラブの底面から地盤に直接伝える基礎をいう．建物荷重が比較的小さく支持地盤の地耐力が期待できる場合に用いられる．建物に荷重偏在があると不同沈下が生じるおそれがあるため，設計時に荷重偏在を小さくするか基礎スラブを厚くして地盤に均等に荷重を伝える工夫が必要である．また基礎スラブを厚くして，柱荷重を直接地盤に伝える方法（マット基礎）もある．（P.331：図- 1）

ペデスタルくい（ペデスタル杭）　pedestal pile
　場所打ちコンクリート杭の一種で，二重管を用いて杭先端にコンクリートの球根を作成する工法である．ペデスタル杭は他の杭と比較すると信頼性，施工性に欠け現在ではわが国では用いられていない．（P.331：図- 2）

ベルタイプきそ（ベルタイプ基礎）　bell-type foundation
　上蓋と底がない吊鐘形の鋼板，または鉄筋コンクリート製ケーソンを，くい基礎上にかぶせ，その内側下部に水中コンクリートを打設して，ケーソンをくいに固定した後，ケーソン内を排水して，水中コンクリート上に立上がり部分の鉄筋コンクリートをドラ

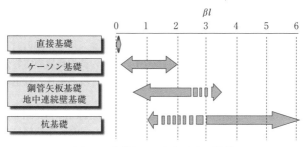

図-1　基礎と$\beta\ell$のおおよその関係

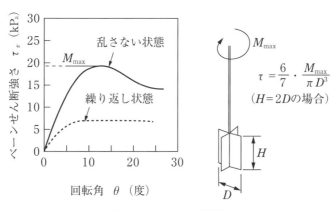

図-2　ベーンせん断強さ

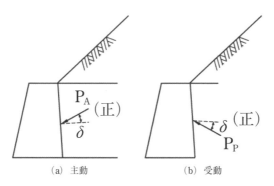

図-3　壁面摩擦角

イワークで施工するもの．（図-3）

へんいほう（変位法）　displacement method
　任意の変位が発生するときのたわみ角，曲げモーメント，せん断力および荷重との関係を満足する剛性マトリクスと境界条件により，任意の荷重状態の応答値を計算する構造解析手法．変位法は剛性マトリクスを利用するので，境界条件の設定等が容易であるため広く用いられている．

へんかじゅうをうけるきそ（偏荷重を受ける基礎）　eccentrically loaded foundation
　土圧や軟弱地盤における側方流動圧など，前後で異なった荷重状態にある構造物を支持する基礎．

へんけいけいすう（変形係数）　modulus of deformation
　応力−ひずみ曲線の勾配．一軸や三軸圧縮試験および平板載荷試験からも得られる．一軸圧縮試験の場合，一軸圧縮強さの1/2の強度の点と原点との勾配を変形係数 E_{50} として，地盤のみかけの弾性係数として利用することがある．また，平板載荷試験において，荷重強さ−沈下量曲線から変形係数Eを求め，舗装の構造設計に利用される場合もある．

ベンケルマンビーム　Benkleman beam
　⇨プルーフローディング

へんしんけいしゃかじゅう（偏心傾斜荷重）　eccentric inclined load
　土圧や地震時慣性力などの水平荷重を受ける構造物から地盤に作用する荷重合力を傾斜荷重というが，その作用点が構造物の中心より前面側にずれた位置にあるもの．水平荷重を受ける構造物は，前面に倒れ込むように動こうとするため，その底面が受ける地盤反力は，台形分布，あるいは，ある接地幅を有する三角形分布になる．これを集中荷重に置き換えるためには，接地圧分布形状の重心に作用点をもってくる必要がある．護岸構造物のように偏心傾斜荷重を考えなければならない支持力解析では，荷重を等価な等分布荷重に置き換えてビショップ法による円弧すべり解析を行う．（図-4）

ベンチカットこうほう（ベンチカット工法）　bench cut method
　① 山岳トンネル掘削工法の一種．上部半断面を先に掘削し，すぐ後から下部半断面を掘削する工法．基本的に地質が比較的良い所で用いられることが多いが，早期に全断面を閉合できるので悪い地質で使用される場合もある．NATMで採用されることが多い．
　② 切土工において，階段式に平らなベンチを設けて，段階的に掘削する工法．
　（P.333：図-1）

へんどあつ（偏土圧）　unsymmetrical earth pressure
　構造物に左右対称ではなく偏って作用する土圧．構造物が傾斜地形や地層が傾斜している地盤，あるいは地質が均質でない地盤中に設置される場合等に偏土圧の作用する場合が多い．

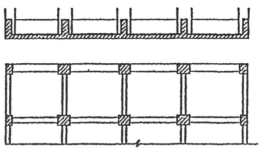

図-1　べた基礎

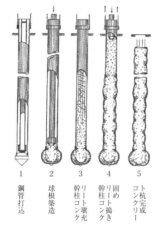

図-2　ペデスタル杭

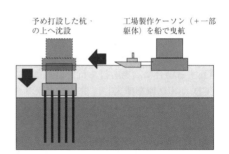

図　海上橋梁のベルタイプ基礎の施工手順の例

図-3　ベルタイプ基礎

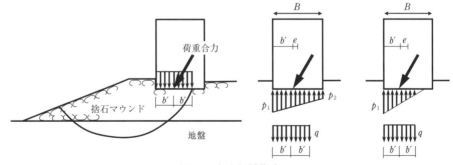

図-4　偏心傾斜荷重

へんどうかじゅう（変動荷重）　variable load
　載荷位置や大きさなどが時間とともに変化する荷重.

ベントナイトけいあんていえき（ベントナイト系安定液）　bentonite slurry
　ベントナイトは粘土鉱物モンモリロナイトを主成分とする膨潤効果の高い粘土で，これを主材料とする安定液．場所打ち杭や連続地中壁の施工において，掘削中の孔壁の崩壊を防止するために孔内に満たす安定液として用いられる．ベントナイト系安定液は孔壁面にベントナイト粒子による不透水性の高い泥膜（マッドケーキ）を形成するため，砂礫地盤など透水性地盤においても周辺地盤への安定液の流出は少なく，地下水頭より孔内泥水の水頭を上げておくことで孔壁の安定を保つことができる．（図-2）⇨マッドケーキ

ベントナイトでいすい（ベントナイト泥水）　bentonite slurry
　⇨ベントナイト系安定液

〔ほ〕

ボアホールカメラちょうさ（ボアホールカメラ調査）　investigation by bore-hole camera
　杭体等の損傷あるいは欠陥をボアホールカメラを用いて直接的に観察する方法．杭体を調査する場合は，場所打ち杭では掘削機で削孔してその中に，また既製杭では中空部にCCDカメラ等を挿入し，杭体の出来具合やクラックなどの損傷状況を内部からリアルタイムに直接測定器のモニターにより観察する．画像データは記録装置に記録され，通常は孔壁の様子を360°展開した写真として出力される．杭体にクラックがあれば写真からひび割れ幅の判定が可能である．（図-3，写真-1）

ボアホールレーダたんさ（ボアホールレーダ探査）　bore-hole radar inspection method
　ボアホールレーダ探査は，電気的性質の異なる物質からの反射波を利用して地中の構造物（杭，地中埋設物等）を探査する手法である．アンテナからボーリング孔の外側に向けて発射された電磁波（電波）が，伝搬媒体となる土や地層と電気的性質の異なる物質にあたって反射する．その反射波が，再びボーリング孔内に戻り受振アンテナに到達したときの往復時間から反射物体までの距離を求め，アンテナをボーリング孔内で移動することにより深度方向の位置が求まる．例えば杭とか地中埋設物は反射物体の境界面等を二次元の断面図で表わすことができる．レーダ探査は，地下の浅い部分を高い分解能で探査することを目的とするため，パルス幅のきわめて短い数（ナノセカンド）=10億分の1秒のパルス送信波が必要とされる．（P.335：図-1）

ボイリング　boiling
　砂質地盤を矢板等で山留めして地下水を根切り底面でくみ上げながら掘削する場合，周辺地盤と水頭差を生じるため掘削領域への水の流れが生じる．これにより，掘削領域の砂質地盤中に水圧が上向きに作用し，水頭差が大きい場合に砂地盤の崩壊により砂粒子が根切り場内にわき上がってくる現象．（P.335：図-2）

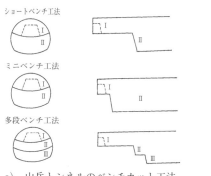

a）山岳トンネルのベンチカット工法　　b）切土のベンチカット工法

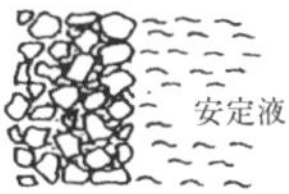

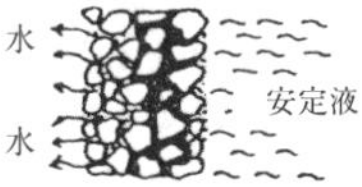

図-1　ベンチカット工法

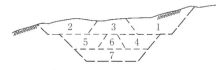

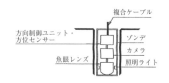

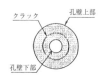

造壁性の機構	孔壁安定化作用と特性
①	安定液は直ちに孔壁に侵入し土粒子間の小さな隙間にベントナイト粒子とCMCの繊維状物質が入っていく．
②	安定液は圧力を受けるので，土粒子間に入ったベントナイト粒子はさらに入ろうとするベントナイト粒子のために圧縮されろ過される．安定液中の一部はベントナイト粒子と水に分離され，そのうち水は進みベントナイト粒子が土粒子の間に残る．
③	ろ過圧縮作用がさらに進むようになり，ベントナイト粒子はさらに分離し孔壁表面に壁（マッドケーキ）をつくる．この壁はベントナイト粒子とCMC紘維状物質で強く圧密されており，ろ過性を失い，もはや安定液は孔壁中に入らず，安定液圧が孔壁面に作用する．

図-2　ベントナイト安定液とその役割

図-3　ボアホールカメラ調査

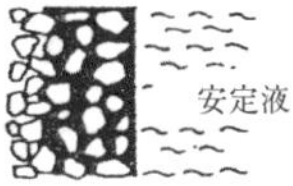

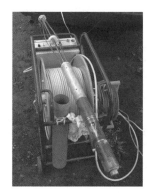

写真-1　ボアホールカメラ調査

ほうかいちけい（崩壊地形）　collapsed landform
　自然斜面やのり面の一部が，降雨や地震などによって斜面崩壊が起き，その結果地表面にできた地形．

ぼうさいカルテ（防災カルテ）　disaster prevention record
　カルテとは情報の記録のことをいい，防災カルテとは地域あるいは特定の対象物について，災害に関する危険度や防災に係る課題，課題解決に向けた方向性などの防災関連情報を記録したものである．したがって，「どこが」，「どのように」用いるために作成されるかによって，その記載情報や活用方法は異なる．例えば，道路防災カルテでは，道路防災点検において抽出された管理上注意を要する災害の可能性のある箇所について，道路管理の現場で行うべき防災のための管理方法が具体的に記載される．具体的な記載項目を例示すると，落石崩壊を対象とした道路防災カルテでは，位置情報，路線名，事前通行規制区間の有無，交通量，路線の活用状況，迂回路の有無といった基本的な情報のほか，現場の写真やスケッチと着目すべき変状，危険性に関する専門技術者のコメント，点検の時期，想定される災害形態，変状が発生した際の対応などがあげられる．これらは，危険性に応じた定期的な点検結果から，変状の推移に応じた適切な対応と安全性を確保するために活用される．

ほうしゃせいはいきぶつ（放射性廃棄物）　radioactive waste
　放射能を帯びた廃棄物で，原子力発電所や核燃料サイクル施設から発生するものが主であるが，大学，医療施設，研究機関などからも発生する．放射能のレベルによって低レベル放射性廃棄物と高レベル放射性廃棄物に分類される．放射性廃棄物は主として固化して地下へ処分される．ただし，高レベルの放射性廃棄物については，強い放射能が長期にわたって持続するため，処分場を閉鎖した後も長期的な安全性を確保できるように地下深部に処分する方法が取られている．

ぼうしょく（防食）　corrosion prevention (corrosion protection)
　金属の腐食を防止する，または可能なかぎり低減すること．防食方法には多くの種類があるが，港湾鋼構造物の場合，鋼矢板，鋼管杭等では干満部から上方については被覆防食，海中部および土中部においては電気防食が適用されている．

ぼうすいこう（防水工）　waterproofing
　トンネル内への漏水を防ぐため，防水物質でトンネル躯体を被覆し，またトンネルの打ち継目部を止水板やシール材などで止水し，トンネルを水密構造とすることをいう．トンネル躯体を被覆する防水材料からは，シート防水，マット防水，モルタル防水，塗膜防水等に分類される．また，防水工の施工手順から躯体を構築した後，躯体外側にはり付けて防水層を形成する後防水方式とあらかじめ下地材にはり付けて防水層を形成した後，躯体を構築する先防水方式がある．（P.337：表-1）

ほうせきど（崩積土）　colluvial soil, colluvial deposit
　重力の作用により斜面上の岩石の風化物が落下，運搬され斜面下方に堆積したもので，運積土の一種．岩石の風化物などから形成される土が流水，重力，風，氷河などの作用

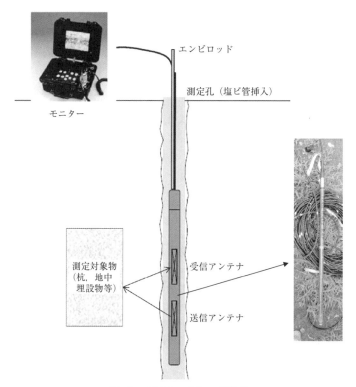

図-1　ボアホールレーダ探査

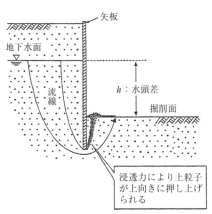

図-2　ボイリング

により運搬され堆積した土を運積土といい，その移動の仕方によって，河川により運搬された沖積土，風により運搬された風積土，氷河により運搬された氷積土などに分類される．崩積土の移動距離は短く，主として崩落により急崖の下方に形成されるものを崖錐という．

ぼうはてい（防波堤） breakwater

港内の静穏を維持し，荷役の円滑化，船舶の航行・停泊の安全および港内施設の保全を図るために設けられる構造物．構造形式上，石やコンクリートブロックを台形状に積み上げた傾斜堤，コンクリート塊やケーソンなど前面が鉛直である壁体を海底に直接据える直立堤，台形状に積み上げた捨石部の上に直立壁を設置する混成堤に大別できる．
（図-1）

ほうわど（飽和度） degree of saturation

間隙全体積 V_v に占める水の体積 V_w を百分率で表したもの．含水比 w，土粒子の比重 G_s および間隙比 e が既知である場合には，飽和度 S_r は $S_r = w \times G_s / e$ で表される．飽和度は土の締固めや室内試験の初期状態のチェックに使われる．

ポータブルコーンかんにゅうしけん（ポータブルコーン貫入試験） potable cone penetration test

静的コーン貫入試験の一つで，人力で静的にコーンを貫入し，地盤のコーン貫入抵抗を求める試験である．コーンは先端角30°，底面積645mm^2 であり，貫入速度は10mm/s を標準とし，100mm 貫入ごとの荷重計の読み値からコーン貫入抵抗を求める．コーン貫入抵抗は貫入力をコーンの断面積で除して算定する．この値から軟弱層の地層構成や厚さや粘性土の粘着力などを求めることが可能である．試験機には単管式と二重管式があり，単管式はロッドの周面摩擦が大きくなるため 3～5 m 程度が限界であり，これ以上の深さでは二重管式が用いられる．（P.339：図-1）

ボーリング boring

地盤調査，建設工事，地下資源の調査などため，削孔用機械を用いて細長い孔をあける作業をいう．地質調査では，地層の判別と土性の観察，試料採取，地下水位の観測や物理検層などに代表される孔内での試験・観測，原位置試験，地盤内応力や地盤の変形，傾斜などを測定するための計器の埋設などに利用されている．

ボーリングこうないしけん（ボーリング孔内試験） borehole test

ボーリング孔を利用して，地層の性質を調べる試験のことをいう．ボーリング孔内試験には，標準貫入試験をはじめ，現場透水試験，孔壁に水平圧力を加える孔内載荷試験や孔内で検出器を移動させ物理量や化学量を測定する物理検層などがある．また，物理検層には，速度検層，電気検層，放射能検層，温度検層などがある．

ほきょうどこうほう（補強土工法） reinforced soil method

細長比が非常に大きく曲げ剛性が小さい土以外の材料（ジオテキスタイル等の高分子材料による土木用繊維製品や鋼製品等）を土中に設置し抵抗力を付与し，土構造物や地盤を安定化させる工法．補強土工法を用いた構造物として補強盛土，補強土擁壁，補強

表-1　防水工

種別		設置方法	材質	特徴
シート防水	合成高分子材料系	貼付け	加硫ゴム	伸び率が高く下地の亀裂に強い．継手の接着に有機溶剤を使用する．
			非加硫ゴム	継手の接着性が良い．後打ちコンクリートに化学反応で接着する．
			塩化ビニル樹脂	軽量のため施工性に優れ，金具での固定が一般的．池や山岳トンネルでの施工例が多い．
			改質ゴムアスファルト	シートの厚みがあり伸び強度も高い．シート継手の接着は加熱による．
			エチレン酢酸ビニル共重合樹脂	軽量なため施工性に優れる．後打ちコンクリートに化学反応で接着する製品もある．
塗膜防水	合成高分子材料系	塗布，吹付け	エポキシ系	下地への接着強度は高いが，伸び率は低い．
			ポリウレタン系	伸び率が高く下地の亀裂に強い．一般に硬化時間が長い．
			ゴムアスファルト系	湿潤状態の下地に施工可能．硬化時間が長い．
			ポリマーセメント系	湿潤状態の下地に施工可能．下地への接着強度が高く，後打ちコンクリートにも接着する．
マット防水	ベントナイト系	貼付け	ベントナイトマット	ベントナイトが水を含むと体積膨張して遮水性能を発揮する．
その他	モルタル防水	塗布	防水性モルタル	混和材を添加しモルタルの水密性を強化．施工性に優れるが，湧水処理や養生に注意が必要．
	アスファルト防水	加熱溶融積層	アスファルトルーフィング	アスファルトの遮水性，粘着性，耐腐食性を利用．火気の管理が重要である．

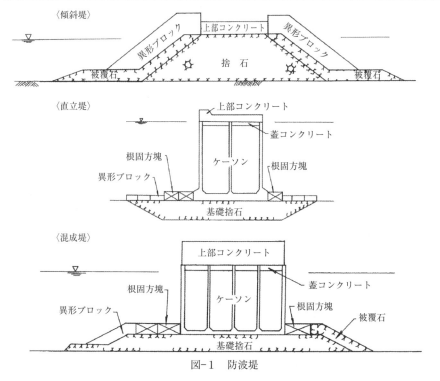

図-1　防波堤

土留め壁などがある．

ほきょうどどめこう（補強土留め工） reinforced earth retaining wall construction method
⇨補強土留め壁

ほきょうどどめへき（補強土留め壁） reinforced earth retaining wall
　鉄筋などの棒状の引張補強材を地山内に設置することにより地山に引張抵抗力を付与し，安定性および耐震性能を向上させた土留め壁．（図-2）

ほきょうどようへき（補強土擁壁） reinforced earth soil wall
　高分子材や鋼材などによる引張補強材と壁面工により構成された急勾配の補強土工法．前述の帯鋼補強土壁やアンカー式補強土壁も補強土擁壁の1種である．壁面工の種類としては分割壁と一体壁があり，補強土擁壁としての設計法が異なる．（図-3）

ほきょうもりど（補強盛土） reinforced embankment
⇨盛土補強工法

ホスピタルロック hospital lock
　圧気工法において，圧力100kpa（1気圧）以上の高圧室作業を行う場合に，高気圧作業障害（以前は潜函病といった）の救急設備として設置する2つの仕切りを有するボイラ形エアロックのことで再圧室ともいう．ロック内には，ベッド，便器，電話，扇風機が設置され，外部から内部が観察できるガラス窓が付いている．（写真-1，図-4）

ぼっくすがた（えいちがた）こうやいた（BOX形（H形）鋼矢板） box-shape (H-shape) steel sheet pile
　H形鋼の端部に継手を溶接したものであり，継手は片側のみに用いた場合と両側に用いた場合がある．また，H形の内部に適当な処理を施すことによって大きな水密性が得られる．BOX形鋼矢板はその断面係数も大きく，大水深の岸壁などの永久構造物として用いられることが多く，仮設用としては特殊な場合を除きあまり使用されない．
　（P.341：図-1）

ボックスカルバート box culvert
　道路や鉄道などの下に道路や水路などの空間を確保するために盛土または原地盤内に設置される箱型の横断構造物．ボックスカルバートには，場所打ちコンクリートによる場合とプレキャスト部材による場合に大別され，一般に土かぶりが20m程度以下の場合に多く適用される．

ポリマーけいあんていえき（ポリマー系安定液） polymer slurry
　場所打ち杭の掘削において孔壁の崩壊を防ぐ目的で孔内に満たす安定液は普通ベントナイトを主体として構成されるが，ベントナイトがセメントとの混合で劣化して多量の産業廃棄物となる．これを少なくするために使われるのがポリマー系安定液である．ポリマー系安定液は水溶性高分子の一種であるカルボキシメチルセルロース（CMC）を主材料として安定液の粘性を向上させている．ポリマー系安定液はコンクリート打設時の安定液の劣化領域がベントナイト系安定液の約1/4となるが，液温が20度以上になるとバクテリアによる粘性低下の影響を受けるので夏場に用いる場合は腐敗防止対策が必要となる．⇨ベントナイト系安定液

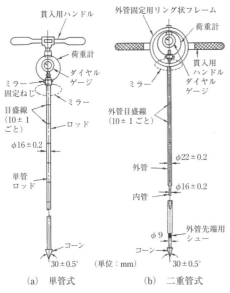

図-1 ポータブルコーン貫入試験装置の例
(a) 単管式
(b) 二重管式

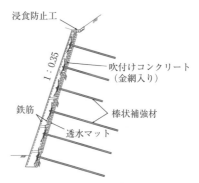

図-2 補強土留め壁

写真-1 ホスピタルロック

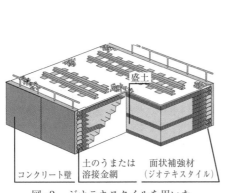

図-3 ジオテキスタイルを用いた補強土擁壁の例

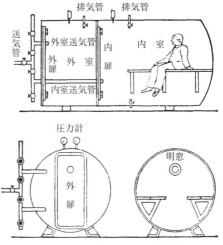

図-4 ホスピタルロックの構造

ほんたいりよう(本体利用) retaining wall used as the main part
　仮設構造物である土留め壁を本体構造物の一部として利用することをいう．内壁を設けずに地下連続壁のみで荷重に抵抗する単独壁形式，地下連続壁と内壁の接合面における設計上のせん断抵抗を期待せずに，重ね梁として荷重に抵抗する重ね壁形式，地下連続壁と内壁の接合面にジベルなどを取り付けるなどして，荷重に対して一体の壁として荷重に抵抗する一体壁形式，地下連続壁と内壁が分離した分離壁形式がある．(図-2)

〔ま〕

マイクロパイル　micro pile
　杭径φ100～300mm程度の小口径の場所打ち杭・埋込み杭の総称である．地山を削孔して鋼管などの補強材を挿入し，グラウトを注入してパイルを形成する．グラウト材を加圧注入して地山と鋼管を確実に一体化させるため，比較的大きな曲げ・せん断および引抜き耐力が期待できる．(図-3)

まきだし(まき出し)　soil spreading
　盛土の締固めを施工する際に，運搬機械で搬入された盛土材料をブルドーザーなどで一定の厚さの層状に敷き広げること．この厚さをまき出し厚，締固めた後の厚さを仕上がり厚という．薄層で均等に敷きならされた盛土は均質でより安定した盛土となる．盛土の施工において最も留意しなければならない作業である．

まくらぎ(まくら木)　sleeper
　レールを固定し軌間を保持するとともに列車荷重を道床に分散させるためのレールと道床の間に設置される軌道の部材．材質の違いにより，木まくらぎ，コンクリートまくらぎ(RCまくらぎ，PCまくらぎ)，合成まくらぎ，鉄まくらぎ等の種類がある．木まくらぎは，日本ではクリ，ヒノキ，ヒバやブナが多く使われ，腐朽対策として，クレオソート油による防腐処理がされている．寿命が短い，狂いが生じやすいなどの欠点がある．木まくらぎには，並まくらぎ(普通の直線・曲線用)，橋まくらぎ(橋梁用)，分岐まくらぎ(分岐器用)の3種類がある．コンクリートまくらぎの多くはPCまくらぎであり，その製作方法により，プレテンション方式とポストテンション方式がある．木まくらぎに比べて曲げに対する抵抗力が高く，狂いも生じにくく，寿命も長い．合成まくらぎは，FFU(ガラス長繊維強化プラスチック発泡体)を使用している．FFUは硬質ウレタン樹脂をガラス長繊維で強化したものである．重さは木まくらぎと同程度で加工性，施工性に優れ，耐久性はPCまくらぎと同等であり，橋まくらぎや分岐まくらぎに多く採用されている．鉄まくらぎは，近年ではJR貨物などで採用されている．木まくらぎに比べて耐久性に優れる反面，湿地帯で腐食しやすい欠点もある．

まくらぎちょっけつきどう(まくら木直結軌道)　sleepered solid bed track
　路盤上に充填層等を介してまくら木を設置した軌道構造物．レール，締結装置，PCまくら木，隙間材の順で構成されている．水平外力をPCまくら木に鉄製のピンや底面

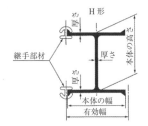

図-1　BOX型（H型）鋼矢板

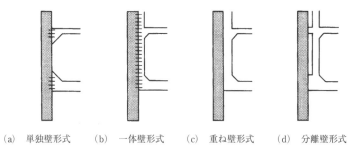

(a) 単独壁形式　(b) 一体壁形式　(c) 重ね壁形式　(d) 分離壁形式

図-2　地下連続壁本体利用における構造形式

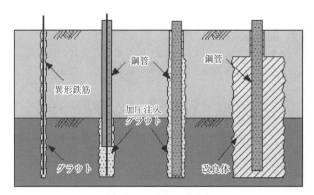

図-3　マイクロパイル

に設けた凹凸により抵抗する構造となっている．（図-1）

まげたいりょく（曲げ耐力） flexural strength
　部材が曲げに対して抵抗できる耐力．鉄筋コンクリート部材では，最外縁の軸方向圧縮鉄筋位置でのコンクリートのひずみが終局状態に至ると曲げに対する抵抗力がおおむね最大となり，軸方向圧縮力の大きさや横拘束鉄筋の有無によりその耐力の大きさも変化する．

まさつぐい（摩擦杭） friction pile
　杭先端が支持層に達しておらず，杭の支持力を主として杭周面の摩擦力に期待する杭．摩擦杭では，支持杭，先端支持杭に比べると杭頭の沈下量が大きくなるおそれがあるので注意が必要である．（図-2）

まさど（まさ土） decomposed granite
　花崗岩類が風化した残積土で，おもにわが国の南西部に分布している．風化の程度によって岩石に近いものからシルト，粘土のような細粒度まで範囲は広く，数10mの深さまで風化する場合もある．一般に侵食に弱く，切土斜面では，乾湿，凍結，雨食等の繰返しにより，表面の剥離やガリ侵食を受ける．盛土斜面では，粘着性が少ないため降雨による法面侵食および土砂流出を起こしやすいため，十分な排水対策が必要である．

ましくい（増し杭） additional installed piles for strengthening
　基礎の耐震性能の向上や拡幅に伴う基礎の補強を目的とし，既設の基礎に対しフーチングを増結して杭を増す方法．（図-3）

マッドケーキ mud cake
　場所打ち杭等で使用する泥水が砂層の孔壁に付着することによってできる泥膜．マッドケーキは，地下水の孔内への浸透の防止，孔壁の崩壊防止の役割をする．⇨ベントナイト泥水

マテリアルロック material lock
　ニューマチックケーソンにおいて，掘削土砂の搬出，資材の搬出入のために設置するエアロックのことをいい，作業室とシャフトで結合する．（P.345：図-1，写真-1）

マンロック man lock
　ニューマチックケーソンにおいて，作業員の出入り専用のためのエアロックのことをいい，タラップやらせん階段を設けたシャフトを設け，作業室に結合する．マンロックは気閘室ともいい，作業室への出入りに際し加圧または減圧を行う．（P.345：写真-2）

〔み〕

みかけのしんど（見かけの震度） apparent seismic coefficient
　震度法による設計において，水面下の土の地震時土圧を算定する際に用いられることのある設計震度．水面下の土について，地震時に土粒子と水が一体となって運動すると仮定したとき，地震時の慣性力は土の飽和重量に加速度をかけたものであるのに対し，

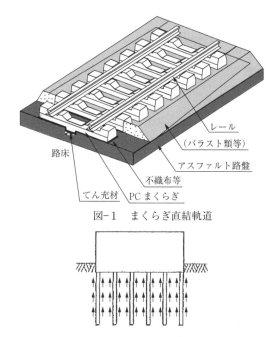

図-1　まくらぎ直結軌道

図-2　摩擦杭

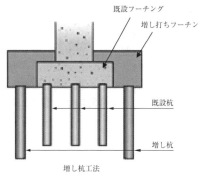

図-3　増し杭の例

水面下の土は浮力を受けていることから鉛直方向には，水中重量に重力加速度をかけたものとなる．そこで，地震時の土圧を算定する際に，空気中の土に対して導かれた地震時の土圧式によって土圧を求めることができるように，水面下の土に対しては見かけの震度を用いることが提案されている．ただし，水面下の土の鉛直方向の力には，土圧を求める対象層よりも上の土の土層重量や上載荷重が加わるため，それらを考慮した形で式が提案されている．

みかけのねんちゃくりょく（見かけの粘着力） apparent cohesion

一般には三軸試験により求められるモール・クーロンの破壊基準により得られる c を粘性土の場合には粘着力，砂質土の場合には見かけの粘着力と呼ぶことが多い．砂質土では発揮される粘着力は小さいとともに，細粒分が少ないことから発揮される粘着力のほとんどが見かけの粘着力であると考えられるためである．

実務では，完全な粘土や砂を取扱うことは少なく，細粒分の含有率などから粘性土や砂質土を対象としているので，真の粘着力と見かけの粘着力を使い分けることは難しい．見かけの粘着力は，圧密による間隙比の減少による粒子間接点の増加に伴うせん断抵抗力の変化分や不飽和土の土粒子に付着している水の毛管力の働きによって生じる一時的な強度成分であり，拘束圧の違いによるせん断抵抗角の変化の成分も含むことがある．このように見かけの粘着力は，間隙比，飽和度，粒径，粒度分布，粒子間のかみ合わせなどの条件によって変化する．この観点で言えば，粘性土と砂質土の両方に見かけの粘着力は存在する．（図-2）⇨粘着力

みなしきてい（みなし規定） stipulations deemed to satisfy

これまでの実績や経験により照査の有効性を保障する構造物の性能照査規定．すなわち，不確実性や信頼性を検討しなくとも，これまでの実績から従来の規定を満足する構造物は，所定の性能も満足するとみなすとした規定である．

みゃくじょうちゅうにゅう（脈状注入） pulse-injection

一般に，薬液と地盤との対応性が良くないと，均一に浸透せずに脈状に注入される．これを脈状注入と呼ぶ．たとえば，透水性の悪い地盤に高粘度の薬液を使用すると，薬液は原土を割裂しながら浸透していき，結果として脈状の固結物ができ上がる．また，上のような地盤に，浸透性の良い薬液を注入した場合でも，初め脈状に注入された後に均一に浸透していく．このような脈状注入は，止水が完全でなかったり，強度のばらつきが大きいことなどから一般には避けるようにしている．一方，不透水地盤中の透水層に対する止水だとか，岩などの亀裂に対する止水，固結などを目的とする場合，全体的な均一浸透は全く必要がない．このような目的には，適当な薬液を選択し，脈状注入を行うほうが得策である．（図-3）

写真-1　マテリアルロック

写真-2　マンロック

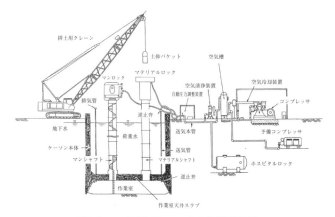

図-1　マテリアルロックの機構説明図

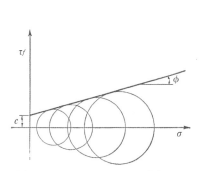

図-2　モール・クーロンの破壊基準

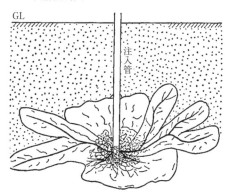

図-3　脈状注入（概念図）

〔む〕

むきんコンクリート（無筋コンクリート） plain concrete
　鋼材による補強を行わないコンクリート．ただし，コンクリートの収縮により発生するひび割れに対し，用心のために配置する鋼材はここでいう補強には含まず，このような鋼材が配置されたものも無筋コンクリートとみなされる．

むしんどうむそうおんこうほう（無振動無騒音工法） vibrationless and noiseless pile installation method
　市街地の建設工事や土木工事における騒音振動公害の低減を目的として開発された各種の工法，あるいはこれに相当する各種の在来工法の総称．ただし，完全に無振動，無騒音が達成されているのではなく，例えば，杭工法では打撃工法に比べて大幅に騒音，振動が低減された工法という意味で使われているので低振動・低騒音工法ともいう．

〔め〕

メイシングそく（Masing 則） Masing's rule
　履歴ループの形状と載荷および除荷の経路を一定の骨格曲線と幾何学的曲線とで表す法則．構造物の解析に用いるバイリニアモデルもその一つである．Masing 則では，ひずみが反転する際（折返し点）に，骨格曲線を 2 倍して，場合によっては対称に回転し，折返し点までその曲線を平行移動すれば履歴曲線が得られる．土の解析では，GHE モデルや RO モデル，HD モデル等と組み合わせて土の非線形モデルを表現することが多い．（図-1）

めちがい（目違い） misalignment at joints
　地震時に構造物が振動することにより，隣接する構造物間で生じる相対的に生じるずれのこと．（図-2）

メチレンブルーとうけつしんどけい（メチレンブルー凍結深度計） freezing depth meter using methylene blue
　透明の細いパイプにメチレンブルー溶液を入れておき，これを地中に埋めたパイプの中に差し込み，引き抜いて色の変わったところまでの深さを測ることで凍結深度を計測する機器．メチレンブルーのごく薄い溶液が，凍結すると青色から白色に変わる性質を利用している．

〔も〕

もうじょうルートパイルこうほう（網状ルートパイル工法） net root pile method
　補強材としてパイルを三次元的な網状に土を抱き込む形で打設することにより土の変形を抑制させる地山補強土工法．ネイリング工法とダウアリング工法の中間的な曲げ剛

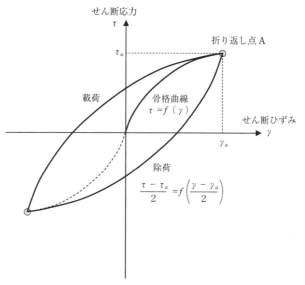

図-1　Masing 則の考え方

張り出しラーメン高架橋に見られるタイプ

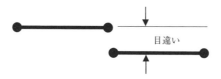

図-2　目違いの考え方

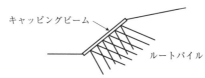

図-3　網状ルートパイル工法

性，断面積を有した補強材（パイル）の引張抵抗のほか，曲げ抵抗および圧縮抵抗によって地山を補強する方法である．(P.347：図-3) ⇨ルートパイル工法

モール・クーロンのはかいほうらくせん（モール・クーロンの破壊包絡線） envelope of Mohr-Coulomb's failure criteria

さまざまな応力レベルで実施したせん断試験の結果として描かれた破壊時のモールの応力円の包絡線のこと．この包絡線は破壊規準を表しており，$\tau_f = c + \sigma_f \tan\phi$（有効応力表示すると $\tau_f = c' + \sigma'_f \tan\phi'$）で表される．例えば，三軸 CD 試験を等方圧密圧力 σ_{3A}, σ_{3B}, σ_{3C} を設定して実施したとき，破壊時の圧縮応力がそれぞれ σ_{1A}, σ_{1B}, σ_{1C} であったとすると，3つの破壊時のモール円が描け，これらの包絡線としてモール・クーロンの破壊包絡線が得られる．粘性土の場合には，間隙水圧を計測する $\overline{CU}$ 試験が行われ，破壊時の間隙水圧 u を用いて，破壊時の応力は $\sigma'_{1A} = \sigma_{1A} - u_A$, $\sigma'_{3A} = \sigma_{3A} - u_A$ などと有効応力表示でき，有効応力のモール円とその包絡線が描ける．c' と c_d, ϕ' と ϕ_d はほぼ一致することが知られている．(図-1) ⇨見かけの粘着力

モール・クローンのはかいきじゅん（モール・クローンの破壊基準） Mohr-Coulomb's failure criteria

モール・クローンの破壊包絡線の一部を直線で近似して求めたものはクローンの破壊基準と一致するため，これをモール・クローンの破壊基準と呼ぶことがある．⇨モール・クローンの破壊包絡線

モールのおうりょくえん（モールの応力円） Mohr's stress circle

土要素の任意の面に作用する応力を τ 軸〜σ 軸からなる平面上に円としてプロットしたもの．x および y 方向にそれぞれ直角な面を有する土要素に，x 軸と直角な面上に応力（σ_x, τ_{xy}），y 軸と直角な面上に応力（σ_y, τ_{yx}）が作用するとき，$\tau \sim \sigma$ 面上でこれら2点を通り，σ 軸に対称な円として表される．土質力学では，直応力は圧縮を正，せん断応力は反時計回りを正とする．$\tau \sim \sigma$ 面上のある応力を表す点を通り，その応力が作用する面に平行な線がモールの応力円と交わる点を極という．すなわち，土要素内の任意の面の応力は，極を通り，かつ，その面に平行な線とモールの応力円との交点で表される．ひずみに対して定義したモールのひずみ円と区別するために，モールの応力円というが，一般にモール円といえばモールの応力円の方を指す．(図-2)

もたれしきようへき（もたれ式擁壁） leaning retaining wall

擁壁自体では自立せず，地山もしくは裏込め土にもたれた状態でその自重により土圧に抵抗する擁壁．一般的に底版幅が他の擁壁と比べ小さく，基礎への地盤反力が大きくなることから，下に固い岩盤があるところで採用され，背後の地山が比較的安定している場合に採用される．(図-3)

もののべ・おかべのじしんじどあつしき（物部・岡部の地震時土圧式） Mononobe-Okabe's earth pressure during earthquakes

砂質地盤について，クーロン土圧と同様の極限つり合い法に震度法の考え方を導入することにより求められた土圧式．直線すべり面を有する土くさびに水平震度に伴う地震

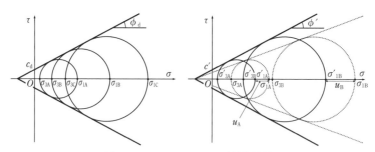

図-1　モールクーロンの破壊包絡線

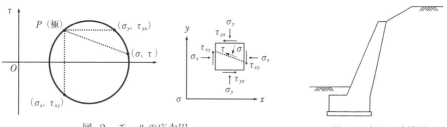

図-2　モールの応力円

図-3　もたれ式擁壁

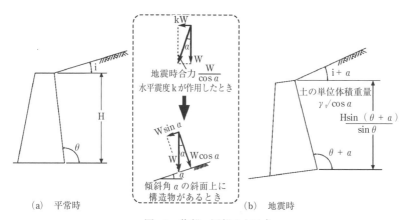

(a) 平常時　　(b) 地震時

図-4　物部・岡部の土圧式

力が静的に作用するとして，力のつり合いから壁面土圧を求めたもの．土圧を受ける構造物を地震時合成角 a だけ傾け，土の単位体積重量を $\gamma_t/\cos a$ とした場合と同等である．
（P.349：図-4）

もりかえばり（盛替え梁） load transfer beam
切梁を解体するとき，地下の階高が高い場合などで適当な位置に梁やスラブがない場合，解体する切梁が負担していた軸力を地下外壁等の躯体が十分支持できない場合，仮に設置する切梁．また，地下外壁等の躯体と山留め壁の間に隙間があり埋戻しを行う場合，埋戻し部分が圧縮することにより変形を防ぐために床スラブ位置に設置する梁．盛替え梁は，平面的には柱・梁に近いところに設置することが望ましい．（図-1）

もりど（盛土） embankment
他から掘削した土砂等を現地盤の上に盛り上げ平らにすること，あるいは盛った土のことをいう．盛土には，道路や鉄道路体，敷地造成，宅地造成，埋立など上載荷重を支える目的のものと，河川堤防，フィルダム等のように止水が目的のものがあり，その目的に応じて強度，変形性，透水性など満たすことが必要となる．

もりどほきょうこうほう（盛土補強工法） reinforced embankement construction method
ジオテキスタイル等の材料高分子材料による土木用繊維製品や鋼製品等の引張補強材を盛土内の水平方向に敷設することにより引張抵抗力を付与し，法面を安定的に急勾配にする盛土工法．

モルタルふきつけこう（モルタル吹付け工） mortar spraying works
法面保護工の一つで，法面の風化や侵食を防止するため斜面をモルタルで覆う工法．法面に湧水がなく，さしあたりの危険は少ないが，風化しやすい岩，風化しはげ落ちるおそれのある岩，切土した直後は固くてしっかりしていても，表面からの浸透水により不安定になりやすい土質ならびに土丹などで植生工が適用できない箇所に用いる．

モルタルライニング mortar lining
深礎杭施工時に，ライナープレートの代わりに吹付けコンクリートにより土留めを行うこと．モルタルライニングを採用することにより，杭の周面摩擦抵抗を見込むことが可能である．一般に安定した岩壁部分に適用される．（図-2）

もんがたきょうきゃく（門形橋脚） portal frame pier
⇨ラーメン式橋脚

モンケン monkey
ドロップハンマーに用いる重錘．モンケンは一般に鉄製で，その重さは0.4～4tである．モンケンの重量は杭重量より重いものが用いられ，1m前後の落下高さにより施工される．⇨ドロップハンマー

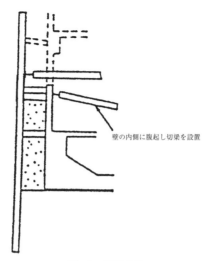

図-1　盛替え梁

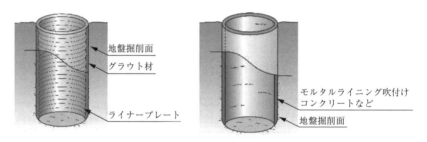

(a)　従来の深礎杭　　(b)　モルタルライニングによる深礎杭

図-2　モルタルライニングした深礎杭の従来工法との比較

[や]

やいた(矢板) sheet pile
　土留めや締切りに使用される板状の杭．互いをかみ合わせるなどして複数枚を連続させ，壁を構成する．木製，コンクリート製，鋼製などのものがあるが，耐力が大きく，取扱いが容易などの利点から鋼製の矢板（鋼矢板）が多く使用されている．最近では，大規模な締切りや橋梁の基礎において鋼矢板よりも剛性が高い鋼管矢板（鋼管矢板基礎）が多用されている．

やくえきちゅうにゅうこうほう（薬液注入工法） chemical grouting method
　地盤や岩盤の止水性の向上，強度の増加，空洞への充填等を目的として，地盤や岩盤薬液を圧入し，固結させる工法．薬液は，一般にセメント系，粘土系，水ガラス系がある．注入時の主材と硬化材の混合方式により，2液を事前に混合して圧送する1ショット方式，注入管頭部で合流，混合させる1.5ショット方式，別々の管で送り，吐出し口付近あるいは噴射後混合する2ショット方式に分類される．また，注入管の設置方法からは，単管注入と二重管注入に分けられる．なお，注入材が脈状に入っていく形態を割裂注入，均等に入っていく形態を浸透注入という．（表-1）

ヤットコ follower
　杭を地中や水中まで打設する際に臨時に使用する杭の継足し材．杭基礎のフーチング下端が地中部に位置し，杭を地表面から施工する場合などでは，杭体とハンマーの間にヤットコを置き，杭頭部を所定の位置まで打ち下げる．ヤットコを用いると，打撃効率が落ち，杭打ち精度も下がることが多いので注意を要する．（図-1）

やまどめ（山留め） earth retaining
　山留めまたは土留めといわれ，地下構造物等を施工するために掘削する際に設置される仮設構造物．山留め壁と切梁や地盤アンカー等の支保工からなる．山留めを用いて，掘削側面を保護して周囲の土砂の崩壊・流出を防止し，近接する既存構造物の安全を確保し，工事を安全かつ円滑に進める必要がある．山留めの計画においては，一時的な仮設構造物であることを考慮して通常の構造物よりも一般に小さな安全率を用いる．（図-2）

やまどめかべ（山留め壁） earth retaining wall
　山留め壁または土留め壁といわれ，地盤を掘削する際に生じる土圧や水圧などの外力を直接受ける壁であり，土圧や水圧を支保工に伝達する機能を持っている．山留め壁は遮水性の有無により，透水壁と遮水壁に分類できる．透水壁としては親杭横矢板壁があり，土圧のみが作用し水圧は作用しない．遮水壁としては，鋼矢板壁，鋼管矢板壁，ソイルセメント壁および場所打ち鉄筋コンクリート壁などがあり，土圧および水圧が作用する．（図-2）

表-1　薬液注入工法

注入管の構成	注入方式	ゲル化時間	注入材の混合方式
単管	単管ロッド	急結 （数分）	1.5ショット
	単管ストレーナー		
多重管	二重管ダブルパッカー	緩結 （数10分）	1ショット
	二重管単相	瞬結 （数10秒以下）	2ショット
	多重管複相	瞬結＋{急結 緩結	2ショット＋{1.5ショット 1ショット

(社)日本薬液注入協会編：講習テキスト昭58年版より一部修正加筆

図-1　ヤットコを用いた杭打ちの例

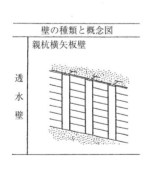
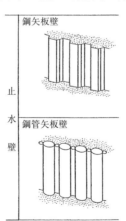
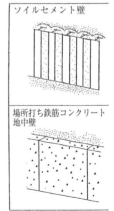

図-2　山留め・山留め壁

ヤングけいすうひ（ヤング係数比） ratio of Young's modulus
　鉄筋コンクリートのような異種材料を用いた合成構造における材料ごとのヤング係数の比．ヤング係数比を用いることによって，異種材料からなる部材を同一のヤング係数を持つ部材として扱うことができ，設計計算の簡略化が可能になる．鉄筋コンクリート部材の許容応力度設計を行う場合に，部材の応力度計算上の仮定として鉄筋とコンクリートのヤング係数比を15とするのが一般的である．

〔ゆ〕

ゆあつハンマー（油圧ハンマー）　hydraulic hammer
　油圧により重錘を押し上げ，これを自由落下させることにより杭頭に打撃力を与え，杭を打ち込むパイルドライバ．油圧ハンマーは，ハンマー本体，パワーユニット，防音キャップなどから構成され，低騒音で施工できる．重錘落下高さの調節が可能であり，1台の油圧ハンマーで種々の大きさの杭を施工できる．（図-1）

ユーがたこうやいた（U形鋼矢板）　U-shape
　仮設用または本設用として広く一般的に使用されており種類も多い．U形鋼矢板は壁軸に継手があり，1枚の形状は左右対称のみぞ形で縁部が継手のため剛性が大きく単独で曲げ，ねじれにも強い．（図-2）

ユーがたきょうだい（U型橋台）　U-type abutment
　橋台の躯体とフーチングで固定された翼壁を持つ橋台は，鉛直断面がUの字の形状をしていることからU型橋台と呼ぶ．翼壁は躯体とフーチングの2辺で固定されることから，部材に発生する応力が小さくなり有利となることや，橋台背面土が翼壁，フーチングおよび躯体に囲まれて拘束されていることから橋台と背面土との沈下差が緩和されるなど，優れた性能を有する．（図-3）

ユーがたようへき（U型擁壁）　U-type retaining wall
　隣接する擁壁の間隔が狭い場合にフーチングをつなげた擁壁は，Uの字の形状をしていることからU型擁壁と呼ぶ．地平部から開削トンネルに道路や鉄道が進入する部分などで多く用いられる．左右の擁壁に作用する土圧がつり合っていることや，排除した土の重量より構造体が軽いことから，軟弱地盤でも利用される場合が多い．地下水が高い場合には，浮上がりに注意を要する．（図-4）

ゆうきしつど（有機質土）　organic soil
　JGS 0051-2000「地盤材料の工学的分類方法」では，粒径で区分する土質材料のうち，細粒分の質量含有率が50%以上のものを細粒土〔Fm〕に分類し，さらに，観察によって有機質かつ暗色で有機臭のあるものを大分類での土質区分として有機質土に分類して〔O〕の記号で表す．なお，観察によって構成粒子がおおむね有機成分からなると判断されるものは高有機質土〔Pt〕に分類する．高有機質土はさらに分解度によって未分解で繊維質な泥炭〔Pt〕と分解が進んだ黒色の黒泥〔Mk〕に小分類される．有機質土に

(a) 油圧ハンマー取付状況　(b) 油圧ハンマー本体

図-1　油圧ハンマーによる杭打ちの概念

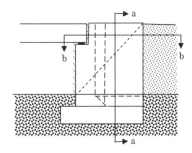

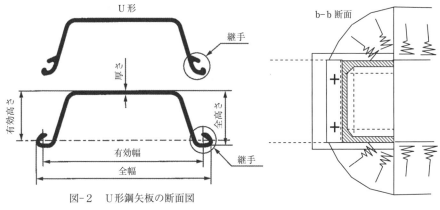

図-2　U形鋼矢板の断面図

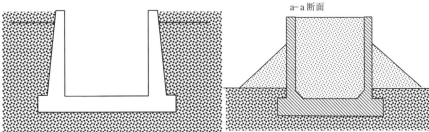

図-4　U型擁壁　　　　　図-3　U型橋台

ゆうげんちょうのくい（有限長の杭） pile with finite length
　半無限長の杭に対して，杭先端部まで応力が伝播し，水平変位や杭体に生じる断面力が杭先端まで影響する杭長の杭のことをいう．$\beta \ell > 3$（β：杭の水平抵抗の特性値，ℓ：杭の根入れ長）の場合は半無限長の杭として取り扱うことができる．⇨半無限長の杭，⇨短杭

ゆうこうおうりょくかいせき（有効応力解析） effective stress analysis
　土の破壊が土の構造骨格の破壊であることから，有効応力で土の破壊を定義する解析．ここでは，土のせん断強度 τ_f をせん断面上に作用する破壊時の有効応力 σ' と間隙水圧の影響を考慮した強度定数 c'，ϕ' の関数として $\tau_f = c' + \sigma' \tan \phi'$ で評価する．なお，破壊時に土中に発生する間隙水圧の推定が困難で実用上非排水とみなせる場合には，全応力で破壊を論じる全応力解析を用いた方が有効な場合もある．

ゆうこうしゅどうそくあつ（有効主働側圧） effective active lateral pressure
　有効主働側圧は，背面側の主働側圧から平衡側圧を差し引いた側圧である．一方，有効受働側圧は掘削面側の受働側圧から平衡側圧を差し引いた側圧である．⇨弾塑性法

ゆうこうじゅどうそくあつ（有効受働側圧） effective passive lateral pressure
　⇨有効主働側圧

ゆうこうじょうさいあつ（有効上載圧） effective overburden pressure
　地中の有効応力に影響を及ぼす上載圧（上載荷重）．

ゆうこうだか（有効高） effective height
　鉄筋コンクリート部材の断面における正鉄筋あるいは負鉄筋の図心位置からコンクリート圧縮縁までの距離．

ゆうこうにゅうりょくどう（有効入力動） effective input motion
　地震動が構造物基礎に入力される場合，基礎の剛性による拘束効果によって反射される入力損失を除いた実際に基礎に入力される振動成分である．地震動の波長に比較して基礎の寸法が大きくなるほど，また基礎の剛性が大きくなるほど，有効入力動は小さくなる．

ゆうこうねいれふかさ（有効根入れ深さ） effective embedded depth
　設計地盤面から基礎の底面あるいは先端までの深さ．基礎の設計では，一般に有効根入れ深さが小さい場合には基礎を剛体と扱い，大きい場合には弾性体として扱う．道路橋基礎の場合，基礎の短辺幅に対する基礎の有効根入れ深さが 1/2 以下のときに，基礎を剛体と扱う直接基礎として設計がなされる．（図-1）

ゆうこうはば（有効幅） effective width
　版やT桁のフランジなどに生じる応力の分布は，通常，せん断おくれの影響で一様にはならないが，設計計算を容易にするために応力の分布をある幅で一定とみなし，その部分が有効に働くと仮定することがある．このときの幅を有効幅という．

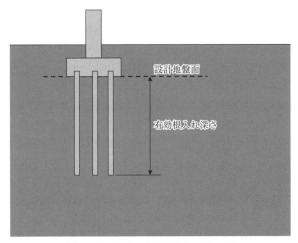

図-1　杭基礎の有効根入れ深さの例

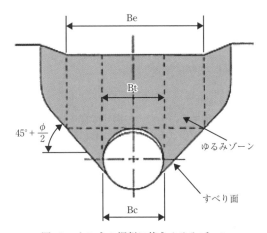

図-2　トンネル掘削に伴うゆるみゾーン

ゆるみゾーン　loose zone
　トンネル掘削に伴う応力開放により，周辺地盤のある範囲が剥離，分離，すべり等によりゆるみ（部分的に破壊や塑性化の発生），トンネル周辺地山は応力再配分を経て2次応力状態へ移行する．この際のゆるむ（重力の作用により内空に向かって移動するような状態）領域のことをゆるみゾーンという．（P.357：図-2）

〔よ〕

ようあつりょく（揚圧力）　uplift, uplift pressure
　水中に置かれたケーソンなどの基礎構造物や開削トンネルなどの地中構造物の底面に上向きに働く間隙水圧．揚圧力の大きさや分布は，水深や構造物下の地盤の性質により異なる．海中に置かれた構造物の場合は，波の動水圧の影響も加わる．

ようきゅうせいのう（要求性能）　performance requirements
　対象とする構造物の目的を満足するため，構造物に要求される性能．例えば，「地震時に構造物が崩壊しない」や「地震後においても限定的な使用が確保される」など，一般的な言葉で表現される．

ようじんてっきん（用心鉄筋）　additional rebar for caution
　コンクリート部材において，乾燥収縮によりひび割れが生じると考えられる部分や，設計計算は行わないが引張応力が生じると考えられる部分などに用心のために配置する補助の鉄筋をいう．

ようすいしけん（揚水試験）　pumping test
　⇨現場揚水試験

ようへき（擁壁）　retaining wall
　切土・盛土などの斜面の崩壊を防ぐための壁状の構造物．壁体の自重，底版上の土の重量により，土圧に抵抗し土が崩れるのを防ぐために設けられる．擁壁は壁体の材料により，コンクリート擁壁，鉄筋コンクリート擁壁，石積み擁壁などがあり，構造上からは，重力式擁壁，片持ち梁式擁壁，U型擁壁，井桁組擁壁，控え壁式擁壁，もたれ式擁壁，混合擁壁，補強土擁壁などに分類される．（図-1）

ようゆうスラグ（溶融スラグ）　melting slag
　一般廃棄物や下水汚泥の焼却灰を高温で溶融させたものを冷却したものをさすことが多い．従来は焼却灰として処理されていたが，さらなる減容化，ダイオキシン対策，有効利用の促進を目指して溶融スラグ化されるようになってきている．成分は，砕石等に類似するが，原料に依存した微量の重金属が含まれることがあるが，JISで品質が管理されている．

よくへき（翼壁）　wing wall
　構造物と土工部の接合部に設けられる，主構造と直角方向の両側面に設置する背面土砂の保護のための壁．翼壁には，側壁タイプと躯体，胸壁から三角形状に設置するパラ

ゆるみ～よくへ

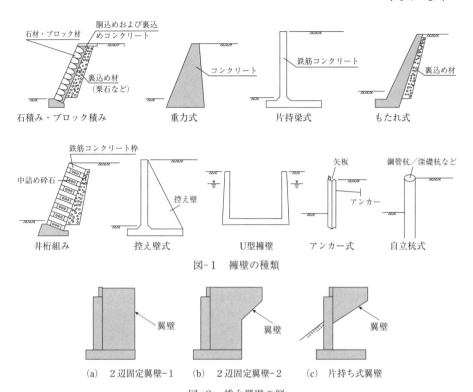

図-1　擁壁の種類

図-2　橋台翼壁の例

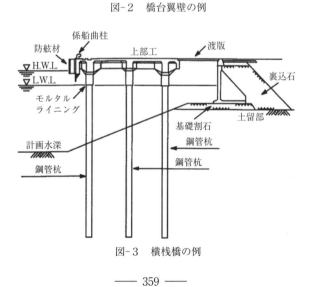

図-3　横桟橋の例

よ

レルウイングがある．(P.359：図-2)
よこさんばし（横桟橋） open type wharf
　鋼管杭，コンクリート脚柱等の上に床版の上部工を載せて係留施設としたものを桟橋といい，この内，桟橋を陸岸に平行に設けて，その片側のみに係船できるようにしたもの．杭を地盤上に鉛直に打設する直杭式横桟橋と，水平力を斜め組杭で分担する斜め組杭式横桟橋がある．一般に耐震性が高く，軽量構造のため軟弱地盤でも適用しやすい．また，海水の流れを妨げることが少ないという利点もある．(P.359：図-3)
よこほうこうじばんはんりょく（横方向地盤反力） lateral subgrade reaction
　基礎に水平方向力が作用して変位が生じたときの，基礎前面地盤や側方地盤から基礎に作用する反力．⇨水平地盤反力
よこほうこうじばんはんりょくけいすう（横方向地盤反力係数） lateral coefficient of ground reaction
　横方向に荷重が載荷されたときの地盤反力係数．⇨水平地盤反力係数
よこボーリング（横ボーリング） horizontal drilling
　地すべり抑制対策の一つで，地下水排除のために水平やや上向きに行うボーリング．ボーリング孔にストレーナ加工した保孔管を挿入し，それによって地下水を排除することにより，すべり面付近の間隙水圧の低減や地すべり土塊の含水比を低下させる．ボーリングは，地すべりの滑動方向におおむね直角に，その先端がすべり面より先に到達するように施工される．
よこやいた（横矢板） horizontal sheathing
　掘削工事で用いられる山留め壁の一つである親杭横矢板壁において，一定間隔で地中に打ち込まれたH形鋼等の親杭間に，掘削の進行に伴い水平にはめ込んでいく木材等の総称．親杭横矢板壁は遮水性を有しない透水性に分類され，その適用地盤としては，地下水位の低い良質地盤に限定され，軟弱地盤への適用性は低い．(図-1) ⇨親杭横矢板
よぼり（余掘り） over break
　開削トンネルや場所打ち杭の掘削において，掘削機械の構造，地質条件などにより設計断面より広く掘削したために生じた掘削量である．

〔ら〕

ラーメンしききょうきゃく（ラーメン式橋脚） rigid-frame pier, rahmen type pier
　柱と梁から構成されるラーメン構造の橋脚．橋脚としての剛性が高いため，鉄道の高架橋で一般的に用いられているほかに，道路・河川などと交差する橋梁で橋脚の設置位置に制約を受ける場合などに用いられる．門形橋脚ともいう．(図-2)
ラーメンしききょうだい（ラーメン式橋台） rigid-frame abutment
　橋台形式の一つで，躯体がラーメン構造になっているもの．橋台位置に交差道路等のある場合では，橋台内に通すことが可能である．(図-3)

よこさ〜らーめ

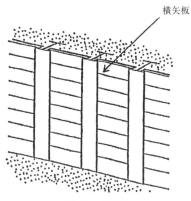

図-1 横矢板

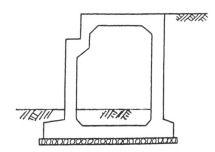

図-3 ラーメン式橋台

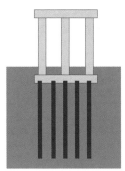

(a) 概念

(b) 写真

図-2 ラーメン式橋脚の例

写真-1 深礎杭頭部の掘削後のライナープレート設置状況の例

ライナープレート　liner plate
　鋼板を波形加工し，4辺にフランジを取り付けたもので，閉断面形状に掘削する地山の覆工に用いる．フランジ部分をボルトで接合して組み立てることにより，円形，小判形，馬蹄形，矩形などの形状を構成でき，トンネル，深礎工法による基礎，推進工法による下水道の立坑，集水井などの覆坑に用いることができる．（P.361：写真-1）

ライニング　lining
　トンネルにおいて掘削断面を保持するために地山を被覆すること，またはその被覆をいう．巻立てライニングとも呼ばれる．覆工には，場所打ちのコンクリートを用いるのが一般的であるが，プレキャストコンクリートや鋼製のセグメント，石積み，れんがなどを用いることもある．

ライフサイクルコスト　life cycle cost
　土木構造物の費用を，企画，設計，工事から運用，維持管理，修繕，解体処分の段階を総合的に捉えた考えた方．企画，設計，工事等の初期建設費である初期費用と，運用，維持管理，修繕等の維持運用費用からなる．初期費用のみでなく，維持運用費用を含めた費用を管理し，総合的に費用低減を行っていこうとする発想である．

ラウンディング　rounding
　切土法面の法肩や両端部において法面勾配と地山の勾配とをすりつけること．法肩や両端部は，地山は不安定で植生が定着しにくいことから，侵食も受けやすく崩壊しやすいこと，景観上の配慮などからラウンディングを行う．（図-1）

らくせき（落石）　rock fall
　山岳部等の急斜面において，岩盤の割れ目が拡大剥離したり，土砂中の岩塊が抜け落ちたりして，岩塊や石塊が崩落する現象．前者を剥離型落石といい，前者は古生層，花崗岩，変成岩等の崖状斜面で多く発生する．後者を転石型落石といい，岩錐，段丘礫層，砂礫岩などの急斜面で，降雨や融雪水の時期に発生する．

らくせきたいさくこう（落石対策工）　rock fall preventive work
　落石に対する施設による対策工をいい，落石の発生自体を予防する落石予防工と発生した落石から保全対象を防護するか被害を軽減するための落石防護工に大別される．前者は切土工，根固め工，ロックアンカー工，枠工，コンクリート吹付け工等がある．後者は，落石防止網，落石防止柵，落石防止擁壁，落石覆工（ロックシェッド），落石防止堤等がある．

らくせきふくど（落石覆土）（洞門工）　rock shed, rock fall prevention coverage
　⇨落石覆工

らくせきふっこう（落石覆工）　rock shed, rock fall prevention coverage
　落石から保全対象を防護する目的で，それを覆う鋼製やRC製またはPC製の落石防護工．ロックシェッドともいう．特に落石の発生しやすい長大斜面が連続する場合や，想定される落石の規模が大きい場合等に用いられる．（図-2）

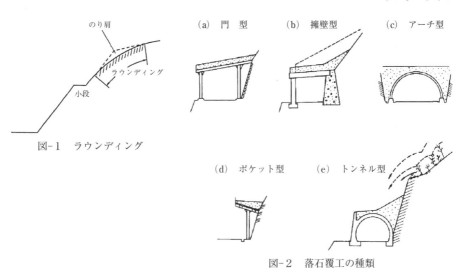

図-1 ラウンディング

図-2 落石覆工の種類

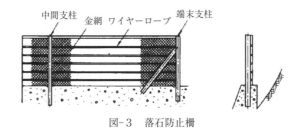

図-3 落石防止柵

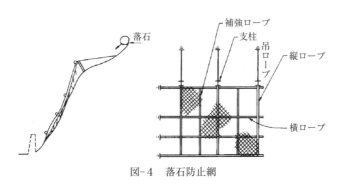

図-4 落石防止網

らくせきぼうしさく（落石防止柵） catch fence
　落石の落下エネルギーを吸収したり，衝撃に抵抗して運動を阻止するために，落石のおそれのある斜面の中間部や末端部に設置される比較的小規模な落石防護工．一般にはケーブル金網式のものが用いられる．（P.363：図-3）

らくせきぼうしもう（落石防止網） catch net, rock fall prevention net work
　落石の発生を防止したり，落石エネルギーを吸収するために，落石のおそれのある斜面全面をネットやワイヤーロープで覆う落石防護工．小規模な落石が想定される斜面や，剥離・剥落しやすいような岩質からなる斜面に用いられる．（P.363：図-4）

らくせきぼうしようへき（落石防止擁壁） catch wall, rock fall prevention wall
　落石の衝撃に抵抗したり，落下エネルギーを吸収して運動を阻止するために，落石のおそれのある斜面の中間部や末端部に設置される擁壁式の落石防護工．擁壁の背後には落石や崩土をある程度捕捉できるポケットを設ける．（図-1）

ラジオアイソトープ radio isotope
　放射性同位元素のことをいう．放射性同位元素とは，放射線を放出することで安定になる同位元素のことをいう．ラジオアイソトープはRIとも呼ばれ，RIを利用した密度・水分計をRI計器という．RI計器は，土中に放出された放射線は地盤を構成する土や水などの物質と相互作用し，散乱・吸収され減少する性質を利用している．

ランキンどあつ（ランキン土圧） Rankine's earth pressure
　半無限水平地盤において塑性平衡応力を求め，そこに壁面摩擦のない鉛直な壁面があるとして求めた土圧，その壁面に作用する土圧．クーロン土圧が土塊の平衡から土圧合力を求めるのに対し，ランキン土圧はミクロの土要素の平衡から求める．半無限水平地盤が一様に水平に伸張しようとするときをランキンの主働状態という．反対に，半無限水平地盤が一様に水平に圧縮しようとするときをランキンの受働状態という．塑性力学的には，下界法として捉えられる．（図-2）

ランマー rammer
　⇨タンパー

〔り〕

リサイクルほう（リサイクル法） law for promotion of utilization of recycled resources
　資源有効利用促進法に基づいて，資源の再生利用，再生利用の容易な構造や材質の工夫，分別回収のための表示，副産物の有効利用の促進を目指したものである．個別分野へのリサイクル法としては，容器包装，家電，食品，建設，自動車の各リサイクル法がある．中でも，建設リサイクル法は平成14年5月に施行され，構造物の解体時に発生する建設副産物を分別収集し，再生することでリサイクルを推進しようとするものである．

リチャージこうほう（リチャージ工法） recharge well method
　地下水の環境保全を維持するためにリチャージウェルと呼ばれるディープウェルと同様の構造の井戸を帯水層中に設置し，帯水層から揚水した地下水を再び帯水層へ注入する工法．主な目的は，地下水位低下による周辺井戸等の枯渇，粘性土の圧密沈下の防止，

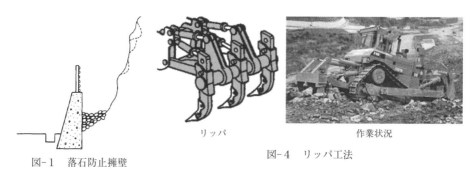

図-1　落石防止擁壁

リッパ

作業状況

図-4　リッパ工法

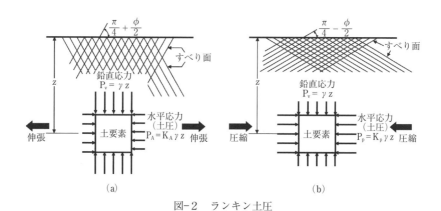

図-2　ランキン土圧

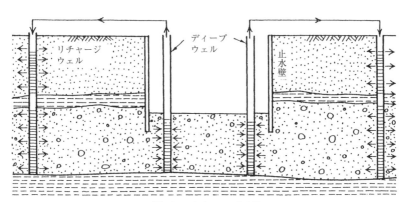

図-3　リチャージ工法

地下構造物による地下水流動阻害の防止，揚水した地下水の下水放流量の軽減である．本工法の適用に当っては，注水能力が低下していく，井戸の目詰まりに留意する必要がある．（P.365：図-3）

リッパこうほう（リッパ工法） ripping method
　大型ブルドーザ後部のリッパの刃先にかかる押付け力と，ブルドーザの牽引力とによる貫入力で刃先が岩盤に食い込ませながらブルドーザを前進させ掘削地盤を必要な程度まで破砕する工法．ブルドーザの運転質量が大きいほど貫入力や牽引力が大きくなるので作業能力が大きい．一般に，下り勾配を利用することや，岩盤の亀裂に対して逆目方向に作業を行うと作業性が良い．（P.365：図-4）

リッパビリティ ripperability
　リッパによる掘削効率のこと．リッパビリティは，岩盤の強度が重要な指標となり，現場岩石試験によって判定を行う．一般的な判定法はリッパメータを用い，ハンマーで地面をたたいて発生する弾性波が一定の地点に到達する時間を読みとる弾性波速度試験で行う．

リバースこうほう（リバース工法） reverse circulation drill method
　場所打ちコンクリート杭の施工法の一つで，リバースサキュレーションドリル工法の略．先端に掘削ビットのついたドリルパイプをロータリテーブルにより回転させて掘削を行う工法で，ドリルパイプを継ぎ足すことで連続して掘削が可能である．掘削土は孔内水とともにサクションポンプなどにより地上に吸い上げ排出する．一般には地盤中の粘土・シルトなどが溶け込んだ泥水を用いるが，孔壁の崩壊を防ぐために，表層にスタンドパイプを挿入し掘削中は孔内水位を地下水位より2m程度高く保ちながら掘削する．（図-1）

リバウンド rebound
　掘削に伴う地盤の挙動の一つであり，掘削によって掘削底面地盤の土かぶり圧が低下し，地盤内応力が開放されることによって隆起することをいう．（図-2）⇨リバウンド量

リバウンドりょう（リバウンド量） amount of rebound
　リバウンドによる浮上がり量のことをいう．また，杭打ち施工時の杭の戻り量もリバウンド量という．⇨リバウンド

リモートセンシング remote sensing
　直接的に対象物に触れることなく，対象物からの電磁波の反射，放射，散乱等を観測することにより対象物に関する情報を収集すること．人工衛星，航空機，観測機器などの遠隔地から観測する技術と，観測時に撮影された画像や写真を分析，判読，計測する技術により，地球上の人間活動，自然現象，資源の分析などの情報を得ることができる．リモートセンシングは，土地利用調査，水質などの流域の環境調査やリニアメントの判読，表層の土質や浅層の地下水調査などの防災を目的とした調査など，多くの分野で活用されている．

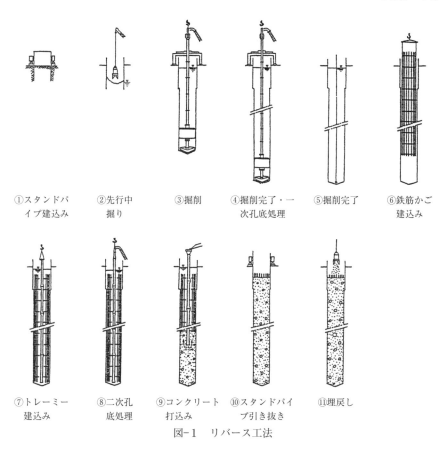

図-1 リバース工法

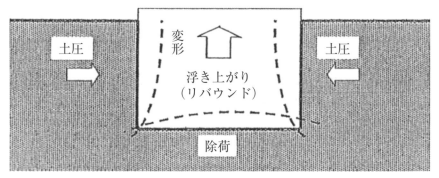

図-2 リバウンド

りゅう

りゅうさげんしょう（流砂現象） sediment transport pehemenon

　上向きの水の浸透流によって，砂粒子は静水中よりも大きな浮力を受けるが，浸透流の速度がある限界値より大きくなると砂粒子が水中に浮遊し，ボイリング状態となる．一方，局部的にこのような状態になった場合は，砂と水の混合液を吹き出すパイピング現象を生ずる．このように水流により砂が液体化したり，流出する現象を流砂現象という．流砂現象は粒径が比較的小さく，丸みのある砂に生じやすいといわれている．

りゅうせん（流線） stream line

　流れの方向を図示した曲線で，浸透水流の問題では流線網として用いられることが多い．流線は等水頭線に直交する性質があるので，水頭の分布を調べることによって流線網を描くことができる．流線網解析によって浸透水量など推算できる．

りゅうせんもう（流線網） flow net

　水分子の軌跡である流線と水頭の等しい点を連ねた等ポテンシャル線は直交する．この二つの曲線群でできあがる網目が正方形状で，かつ隣接する等ポテンシャル線間の水頭差が等しくなるようにしたものを流線網という．流線網は数学的方法と実験的方法および試算法による図解法によって作成できる．流線網から浸透水量や浸透水圧を求めることができる．流線網は次の仮定に基づいて求める．（図-1）⇨ダルシーの法則

　1）土は均一材料で等方性である．
　2）土の間げきは水で飽和されている．
　3）地下水流は層流で定常的であり連続的である．
　4）土，水は非圧縮性である．
　5）水は完全流体でダルシーの法則に従う．

りゅうちょうさいせき（粒調砕石） particle-controlled crushed stone

　粒度調整砕石の略称．盛土等の土構造物において，締固めなど施工性の向上や均一でかつ強度を大きくするために砕石を用いた粒度を調整した材料．上部盛土や橋台背面のアプローチブロックなどに用いられる．

りゅうでんようきょくほうしき（流電陽極方式） cathodic protection of galvanic anode system

　電気防食の一種で，腐食の原因となる金属表面の局部電池の電位差を減少させるため，水中もしくは土中に防食対象金属より低い電位を持つ陽極を設け，両者を電線で接続するものである．
　陽極としては亜鉛・アルミニウム・マグネシウムおよびこれらの合金が用いられる．
　特徴としては施工が簡単なこと，設備費・維持管理費が少ないことなどである．（写真-1）

りゅうどうか（流動化） fluidization
　⇨液状化

りゅうどうかしょりど（流動化処理土） liquefied stabilized soil

　土質安定処理工法の一つ．建設発生土に，粘土・シルトなどの細粒土に水を加えた泥

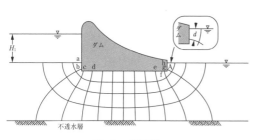

図-1 流線網

写真-1 流電陽極方式鋼管杭に設置された流電陽極

細粒分		粗粒分						石分	
		砂			礫			石	
粘土	シルト	細砂	中砂	粗砂	細礫	中礫	粗礫	粗石(コブル)	巨石(ボルダー)
0.005	0.075	0.25	0.85	2.0	4.75	19	75	300	(mm)

土質材料(石分≧0%)　岩石質材料(石分≧50%)

粒径

図-2 粒径による土の分類

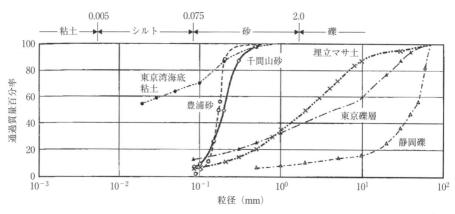

図-3 粒径加積曲線

水と固化材を添加し，流動性をもたせた土．建設発生土の利用率の向上や泥土の再利用が図ることができる．自硬性があり，固化前は流動性があることから，水道，ガス等地中埋設管の埋戻し，共同溝など地中構造物と地山との間の狭隘な空間への埋戻し，空洞充填，擁壁，橋台などの裏込め材料として利用できる．

りゅうどそせい（粒度組成） grain size distribution
　　土を構成する土粒子を，ある範囲の粒径ごとに，重量比であらわしたもの．粒度試験により求める．その結果は粒径加積曲線の形に整理される．（P.369：図-2, 3）

りゅうどちょうせいさいせき（粒度調整砕石） particle size controlled crushed stone
　　⇨粒調砕石

りょうしつなしじそう（良質な支持層） fine bearing layer
　　構造物に荷重が作用した場合に支持力が期待でき，また荷重の作用により構造物に悪影響を与えるような大きな沈下が生じない支持地盤層のこと．橋梁の基礎では，砂層，砂礫層において N 値が30程度以上，粘性土地盤において20程度以上あれば一般に良質な支持層とみなされる．

りれきモデル（履歴モデル） hysteresis loop
　　載荷と除荷を繰り返したときに，応力とひずみの関係，もしくは力と変位の関係を示した曲線を数学モデルに置き換えたもので履歴復元力モデルともいう．単純な履歴モデルにバイリニア（Bi-linear）モデル，土の非線形モデルに用いられているHDモデル，ROモデル，GHEモデルなど，鉄筋コンクリート部材等の剛性劣化モデルでは，クラフ（Clough）モデル，武田モデル，武藤モデルなど，がある．（図-1）

りろんさいだいとうけつふかさ（理論最大凍結深さ） maximum theoretical depth of frost penetration
　　凍上を起こしにくい均一な粗粒材料からなる地盤の最近10年間のうち，最も寒さの厳しい年の最大凍結深さ．寒冷地における路床設計を行う場合の基準となり，置換え工法を行う場合，一般的に理論最大凍結深さの70％の厚さで置き換える．

リングビームしきかりしめきり（リングビーム式仮締切） ring beam type cofferdom
　　鋼矢板を円形に打ち込み，外力を数段の環状ビーム（H鋼）によって受けもたせる構造の仮締切であり，橋脚など構造物の面積が小さい場合に用いられる．
　　この方式の場合，土圧などの偏圧力に対し十分検討する必要がある．（図-2）

〔る〕

ルートかんかく（ルート間隔） root distance
　　杭継手を溶接する場合の下杭端面と上杭開先端面の間隔をいう．
　　上下材の十分な溶込みができるようルート間隔を正しくとる必要がある．（図-3）

ルートパイルこうほう（ルートパイル工法） root pile method
　　土に補強材としてパイルを打設することにより土の変形を抑制させる地山補強土工法

りゅう〜るーと

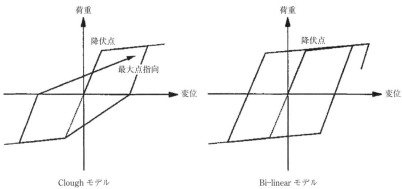

図-1　履歴モデルの例

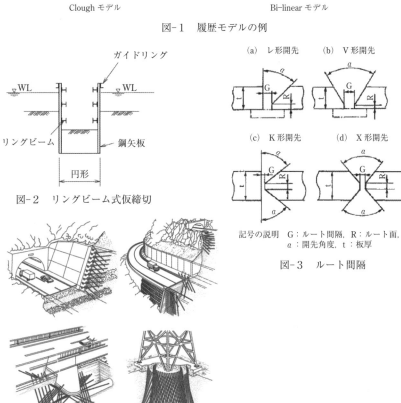

図-2　リングビーム式仮締切

(a) レ形開先　(b) V形開先

(c) K形開先　(d) X形開先

記号の説明　G：ルート間隔，R：ルート面，
　　　　　　a：開先角度，t：板厚

図-3　ルート間隔

図-4　ルートパイル工法

の一つで，ネイリング工法とダウアリング工法の中間的な曲げ剛性，断面積を有した補強材（パイル）の引張抵抗のほか，曲げ抵抗および圧縮抵抗によって地山を補強する工法である．（P.371：図-4）⇨網状ルートパイル工法

〔れ〕

れきのかさひじゅう（礫のかさ比重） bulk specific gravity of coarse aggregate
　礫が炉乾燥後空気中で示す質量と，礫の全体積と同体積の水の質量との比．一般にかさ比重とは，物質の質量をその物質の内部空隙を含む体積と同体積の水の質量で除した値をいう．礫のかさ比重を求める試験方法は，旧日本道路公団において礫の積比重および吸水率試験方法（JHS-108-2001）として基準化された．

れきのきゅうすいりょう（礫の吸水量） water absorption of coarse aggregate
　ある体積を有する礫の空隙を満たす水の質量と，礫が炉乾燥後空気中で示す質量に対する比を百分率で表した値．一般に吸水飽和した岩石中の水の質量と固体部分の質量の比を百分率で表したものを吸水率という．礫の吸水量を求める試験方法は，旧日本道路公団において礫の積比重および吸水率試験方法（JHS-108-2001）として基準化された．

レベルいちじしんどう（レベル1地震動） level 1 seismic motion
　構造物の設計に考慮する供用期間中に発生する確率が高い中規模程度の地震動．一般に構造物は，この地震動に対してその挙動が弾性の範囲内にとどまり，機能への影響が生じなく，健全性が損なわれないように設計される．

レベルにじしんどう（レベル2地震動） level 2 seismic motion
　構造物の設計に考慮する供用期間中に発生する確率は低いが大きな強度を持つ地震動．レベル2地震動には，プレート境界型の大規模な地震による地震動と，内陸直下型の地震による地震動の特性が異なる2種類のものがあり，それぞれをタイプⅠ地震動，タイプⅡ地震動と呼ぶ．タイプⅠ地震動は，大きな震幅が長時間繰り返して作用する地震動であるのに対し，タイプⅡ地震動は継続時間は短いがきわめて大きな強度を有する地震動である．（図-1）

れんけつフーチングきそ（連結フーチング基礎） combined footing foundation
　連続フーチング基礎はこれを1つの基礎（フーチング）として設計することが可能であるが，連結フーチング基礎は独立フーチング基礎を梁で結合したものであるため，独立フーチング基礎がそれぞれ個別に挙動する．複合フーチング基礎とも呼ぶ．したがって，設計する場合においても，別の基礎として設計することが基本である．（図-2）⇨複合フーチング基礎

れんぞくフーチングきそ（連続フーチング基礎） continuous footing foundation
　壁または一連の柱からの荷重を連続した帯状のフーチングで支持するフーチング基礎．連続基礎，帯基礎，帯状基礎，連続フーチング基礎，布基礎とも呼ぶ．（図-3）⇨独立フーチング基礎

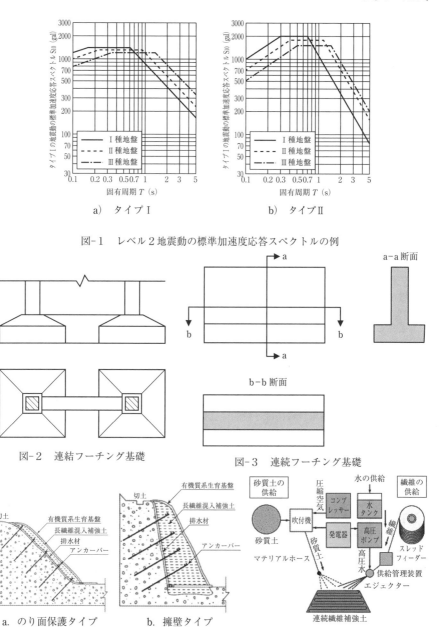

図-1 レベル2地震動の標準加速度応答スペクトルの例

a) タイプI
b) タイプII

図-2 連結フーチング基礎

図-3 連続フーチング基礎

a. のり面保護タイプ
b. 擁壁タイプ

図-4 連続長繊維補強土工法

図-5 連続長繊維補強土工システム

れんぞくちちゅうへき（連続地中壁） diaphram wall
⇨ 地下連続壁

れんぞくちょうせんいほきょうどこう（連続長繊維補強土工） retaining wall reinforced by continuous fibers
　土のなかに連続糸を混入することによりみかけの粘着力の増加を図る工法．連続長繊維補強土工は主に侵食防止等法面保護工および擁壁工として用いられる．補強土によって法面の安定化を図るとともに，その表面を緑化することで景観の向上を図ることが可能となる．また，砂と繊維で構成され，現場で混合造成することから，フレキシブルで変形追随性が良い．（P.373：図-4，5）（写真-1）

れんぺきいづつきそ（連壁井筒基礎） diaphram wall foundation
⇨ 地中連続壁基礎

〔ろ〕

ロウのほうほう（ロウの方法） Rowe's method
　矢板壁の解析手法の一つ．Rowe は矢板壁を弾性床上の梁とみなして解析を行い，矢板壁の断面力が土圧の大きさと支点の位置だけでなく，矢板の剛性や根入れ長によって影響されることを示した．このことから，弾性床上の梁として控え式矢板壁の設計を行う方法を一般にロウの方法と呼ぶ．港湾の基準では，ロウの方法を修正した方法が提案されている．（図-1）

ろしょう（路床） subgrade
　舗装の路盤の下，厚さ約 1 m 以内のほぼ均一な材料で構成される部分．路床は，舗装から伝達される交通荷重を支持するとともに，下部の路体または基礎地盤へ広く分散させる機能を有す．路床材料には一般的に良質材を用いる．アスファルト舗装の場合，路床の設計 CBR および舗装計画交通量（舗装の設計期間内の大型自動車の平均的な交通量）により，舗装構造が設計される．（図-2）

ろしょうかいりょう（路床改良） improvement of subgrade
　路床に使用する材料の支持力が不足する場合などに，良質な材料で置き換えたり，セメントまたは石灰を混合したりすることにより，支持力を確保する工法．セメントまたは石灰による改良は，現地発生材の有効活用の観点や，捨土ができない条件の場合などにおいて有効な対策である．

ろしょうちかんこうほう（路床置換工法） subgrade replacement method
　路床改良工法の一つ．比較的性状の劣る路床を，良質の材料で置き換える工法．軟弱かつ改良の困難な路床に適用される．残土の処分が容易な地域では一般的な工法である．

ろたい（路体） road bed
　盛土の中で，路床以外の部分で盛土全体を形成・支持するもの．盛土は，路床・舗装を支持するとともに，路体自体も安定である必要がある．一般的に，盛土材料に適した

れんぞ～ろたい

a. 人力吹付け

b. 機械吹付け

写真-1 連続繊維補強土工の施工状況

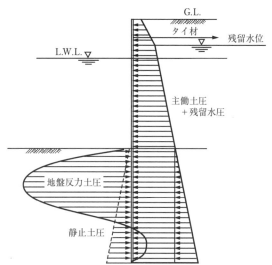

図-1 ロウの方法で考えている土圧分布

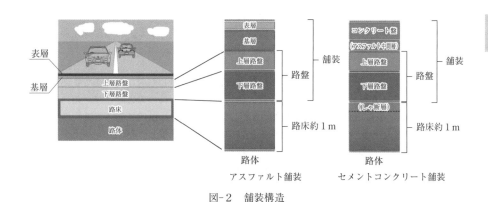

図-2 舗装構造

機械により薄層に敷きならし，入念に締め固めることにより，安定性を保つことができる．

ロックアンカー　rock anchor

アンカーの定着対象地盤が岩盤であるものをいい，砂層・礫層・ローム層・土丹層などに定着するアースアンカーと区別している．また定着対象地盤が岩盤でも，鉄筋やボルトなどを使用し，長さが短く，1本当たりの耐力が小さく，緊張力を与えないものは，ロックボルトと呼ぶ．この場合，どういうものをロックとするかが問題になるが，現在のところ，硬岩または風化岩でも強度が比較的強く，削孔した際，岩の状態が土砂化しないものをロックとし，第三紀層，土丹やシラスはアースとする．

ロックアンカーは，定着岩盤が良好なため，アンカー定着部における岩とグラウト材の付着強度を大きくとることができるため，定着部注入は，一般にセメントミルク，またはモルタルを無圧注入しただけで，大きなアンカー耐力を得ることができ，一般には，700〜3500kN/本のものが用いられている．定着岩盤に亀裂が多い場合にはコンソリデーションを行ったのちにリボーリングを行う．単価的には，削孔費の占める割合が大きく，アンカーケーブルその他，材料費の占める割合は小さい．ロックアンカーは，永久構造物として用いられる場合が多いため，防錆には十分注意を払わなければならない．（図-1）

ロックシェッド　rock shed

⇨落石覆工

ろばん（路盤）　subbase

路床の上に設置され，上層にあるアスファルト舗装やセメントコンクリート舗装からの荷重を分散させて路床に伝える役割を果たす層．一般に，上層路盤と下層路盤の2層に分かれる．また，鉄道では，地盤・橋梁・盛土・トンネルなど，軌道を支えるために，人工的な加工を施した基盤のことを指す．（P.375：図-2）

ローム　loam

もともと農業用語で，粘土・シルト・砂がほぼ等量に混じり合った土壌である．わが国では，火山灰が風化して粘性を有した火山灰質粘性土をロームと呼んでいる．その語源は，1881年から東京大学で地質学を講義していたD. Brauns（ブラウンス）が東京付近の赤土が中国の黄土（レス）と同様に主に風の作用で堆積し，粘土，シルト，砂の粒度組成からロームという名称を与えた．それ以降，各地方の火山灰質粘性土も関東ロームに準じて何々ロームという呼び名が付けられている．

〔わ〕

わりぐりいし（割栗石）　broken stone

採石場から取られた荒い状態の石．地盤の補強などのために用いられる．JIS A 5006に割栗石1個の質量の標準値として10kgから1000kgまでの規格が規定されており，

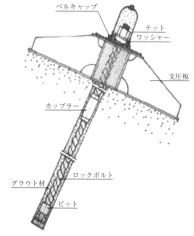

図-1　ロックアンカー

a) 土木建築で一般に用いられる割栗石の例

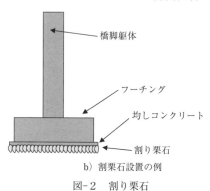

b) 割栗石設置の例

図-2　割り栗石

わんろ

　このうち小，中規模のものが一般に土木，建築の基礎工事に用いられ，大規模のものは海洋構造物周辺の捨石などに用いられる．（P.377：図-2）

ワンロットケーソン（1ロットケーソン） 1-lot caisson
　ニューマチックケーソンにおいて，ケーソン基礎と橋脚躯体を一体に構築する構造をピアーケーソンというが，ピアケーソンのうち作業室のみの構造を1ロットケーソンという．比較的浅い位置に良質な支持層があり，直接基礎と同様に，主に底面支持力で外力に抵抗する．（図-1）

わんろ

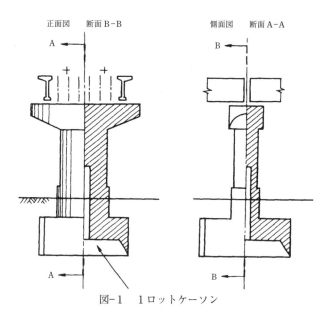

図-1 1ロットケーソン

付録：1 ギリシャ文字 【Greek Alphabet】

大文字	小文字	英表記	読み・カナ表記
A	α	alpha	アルファ
B	β	beta	ベータ
Γ	γ	gamma	ガンマ
Δ	δ	delta	デルタ
E	ε	epsilon	エプシロン / イプシロン
Z	ζ	zeta	ゼータ
H	η	eta	エータ / イータ
Θ	θ	theta	テータ / シータ
I	ι	iota	イオータ / イオタ
K	κ	kappa	カッパ
Λ	λ	lambda	ラムダ
M	μ	mu	ミュー
N	ν	nu	ニュー
Ξ	ξ	xi	クスィー / クサイ / グザイ
O	ο	omicron	オミクロン
Π	π	pi	ピー / パイ
P	ρ	rho	ロー
Σ	σ	sigma	シグマ
T	τ	tau	タウ
Y	υ	upsilon	ウプシロン / ユプシロン
Φ	φ	phi	フィー / ファイ
X	χ	chi	キー / カイ
Ψ	ψ	psi	プスィー / プサイ
Ω	ω	omega	オメガ

付録2：換算表

SI 接頭語

倍数	名称	記号	倍数	名称	記号
10^{24}	ヨタ	Y	10^{-1}	デシ	d
10^{21}	ゼタ	Z	10^{-2}	センチ	c
10^{18}	エクサ	E	10^{-3}	ミリ	m
10^{15}	ペタ	P	10^{-6}	マイクロ	m
10^{12}	テラ	T	10^{-9}	ナノ	n
10^{9}	ギガ	G	10^{-12}	ピコ	p
10^{6}	メガ	M	10^{-15}	フェムト	f
10^{3}	キロ	k	10^{-18}	アト	a
10^{2}	ヘクト	h	10^{-21}	ゼプト	z
10^{1}	デカ	da	10^{-24}	ヨクト	y

力

	kgf	tf	N	kN
1 kgf =	1	0.001	9.807	0.009807
1 tf =	1000	1	9807	9.807
1 N =	0.1020	0.0001020	1	0.001
1 kN =	102.0	0.1020	1000	1

モーメント

	kgf·cm	kgf·m	tf·m	N·m	kN·m
1 kgf·cm =	1	0.01	0.00001	0.09807	0.00009807
1 kgf·m =	100.0	1	0.001	9.807	0.009807
1 tf·m =	100000	1000	1	9807	9.807
1 N·m =	10.20	0.1020	0.000102	1	0.001
1 kN·m =	10200	102.0	0.102	1000	1

応力

	kgf/cm^2	tf/m^2	kPa	N/mm^2
1 kgf/cm^2 =	1	10.00	98.07	0.09807
1 tf/m^2 =	0.100	1	9.807	0.009807
1 kPa = 1kN/m^2 =	0.01020	0.1020	1	0.001
1 MPa = 1 N/mm^2 =	10.20	102.0	1000	1

単位体積重量

	gf/cm³ = tf/m³	kN/m³
1 gf/cm³=1 tf/m³ =	1	9.807
1 kN/m³ =	0.1020	1

密度

	g/cm³	kg/m³
1 g/cm³ =	1	1000
1 kg/m³ =	0.001	1

仕事・エネルギー・熱量

	kgf·m	kN·m	kcal	J	kW·h
1 kgf·m =	1	0.009807	0.002343	9.807	0.000002724
1kN·m=	102.0	1	0.2389	1000	0.0002778
1 kcal =	426.8	4.186	1	4186	0.001163
1J =1N·m=	0.1020	0.001	0.0002389	1	0.0000002778
1 kW·h =	367100	36000	860.0	3600000	1

粘度

	kgf·s/m²	Pa·s
1 kgf·s/m² =	1	9.807
1 Pa·s =	0.1020	1

地盤反力係数

	kgf/cm³	tf/m³	kN/m³	MN/m³
1 kgf/cm³ =	1	1000	9807	9.807
1 tf/m³ =	0.001	1	9.807	0.009807
1 kN/m³ =	0.0001020	0.1020	1	0.001
1MN/m³=	0.1020	102.0	1000	1

索　引

A

a part of pile-footing connection／杭頭結合部 …… 78
absorbed water／吸着水 …… 68
abutment／アバットメント …… 8
abutment／橋台 …… 68
abutment for reduced earth pressure／土圧軽減型橋台 …… 246
abutment pier／ピアアバット …… 296
acceleration response spectrum／加速度応答スペクトル …… 48
accidental load／偶発荷重 …… 86
active earth pressure／主働土圧 …… 164
active earth pressure during earthquake／地震時主働土圧 …… 144
active lateral pressure／主働側圧 …… 164
activity／活性度 …… 50
additional dead load／付加死荷重 …… 308
additional installed piles for strengthening／増し杭 …… 342
additional rebar for caution／用心鉄筋 …… 358
adhesion／付着力 …… 314
adjacent construction／近接施工 …… 74
adjacent embankment／近接盛土 …… 76
aeration／ばっ気 …… 290
aging／年代効果 …… 278
air content by volume, air void ratio／空気間隙率 …… 86
air lift／エアリフト …… 24
air lock／エアロック …… 24
air lock／気閘室 …… 60
allowable bearing capacity／許容支持力 …… 72
allowable displacement／許容変位量 …… 72
allowable stress／許容応力度 …… 72
allowable stress design method／許容応力度設計法 …… 72
alluvium／沖積層 …… 226
alluvium ground／沖積地盤 …… 226
amount of rebound／リバウンド量 …… 366
analog ammeter／アナログ式電流計 …… 8

索 引

anchor force／把駐力 …………………………………………………… 290
anchorage／アンカレイジ …………………………………………………… 8
anchored earth retaining structure／アンカー式土留め …………………… 8
anchored retaining wall／アンカー補強土壁 ………………………………… 8
anchored sheet pile wall／タイロッド式矢板壁 …………………………… 208
angle brace／火打ち …………………………………………………………… 298
angle of friction between backfilling material and back-face wall／壁面摩擦角 ………… 328
angle of shear resistance／せん断抵抗角 …………………………………… 196
angular bent／折れ角 ………………………………………………………… 40
anticipated corrosion rate／腐食しろ（代） ………………………………… 312
antifrost layer, frost blanket／凍上抑制層 ………………………………… 250
apparent cohesion／見かけの粘着力 ………………………………………… 344
apparent seismic coefficient／見かけの震度 ………………………………… 342
approach block／アプローチブロック ……………………………………… 8
approach cushion slab／踏掛板 ……………………………………………… 318
arch culvert／アーチカルバート ……………………………………………… 2
arrangement of rebar／配筋 ………………………………………………… 282
artesian head／被圧水頭 ……………………………………………………… 296
artificial island／築島 ………………………………………………………… 222
asphalt roadbed／アスファルト路盤 ………………………………………… 4
atmospheric pressure loading method／大気圧載荷工法 ………………… 204
auger／オーガ ………………………………………………………………… 36
autoclave curing precast pile／AC杭 ……………………………………… 24
automatic open caisson system／自動化オープンケーソン工法 ………… 150
automatic welding／全自動溶接 …………………………………………… 192
axial reciprocal load test of pile／杭の鉛直交番載荷試験 ………………… 80
axial tensile load test of pile／杭の引抜き試験 …………………………… 86

B

back analysis／逆解析 ………………………………………………………… 66
back filling／背面盛土 ………………………………………………………… 286
back swamp／後背湿地 ……………………………………………………… 116
backfill material／裏込め材 ………………………………………………… 22
backfilling／裏埋め …………………………………………………………… 22
backfilling／裏込め …………………………………………………………… 22
ballast track／バラスト軌道 ………………………………………………… 292

base failure／底部破壊	238
base layer, engineering bedrock／工学的基盤	104
base (rock)／基盤［岩］	64
basement wall／地下外壁	220
battered pile／斜杭	158
beam model on elastic foundation／梁・ばねモデル	294
beam on elastic media／弾性床上の梁	214
bearing capacity／鉛直支持力	80
bearing capacity／支持力	142
bearing capacity factor／支持力係数	142
bearing capacity formula／支持力公式	142
bearing capacity formula／支持力式	142
bearing capacity of a pile (in vertical direction)／杭の（鉛直）極限支持力	80
bearing pile／支持杭	142
bearing stratum／支持層	142
bedding／床付け	258
belled pile／拡底杭	44
bell-type foundation／ベルタイプ基礎	328
bench cut／段切り	212
bench-cut foundation／段切り基礎	212
bench cut method／ベンチカット工法	330
Benkleman beam／ベンケルマンビーム	330
bentonite slurry／ベントナイト系安定液	332
bentonite slurry／ベントナイト泥水	332
berm／犬走り	18
berm／小段	118
berthing force／接岸力	186
bioassay／バイオアッセイ	282
bio-remediation／バイオレメディエーション	282
Bishop's method／ビショップ法	300
body, frame body／躯体	86
boiling／ボイリング	332
bond／付着	314
bond stress／付着応力	314
bored deep foundation／深礎基礎	170
bored deep foundation construction method／深礎工法	170
bored hole method／BH工法	296

索引

bored precast pile／埋込み杭 …………………………………………… 22
bore-hole radar inspection method／ボアホールレーダ探査 ………… 332
borehole test／ボーリング孔内試験 …………………………………… 336
boring／ボーリング ……………………………………………………… 336
boring log, drilling log／柱状図 ………………………………………… 224
borrow pit／土取場 ……………………………………………………… 262
bottom cleaning／底ざらい ……………………………………………… 202
bottom slab／底スラブ …………………………………………………… 202
boundary of cutting and filling／切盛り境 ……………………………… 74
Boussinesq's equation／ブーシネスクの解 …………………………… 308
box culvert／ボックスカルバート ……………………………………… 338
box-shape (H-shape) steel sheet pile／BOX形（H形）鋼矢板 ……… 338
bulk conversion coefficient of soil／土量換算係数 …………………… 264
break line of slope／傾斜変換線 ………………………………………… 92
breakwater／防波堤 ……………………………………………………… 336
bridge pier, pier／橋脚 …………………………………………………… 68
bridge pier, pier／ピア …………………………………………………… 296
bridge seat／橋座 ………………………………………………………… 68
bridge seat／桁座 ………………………………………………………… 96
broken stone／割栗石 …………………………………………………… 376
bulk change ratio of soil／土量変化率 ………………………………… 264
bulk specific gravity of coarse aggregate／礫のかさ比重 …………… 372
buoyancy／浮力 ………………………………………………………… 320
buttressed abutment／扶壁式橋台 ……………………………………… 318
buttressed retaining abutment／バットレス橋台 ……………………… 292
buttressed retaining wall／バットレス擁壁 …………………………… 292

C

caisson／ケーソン ………………………………………………………… 94
caisson／井筒 ……………………………………………………………… 18
caisson construction method／ケーソン工法 …………………………… 94
caisson-sinking by reduced air pressure／減圧沈下 …………………… 96
calculated response value／設計用応答値 …………………………… 188
cantilever excavation method／自立掘削工法 ………………………… 168
cantilever retaining wall／自立式土留め ……………………………… 168
cantilever steel sheet pile wall／自立式矢板壁 ………………………… 168

cantilever wall／片持ち梁式擁壁 …………………………………………………… 48
capacity design／キャパシティデザイン …………………………………………… 68
carboxy methyl cellulose／CMC ……………………………………………………… 136
Casagrande type piezometer／キャサグランデ型間隙水圧計 …………………… 66
CASE method／CASE 法 ……………………………………………………………… 94
casing／ケーシング ……………………………………………………………………… 94
casing auger method／ケーシングオーガ工法 ……………………………………… 94
casing installation apparatus／チュービング装置 ………………………………… 226
casing tube／ケーシングチューブ …………………………………………………… 94
cast-in-place concrete around foundation／根巻き ……………………………… 276
cast-in-place concrete pile／場所打ちコンクリート杭 …………………………… 290
cast-in-place pile concrete with strengthened end bearing capacity／先端強化型場所打ち杭
  …………………………………………………………………………………………… 194
cast-in-place reinforced concrete diaphragm wall／場所打ち鉄筋コンクリート地中壁工法
  …………………………………………………………………………………………… 290
catch fence／落石防止柵 ……………………………………………………………… 364
catch net, rock fall prevention net work／落石防止網 …………………………… 364
catch wall, rock fall prevention wall／落石防止擁壁 …………………………… 364
cathodic protection of galvanic anode system／流電陽極方式 ………………… 368
cathodic protection (method) ／電気防食（法）…………………………………… 244
CBR value in situ／現場 CBR ………………………………………………………… 100
cellular caisson／セルラーケーソン ………………………………………………… 190
cement slurry／セメントミルク ……………………………………………………… 190
cement slurry jetting & mixing method, cement slurry grouting & mixing method／セメ
  ントミルク噴出攪拌方式 …………………………………………………………… 190
cement slurry method／セメントミルク工法 ……………………………………… 190
cement stabilization method／セメント安定処理工法 …………………………… 190
center bored piling method／中掘り杭工法 ………………………………………… 268
center column／中柱 …………………………………………………………………… 268
center guided drop hammer／真矢打ち ……………………………………………… 172
centering／セントル …………………………………………………………………… 196
characteristics test／特性調査試験 …………………………………………………… 256
chemical grouting method／薬液注入工法 ………………………………………… 352
chemicopile method／ケミコパイル工法 …………………………………………… 96
circle slip surface／円弧すべり面 …………………………………………………… 32
circular arc slip／円弧すべり ………………………………………………………… 32
clayey soil／粘性土 …………………………………………………………………… 278

索引

clean-up of bore bottom／孔底処理	114
clearing and grubbing／伐開除根	290
clinometer／クリノメータ	88
closed-ended pile／閉端杭	326
c-materials／c 材	136
coefficient of active earth pressure／主働土圧係数	164
coefficient of consolidation／圧密係数	6
coefficient of earth pressure／土圧係数	246
coefficient of earth pressure at rest／静止土圧係数	182
coefficient of fissures／亀裂係数	74
coefficient of horizontal subgrade reaction／水平地盤反力係数	176
coefficient of lateral pressure／側圧係数	200
coefficient of passive earth pressure／受働土圧係数	164
coefficient of permeability／透水係数	252
coefficient of shear subgrade reaction／せん断地盤反力係数	194
coefficient of subgrade reaction／地盤反力係数	154
coefficient of vertical ground reaction／鉛直地盤反力係数	34
coefficient of volumetric compressibility／体積圧縮係数	208
cofferdam／仮締切り	54
cofferdam method／締切り方式	156
cohesion／粘着力	278
collapsed landform／崩壊地形	334
colluvial soil, colluvial deposit／崩積土	334
column group-type board deep foundation／組杭深礎基礎	88
column type foundation／柱状体基礎	224
columnar diaphragm wall／柱列式地下連続壁	226
column-type pier／柱式橋脚	290
combined footing foundation／連結フーチング基礎	372
combined foundation／併用基礎	326
common duct／共同溝	70
compaction energy／突固めエネルギー	232
compaction pile method／締固め杭工法	156
composite foundation／異種基礎	14
composite foundation／複合基礎	310
composite pile／合成杭	110
composite pile method of steel pipe pile and soil cement／鋼管ソイルセメント杭工法	104
composite retaining wall／混合擁壁	122

composite footing foundation／複合フーチング基礎	310
composite wall type／一体壁形式	16
compounded slip surface／複合すべり線（法）	310
compression crack／圧縮亀裂	4
compression index／圧縮指数	4
concrete block pitching method／ブロック張工	324
concrete block retaining wall／ブロック積擁壁	324
concrete diaphragm wall／コンクリート製地下連続壁	120
concrete for footing protection／根固めコンクリート	274
concrete plastering works／コンクリート張工	120
concrete roadbed／コンクリート路盤	122
concrete spraying／コンクリート吹付け工	122
cone index／コーン指数	118
cone penetration test／円錐貫入試験	32
confined aquifer／被圧帯水層	296
confined groundwater／被圧地下水	296
consistency index／コンシステンシー指数	122
consolidation／圧密	6
consolidation settlement／圧密沈下	8
consolidation test／圧密試験	6
consolidation yield stress／圧密降伏応力	6
construction by-products／建設副産物	100
construction sludge／建設汚泥	100
construction surplus soil／建設発生土	100
construction work by excavation and earth retaining／根切り山留め工事	276
contact grouting／コンタクトグラウチング	122
contact pressure／接地圧	188
continuous footing excavation／布掘り	274
continuous footing foundation／布基礎	272
continuous footing foundation／連続フーチング基礎	372
controlled type waste-landhill／管理型処分場	58
conventional method／慣用法	58
core／コア	102
core barrel／コアバレル	102
core boring, core drilling／コアボーリング	102
corrosion／腐食	312
corrosion prevention (corrosion protection)／防食	334

索 引

corrosion rate／腐食速度 ……………………………………………… 312
Coulomb's earth pressure／クーロン土圧 …………………………… 86
counterfort retaining wall／控え壁式擁壁 …………………………… 300
counterfort type abutment／控え壁式橋台 …………………………… 300
counterfort type steel pile wall／控え式矢板壁 …………………… 300
countermeasure for soft ground／軟弱地盤対策 …………………… 270
countermeasure works against debris flow／土石流対策工 ……… 260
countermeasures for liquefaction／液状化対策 …………………… 26
counterweight fill method, loading berm method／押え盛土工法 … 38
counterweight fill, loading berm／押え盛土 ………………………… 38
covering plate／覆工板 ………………………………………………… 314
crack inducing joint／ひび割れ誘発目地 …………………………… 302
critical strength of crack occurring／ひび割れ限界強度 ………… 302
crushing test of rocks／岩の破砕試験 ……………………………… 18
culvert／カルバート …………………………………………………… 54
cut and cover tunnel／開削トンネル ………………………………… 42
cut, cutting／切土 ……………………………………………………… 72
cut-off／カットオフ …………………………………………………… 50
cut-off of water／止水工法 …………………………………………… 146
cutting edge plate／刃口金物 ………………………………………… 288
cutting joint／カッティングジョイント …………………………… 50
cyclic triaxial strength ratio／繰返し三軸強度比 ………………… 88

D

damping／減衰 …………………………………………………………… 98
damping factor／減衰定数 …………………………………………… 98
Darcy' law／ダルシーの法則 ………………………………………… 210
dead load／死荷重 ……………………………………………………… 140
debris flow／土石流 …………………………………………………… 260
debris flow deposit topography／土石流堆積地形 ………………… 260
deck for construction machinery／乗入れ構台 …………………… 278
decomposed granite／まさ土 ………………………………………… 342
deep foundation／深い基礎 …………………………………………… 308
deep mixing and stirring method／深層混合攪拌工法 …………… 170
deep mixing method／深層混合処理工法 …………………………… 170
deep well method／ディープウェル工法 …………………………… 236

索 引

deformation angle of foundation／基礎の変形角	64
degree of compaction／締固め密度比	156
degree of consolidation／土の圧密度	232
degree of saturation／飽和度	336
delta／三角州	128
denison double tube sampler／デニソン型サンプラー	242
dense non aqueous phase liquid／DNAPL	236
density of soil particles／土粒子密度	264
depth of frost penetration, freezing depth／凍結深さ	248
design earthquake motion／設計地震動	186
design ground level／設計地盤面	186
design method based on partial factor／部分係数法	318
design pile diameter／杭の設計径	84
design sectional force／設計断面力	188
design seismic coefficient／設計震度	188
design seismic surface ground motion／地表面設計地震動	224
design servise life／設計供用期間	186
design strength／設計基準強度	186
design value of limit resistance／設計用限界値	188
dewatering method／地下水位低下工法	220
diagonal tension rebar／斜引張鉄筋	268
diaphragm wall／地下連続壁	222
diaphragm wall foundation／地中連続壁基礎	224
diaphram wall foundation／連壁井筒基礎	374
diaphram wall／連続地中壁	374
diesel pile hammer／ディーゼルパイルハンマー	236
differential settlement／不同沈下	316
diluvium／洪積地盤	110
diluvium, diluvium deposit／洪積層	112
dip slope／流れ盤	268
direct pile pull out method／既存杭の直接引抜き工法	64
direct shear test／直接型せん断試験	228
disaster prevention record／防災カルテ	334
displacement method／変位法	330
distribution rebar／配力鉄筋	286
ditch works, drainage works／排水工	284
double reinforcement bar, double rebar／複鉄筋	310

— 393 —

索引

double sheet pile wall revetment／二重矢板式護岸 …………………………… 272
double tube cone penetration test／二重管コーン貫入試験 …………………… 270
doughnut auger method／ドーナツオーガ工法 ………………………………… 254
drain method／ドレーン工法 …………………………………………………… 266
drain, ditch／排水溝 ……………………………………………………………… 284
drainage of structure／構造物の排水 …………………………………………… 112
drainage well／集水井工 ………………………………………………………… 160
drilling diameter／掘削径 ………………………………………………………… 88
drilling machine／せん孔機械 …………………………………………………… 192
drilling mud (fluid)／掘削液 ……………………………………………………… 88
driven pile／打込み杭 ……………………………………………………………… 20
drop hammer／ドロップハンマー ……………………………………………… 266
drop hammering guided by two poles／二本子打 ……………………………… 272
drowned valley／溺れ谷 …………………………………………………………… 38
dry density／乾燥密度 ……………………………………………………………… 58
dry jet mixing method／DJM工法 ……………………………………………… 234
Dunham's formula／ダナムの式 ………………………………………………… 210
durability／耐久性 ………………………………………………………………… 204
Dutch cone penetration test, double tube-type static cone penetration test／オランダ式二重
　管コーン貫入試験 ……………………………………………………………… 40
dynamic bearing capacity／動的支持力 ………………………………………… 252
dynamic bearing capacity formula／動的支持力式 ……………………………… 252
dynamic consolidation／動圧密 ………………………………………………… 246
dynamic deformation properties of soil／土の動的変形特性 ………………… 234
dynamic load test of pile／杭の動的載荷試験 …………………………………… 84
dynamic resistance／動的抵抗 …………………………………………………… 254
dynamic response analysis／動的解析 …………………………………………… 252
dynamic response analysis method／動的解析法 ……………………………… 252
dynamic shear strength ratio／動的せん断強度比 ……………………………… 254

E

① earthquake ground motion (s), ② ground vibration／地盤振動 ……………… 152
earth drill method／アースドリル工法 …………………………………………… 2
earth pressure／土圧 …………………………………………………………… 246
earth pressure at rest／静止土圧 ………………………………………………… 182
earth pressure during earthquake／地震時土圧 ………………………………… 146

—— 394 ——

earth retaining／土留め	262
earth retaining／山留め	352
earth retaining wall／土留め壁	262
earth retaining wall／山留め壁	352
earth retaining wall supported by strut／切梁式土留め	74
earth structure／土構造物	256
earthquake directly above epicenter／直下型地震	228
earthquake ground motion／地震動	146
earthquake input／地震入力	146
earthquake-resistant facility／耐震強化施設	206
eccentric inclined load／偏心傾斜荷重	330
eccentrically loaded foundation／偏荷重を受ける基礎	330
edge distance／縁端距離	32
effect of supporting point movement／支点移動の影響	150
effective active lateral pressure／有効主働側圧	356
effective embedded depth／有効根入れ深さ	356
effective height／有効高	356
effective input motion／有効入力動	356
effective overburden pressure／有効上載圧	356
effective passive lateral pressure／有効受働側圧	356
effective pile diameter／杭の有効径	86
effective stress analysis／土・水圧分離	258
effective stress analysis／有効応力解析	356
effective width／有効幅	356
efficiency of pile group／群杭効率	90
elastic domain／弾性領域	216
elastic foundation／弾性体基礎	214
elastic limit strength／弾性限界強度	214
elastic wave exploration／弾性波探査	216
elastic wave velocity／弾性波速度	216
elastic wave velocity logging／弾性波速度検層	216
elasto-plastic method／弾塑性法	218
electric cone penetration test／電気式コーン貫入試験	242
electrical logging, electrical stratum detection／電気検層	242
electrical prospecting, electric detection／電気探査	244
element／エレメント	32
e–log p curve／e〜log p 曲線	12

索引

embankment／盛土	350
embankment slope／土羽	262
embedded length ratio／根入れ比	274
embedded-type steel plate cellular-bulkhead method／根入れ鋼板セル工法	274
end of drive／打止め	22
end-strengthening ring／先端補強リング	194
enlarged-and-solidified- root center bored piling method／中掘り拡大根固め工法	268
enlarged-and-solidified-root prebored piling method／プレボーリング拡大根固め工法	320
envelope of Mohr-Coulomb's failure criteria／モール・クーロンの破壊包絡線	348
environmental quality standards for soil／土壌環境基準	258
equation of modified Mononobe-Okabe active earth pressure during earthquakes／修正物部・岡部の地震時主働土圧式	160
equilivium lateral pressure／平衡側圧	324
equivalent beam method／仮想梁法	48
equivalent linearization／等価線形化法	248
equivalent natural period／等価固有周期	248
equivalent N-value／等価 N 値	246
excavation／掘削	88
excavation／根切り	276
excess（pore）water pressure／過剰（間隙）水圧	46
Expanded Poly-Stylor constructuion method／EPS 工法	12
extensometer／地盤伸縮計	152
extensometer／伸縮計	170

F

fabric sheet reinforced earth method／シート・ネット工法	136
factor of safety, safety factor／安全率	10
failure strain／破壊ひずみ	288
fault fracture zone／断層破砕帯	216
fastening device／締結装置	236
fault／断層	216
fault topography／断層地形	216
fiber drain method／ファイバードレーン工法	306
field vane shear test／原位置ベーンせん断試験	96
field welding joint／現場溶接継手	102
filling／埋戻し	22

filter material／フィルター材	306
fine bearing layer／良質な支持層	370
finishing stake／丁張り	228
finite element method／FEM	30
fixed dead load／固定死荷重	120
fixed earth support method／フィックストアースサポート法	306
flexible culvert／たわみ性カルバート	212
flexural strength／曲げ耐力	342
floating caisson／浮きケーソン	20
floating caisson／フローティングケーソン	322
floating foundation／浮き基礎	20
flood channel／高水敷	108
flow net／流線網	368
fluidization／流動化	368
fly ash／フライアッシュ	318
foam treated soil／気泡混合土	64
foil sampler／フォイルサンプラー	308
follower／ヤットコ	352
footing／フーチング	308
footing connection beam／つなぎ梁	234
footing foundation／フーチング基礎	308
footing stability, stability of spread foundation／底盤の安定	238
formation level／施工基面	186
foundation／基礎	62
foundation ground／基礎地盤	62
foundation member／基礎部材	64
foundation supported by skin friction／周面支持基礎	162
foundation work／地業	222
foundation work on ground surface／地肌地業	150
foundation work using sand and gravel／砂・砂利地業	178
foundation, slab, base slab／基礎スラブ	64
free earth support method／フリーアースサポート法	318
free water／自由水	158
freezing and thawing test／凍結融解試験	250
freezing depth meter using methylene blue／メチレンブルー凍結深度計	346
freezing index／積算寒度	186
freezing index／凍結指数	248

索 引

freezing method／凍結工法 …………………………………………… 248
friction between backfilling material and back-face wall／壁面摩擦 …………… 328
friction cut／フリクションカット ……………………………………… 320
friction pile／摩擦杭 …………………………………………………… 342
frost heave／凍上 ……………………………………………………… 250
frost heaving test／凍上試験 …………………………………………… 250
full face excavation method／全断面掘削工法 ………………………… 196

G

gabion／蛇篭 …………………………………………………………… 156
gabion mattress／ふとん篭 …………………………………………… 316
general hyperbolic equation model／GHE モデル …………………… 136
Geo-menbrane／ジオメンブレン ……………………………………… 140
geophysical exploration／物理探査 …………………………………… 316
geophysical logging／物理検層 ………………………………………… 314
geotextile／ジオテキスタイル ………………………………………… 138
geotextile reinforced earth method／ジオテキスタイル補強土工法 … 138
geotextile reinforced earth wall method／ジオテキスタイル補強土壁工法 … 138
geotomography／ジオトモグラフィー ………………………………… 138
global positioning system／GPS ……………………………………… 138
grain size distribution／粒度組成 ……………………………………… 370
granulated blast furnace slag／高炉水砕スラグ ……………………… 118
granulated slag／水砕スラグ …………………………………………… 174
gravity-type abutment／重力式橋台 …………………………………… 162
gravity-type retaining wall／重力式擁壁 ……………………………… 162
gridiron crib works／格子枠工 ………………………………………… 108
ground anchor／グラウンドアンカー ………………………………… 88
ground bearing capacity／地耐力 ……………………………………… 224
ground classification for seismic design／耐震設計上の地盤種別 …… 208
ground improvement, soil improvement／地盤改良 …………………… 152
ground movement／地盤変動 ………………………………………… 156
ground slab, concrete on earth floor／土間コンクリート …………… 264
ground water drainage works／地下水排除工 ………………………… 220
ground water pollution／地下水汚染 ………………………………… 220
groundwater vein／地下水脈 …………………………………………… 222
guide／導材 …………………………………………………………… 250

guide wall／ガイドウォール …… 44
gut／ガット …… 50

H

half-bank and half-cut／片切り片盛り …… 48
hammer／ハンマー …… 294
hand auger drilling／ハンドオーガボーリング …… 294
hand welding／手溶接 …… 242
hard rock／硬岩 …… 104
Hardin-Drnevich model／HD モデル …… 28
hardness of soil／土壌硬度 …… 258
heat insulating method／断熱工法 …… 218
heaving／盤膨れ …… 294
heaving／ヒービング …… 298
heavy tamping method／重錘落下締固め工法 …… 160
high bearing capacity pile／高支持力杭 …… 108
high grade soil／ハイグレードソイル …… 282
high strength steel pipe pile／高強度鋼管杭 …… 106
hollow pile／中空杭 …… 224
hook／フック …… 314
horizontal bearing capacity／水平支持力 …… 176
horizontal design seismic coefficient／設計水平震度 …… 188
horizontal drain method／水平ドレーン工法 …… 176
horizontal drainage layer／水平排水層 …… 176
horizontal drilling／横ボーリング …… 360
horizontal sheathing／横矢板 …… 360
hospital lock／ホスピタルロック …… 338
H-shaped steel pile／H形鋼杭 …… 28
humic soil, humus soil／腐植土 …… 314
hut-type steel sheet pile／ハット形鋼矢板 …… 290
hydraulic gradient／動水勾配 …… 252
hydraulic hammer／油圧ハンマー …… 354
hydraulic pressure／水圧 …… 172
hydraulic pressure distribution／水圧分布 …… 174
hybrid-type retaining wall used permanently and temporarily／本体利用 …… 340
hydrodynamic pressure, dynamic water pressure／動水圧 …… 250

hydrostatic pressure／静水圧 …………………………………………………… 184
hysteresis loop／履歴モデル …………………………………………………… 370

I

immediate settlement／即時変位量 …………………………………………… 200
impact (load)／衝撃（荷重） ………………………………………………… 164
impact load test of pile／杭の衝撃載荷試験 ………………………………… 82
impact vibration test／衝撃振動試験 ………………………………………… 164
impermeable layer／不透水層 ………………………………………………… 316
importance division／重要度区分 ……………………………………………… 162
importance of structure／構造物の重要度 …………………………………… 112
improvement of subgrade／路床改良 ………………………………………… 374
inclination angle of foundation／基礎の傾斜角 ……………………………… 64
inclined load／傾斜荷重 ………………………………………………………… 90
inclinometer／傾斜計 …………………………………………………………… 90
inclinometer, tiltmeter／地盤傾斜計 ………………………………………… 152
incomplete bearing layer／不完全支持層 …………………………………… 310
incomplete supported foundation／不完全支持基礎 ………………………… 308
independent footing foundation／独立フーチング基礎 …………………… 256
industrial waste-products／産業廃棄物 ……………………………………… 130
inertia force／慣性力 …………………………………………………………… 56
inertia force during earthquake／地震時慣性力 …………………………… 144
initial void ratio／初期間隙比 ………………………………………………… 168
injection method, grouting method／注入工法 ……………………………… 226
inner-driven single steel pipe pile／中打ち単独杭 ………………………… 266
inner wall／内壁 ………………………………………………………………… 20
in-situ inclinometer／挿入式地中傾斜計 ……………………………………… 198
in-situ permeability test／現場透水試験 ……………………………………… 100
in-situ test／原位置試験 ………………………………………………………… 96
inspection measurement, inspection of drilling length／検尺 ……………… 98
installed caisson／設置ケーソン ……………………………………………… 188
integral abutment／インテグラルアバット …………………………………… 18
integral ammeter／積分電流計 ………………………………………………… 186
intermediate layer／中間層 …………………………………………………… 224
internal friction angle／内部摩擦角 ………………………………………… 266
internal soil／内部土 …………………………………………………………… 266

inverted construction method／逆巻き工法	126
investigation by bore-hole camera／ボアホールカメラ調査	332
investigation method of pile defects／損傷調査法	204
iron and steel slag／鉄鋼スラグ	240
irregularly bounded surface ground／不整形地盤	314
island cut method／アイランド工法	4

J

jacked caisson／圧入ケーソン	6
jacking method／圧入工法	6
jacking method／推進工法	174
jetting method／ジェット工法	138
joint／節理	188
joint／継手	232
joint less abutment／橋台部ジョイントレス構造	70

K

| Kuroboku soil／黒ぼく | 90 |
| K-value, coefficient of subgrade reaction／K値 | 96 |

L

land subsidence, ground subsidence／地盤沈下	154
landslide／地すべり	148
landslide block／地すべりブロック	148
landslide portentous topography／地すべり前兆地形	148
landslide prevention works, landslide control works／地すべり対策工	148
large-diameter pile／大口径杭	204
large-scale triaxial compression test／大型三軸圧縮試験	36
lateral coefficient of ground reaction／横方向地盤反力係数	360
lateral flow／側方流動	200
lateral load test in borehole／プレシオメーター	320
lateral loading test of pile／杭の水平載荷試験	82
lateral movement／側方移動	200
lateral resistance of pile／杭の水平支持力	84

索引

lateral roac test in borehole／孔内水平載荷試験	114
lateral subgrade reaction／横方向地盤反力	360
lattice wall／井桁組擁壁	14
law for promotion of utilization of recycled resources／リサイクル法	364
leaning retaining wall／もたれ式擁壁	348
level 1 seismic motion／レベル1地震動	372
level 2 seismic motion／レベル2地震動	372
leveling concrete／ならしコンクリート	268
life cycle cost／ライフサイクルコスト	362
light non aqueous phase liquid／LNAPL	30
light weight soil mixed with expanded resin beads／発泡ビーズ混合軽量土	292
lightweight embankment／軽量盛土	92
lightweight treated geo-material／軽量混合地盤材料	92
lime stabilization method／石灰安定処理工法	186
limit equilibrium method／極限つり合い法	70
limit plastic deformation／限界塑性変形量	98
limit state／限界状態	98
limit state design method／限界状態設計法	98
limit state for damage／損傷限界状態	204
liner plate／ライナープレート	362
lining／ライニング	362
liquefaction／液状化	24
liquefied ground／液状化地盤	26
liquefied stabilized soil／流動化処理土	368
liquid limit／液性限界	26
live load／活荷重	48
Load and Resistance Factor Design (LRFD) methodology／荷重抵抗係数設計法	46
load factor／荷重係数	46
load reduction method／荷重軽減工法	44
load transfer beam／盛替え梁	350
loading method／載荷方式	124
loading test in borehole／孔内載荷試験	114
loam／ローム	376
longitudinal drain on slope／縦下水	210
loose zone／ゆるみゾーン	358
low embankment／低盛土	238
low maintenance track／省力化軌道	166

lower part embankment／下部盛土	52
lower pile (lower pile unit)／下杭	150
low-replacement-ratio sand compaction pile method／低置換率 SCP 工法	238
low water channel／低水敷	238
L-shaped block／L 型ブロック	30
L-shaped retaining wall／L 型擁壁	30

M

main reinforcement bar／主鉄筋	164
main scarp／滑落崖	50
man lock／マンロック	342
marsh fannel visgcosity／ファンネル粘度（F・V）	306
Masing's rule／Masing 則	346
mass curve／土積図	260
mat foundation／べた基礎	328
material factor／材料係数	126
material factor approach (MFA)／材料係数アプローチ	126
material lock／マテリアルロック	342
maximum dry density／最大乾燥密度	124
maximum theoretical depth of frost penetration／理論最大凍結深さ	370
mechanical cone penetration test／機械式コーン貫入試験	60
mechanical type joint／機械式継手	60
melting slag／溶融スラグ	358
member factor／部材係数	312
micro pile／マイクロパイル	340
middle pile／中杭	268
misalignment at joints／目違い	346
missing mud／逸泥	18
mix proportion／配合	282
mixing-type stabilization method／混合処理工法	122
model for dynamic analysis of ground／地盤の動的解析モデル	154
modified Fellenius method／修正フェレニウス法	160
modified Ramberg-Osgood model／修正 RO モデル	160
modulus of deformation／変形係数	330
Mohr-Coulomb's failure criteria／モール・クローンの破壊基準	348
Mohr's stress circle／モールの応力円	348

索引

monitoring／計測管理 …………………………………………………… 92
monitoring on site, hield measurement／現場計測 …………………… 100
monkey／モンケン ……………………………………………………… 350
Mononobe-Okabe's earth pressure during earthquakes／物部・岡部の地震時土圧式 348
monitaring hole of grond watar level／地下水位観測孔 ……………… 220
mortar lining／モルタルライニング …………………………………… 350
mortar spraying works／モルタル吹付け工 …………………………… 350
mud cake／マッドケーキ ……………………………………………… 342
mud film formability／造壁性 ………………………………………… 198
mud pumping／噴泥 …………………………………………………… 324
mud stone／泥岩 ………………………………………………………… 236
mud water treatment／泥水処理 ……………………………………… 238
mudstone, hardpan／土丹 ……………………………………………… 262
multi-anchored retaining wall／多数アンカー式擁壁 ………………… 210
multi-column foundation, multi-pile foundation／多柱式基礎 ……… 210
m_v method／m_v 法 ………………………………………………… 30

N

natural dam／天然ダム ………………………………………………… 244
natural frequency／固有振動数 ………………………………………… 120
natural ground／素地 …………………………………………………… 202
natural levee／自然堤防 ………………………………………………… 150
natural period／固有周期 ……………………………………………… 120
natural slurry／自然泥水 ……………………………………………… 150
natural water content／自然含水比 …………………………………… 148
negative friction／ネガティブフリクション ………………………… 274
negative friction／負の摩擦力 ………………………………………… 316
negative rebar／負鉄筋 ………………………………………………… 316
negative skin friction／負の周面摩擦力 ……………………………… 316
net root pile method／網状ルートパイル工法 ………………………… 346
Newmark method／ニューマーク法 …………………………………… 272
nodular pile／節杭 ……………………………………………………… 312
nominal pile diameter／杭の公称径 …………………………………… 82
non-frost susceptible material／非凍上性材料 ………………………… 302
nonlinear response spectrum method／非線形スペクトル法 ………… 300
nonlinear stress-strain model of soil／土の非線形モデル …………… 234

normal consolidation／正規圧密	182
normal ground／普通地盤	314
N-value／N 値	30

O

observational construction／情報化施工	166
one dimensional wave propagation analysis／一次元波動解析	16
1-lot caisson／1 ロットケーソン	378
open caisson／オープンケーソン	36
open cut method／オープンカット工法	36
open cut with sloping side／法付けオープンカット工法	278
open type wharf／横桟橋	360
open-cut method／開削工法	42
open-ended pile／開端杭	42
optimum moisture content／最適含水比	124
organic soil／有機質土	354
outer wall／外周壁	42
outfittings／ぎ｜艤｜装	62
over break／余掘り	360
overall casing method／オールケーシング工法	36
overburden／土かぶり	256
overburden pressure／土かぶり圧	256
overconsolidation／過圧密	42
over-turning／転倒	244
over wall type／重ね壁形式	44

P

packing dehydration method／袋詰脱水処理工法	312
parapet wall／胸壁	70
parapet wall／パラペット	294
partial factor／部分係数	316
particle-controlled crushed stone／粒調砕石	368
particle size controlled crushed stones／粒度調整砕石	370
partition wall／隔壁	44
partitioned steel pipe sheet pile／隔壁鋼管矢板	44

索引

passive earth pressure／受働土圧	164
passive earth pressure during earthquake／地震時受働土圧	144
peak strength／ピーク強度	298
pedestal pile／ペデスタル杭	328
percussion energy／打撃エネルギー	210
performance based design／性能設計	184
performance requirements／要求性能	358
permanent ground anchor／永久アンカー	24
permanent load／永久荷重	24
permeability test／透水試験	252
permeable layer／透水層	252
phase difference／位相差	14
PHRI method／港研方式	106
pier stud／脚柱	66
pier-abutment／橋脚式橋台	68
piezometer／ピエゾメータ	298
pile／杭	76
pile bent／パイルベント	288
pile-bent-type pier／パイルベント式橋脚	288
pile cap／パイルキャップ	286
pile driver／パイルドライバ	288
pile driver (pile driving machine)／杭打ち機	76
pile driving formula／杭打ち公式	76
pile driving method／打撃工法	210
pile driving test／杭打ち試験	76
pile foundation／杭基礎	78
pile group／群杭	90
pile hammer／パイルハンマー	288
pile head treatment／杭頭処理	78
pile integrity test／IT 試験	4
pile integrity test／インテグリティ試験	18
pile loading test／杭の載荷試験	82
pile shaft circumference solidified by cement slurry／杭周固定液	78
pile with finite length／有限長の杭	356
pile with semi-infinite length／半無限長の杭	294
piled-raft foundation／パイルド・ラフト基礎	286
pile-toe load test／杭の先端載荷試験	84

— 406 —

pipe strain gauge, internal strain meter／パイプひずみ計	284
piping／パイピング	284
plain concrete／無筋コンクリート	346
plastic area／塑性領域	202
plastic hinge／塑性ヒンジ	202
plastic limit／塑性限界	202
plastic ratio of foundation／基礎の塑性率	64
plasticity index／塑性指数	202
plate loading test／平板載荷試験	326
plugging effect／閉塞効果	324
plugging effect ratio／先端閉塞率	196
plunger／プランジャ	318
plunger method／プランジャ方式	318
pneumatic caisson／潜函	192
pneumatic caisson／圧気ケーソン	4
pneumatic caisson／ニューマチックケーソン	272
pneumatic caisson construction method／潜函工法	192
pneumatic flow mixing method／管中混合固化処理工法	58
pneumatic tire roller／タイヤローラ	208
polymer slurry／ポリマー系安定液	338
pore water pressure／間隙水圧	54
pore water pressure dissipation method／間隙水圧消散工法	54
porosity／間隙率	56
portal frame pier／門形橋脚	350
positive reinforcement／正鉄筋	184
potable cone penetration test／ポータブルコーン貫入試験	336
prebored and driven piling method／プレボーリング併用打撃工法	322
prebored piling method／プレボーリング杭工法	320
precast pile／既製杭	62
precast pile method／既製杭工法	62
precast reinforced concrete pile／RC 杭	2
precast reinforced concrete pile, prefablicated reinforced concrete pile／既製コンクリート杭	62
preceding displacement／先行変位	192
prefabricated vertical drain method／PVD 工法	298
pre-loading method／プレローディング工法	322
premixing method／事前混合処理工法	150

pressure permeability test／加圧（注入）透水試験 ………………………… 40
prestressed concrete pile／PC 杭 …………………………………………… 298
prestressed concrete pile／プレストレストコンクリート杭 ……………… 320
prestressed concrete well／PC ウェル ……………………………………… 298
prestressed high strength concrete pile／PHC 杭 …………………………… 296
prestressed reinforced concrete pile／PRC 杭 ……………………………… 296
prevention addives missing mud／逸泥（逸水）防止剤 …………………… 18
primary consolidation／一次圧密 …………………………………………… 16
principal stress／主応力 ……………………………………………………… 162
prior waterproofing／先防水 ………………………………………………… 128
progressive failure／進行性破壊 …………………………………………… 170
proof rolling／プルーフローリング ………………………………………… 320
provisional execution／暫定施工 …………………………………………… 130
pulling resistance of pile／杭の引抜き抵抗力 ……………………………… 86
pulse-injection／脈状注入 …………………………………………………… 344
pumping test／現場揚水試験 ………………………………………………… 102
pumping test／揚水試験 ……………………………………………………… 358
push over analysis／プッシュオーバー解析 ………………………………… 314

Q

quality specified／品質規定方式 …………………………………………… 304
quick sand／クイックサンド ………………………………………………… 78
quicklime pile method／生石灰杭工法 ……………………………………… 184

R

radioactive waste／放射性廃棄物 …………………………………………… 334
radio isotope／ラジオアイソトープ ………………………………………… 364
railway adjacency／線路近接 ………………………………………………… 198
rainfall intensity／降雨強度 ………………………………………………… 104
raiseed-bed river／天井川 …………………………………………………… 244
Ramberg-Osgood model／RO モデル ………………………………………… 2
Rankine's earth pressure／ランキン土圧 …………………………………… 364
rapid load test of pile／杭の急速載荷試験 ………………………………… 82
rate of load inclination／荷重傾斜率 ………………………………………… 46
ratio of Young's modulus／ヤング係数比 ………………………………… 354

rebound／リバウンド	366
recharge well method／リチャージ工法	364
recovery ratio of sample／採取比	124
reference displacement／基準変位量	60
reference span／基準径間長	60
regional seismic coefficient／地域別震度	220
reinforced concrete／鉄筋コンクリート	240
reinforced earth retaining wall／補強土留め壁	338
reinforced concrete shore strut／鉄筋コンクリート製切梁工法	240
reinforced concrete track bed／RC 路盤	2
reinforced earthr／テールアルメ	240
reinforced earthr retaining wall construction method／補強土留め工	338
reinforced earth soil wall／補強土擁壁	338
reinforced embankement construction method／盛土補強工法	350
reinforced embankment／補強盛土	338
reinforced soil method／補強土工法	336
reinforced soil retaining wall with stirip／帯鋼補強土壁	38
reinforcement band of pile toe／杭先端補強バンド	78
reinforcement bar／鉄筋	240
reinforcement-bar-stud welding method／スタッド鉄筋方式	178
reinforcement cage／鉄筋かご	240
reinforcement connection／差し筋方式	128
reinforcing net／層厚管理材	198
relative density／相対密度	198
remote sensing／リモートセンシング	366
removal-type anchor／除去式アンカー	168
replacement method／置換工法	222
required strength, target strength／配合強度	284
residual settlement／残留沈下	134
residual strength／残留強さ	136
residual stress／残留応力	134
residual water level／残留水位	134
residual water pressure／残留水圧	134
resistance factor approach（RFA）／抵抗係数アプローチ	236
response／応答値	34
response analysis／応答解析	34
response magnification factor／応答倍率	34

English	Japanese	Page
response plastic ratio	応答塑性率	34
restorability	修復性	162
retaining wall	擁壁	358
retaining wall of steel pipe sheet piles	鋼管矢板土留め壁	106
retaining wall reinforced by continuous fibers	連続長繊維補強土工	374
return period of rainfall	降雨確率年	102
reverse circulation drill method	リバース工法	366
reverse T-shaped abutment	逆T式橋台	66
reverse T-shaped retaining wall	逆T型擁壁	66
revetment, bulkhead, seawall	護岸	118
RI method	RI法	2
rigid box culvert	剛性ボックスカルバート	110
rigid foundation	剛体基礎	112
rigid pipe culvert	剛性パイプカルバート	110
rigid-frame abutment	ラーメン式橋台	360
rigid-frame pier, rahmen type pier	ラーメン式橋脚	360
ring beam type cofferdom	リングビーム式仮締切	370
rip rap masonry	岩座張り	56
ripperability	リッパビリティ	366
ripping method	リッパ工法	366
river cross section ratio blocked by piers	河積阻害率	46
road bad	路体	374
rock anchor	ロックアンカー	376
rock compression strength	岩の圧縮強さ	58
rock fall	落石	362
rock fall preventive work	落石対策工	362
rock quality designation	R.Q.D	2
rock shed	ロックシェッド	376
rock shed, rock fall prevention coverage	落石覆土（洞門工）	362
rock shed, rock fall prevention coverage	落石覆工	362
root distance	ルート間隔	370
root pile method	ルートパイル工法	370
rotation angle of member	部材角	312
rotational rigidity of pile head	杭頭接合部の回転剛性	80
rounding	ラウンディング	362
Rowe's method	ロウの方法	374
rubble	捨石	178

S

safety／安全性	10
safety factor／安全係数	10
sampler／サンプラー	132
sampling／サンプリング	134
sand compaction pile method／サンドコンパクションパイル工法	130
sand drain method／サンドドレーン工法	132
sand fraction ratio／砂分率	180
sand mat／サンドマット	132
sand mat method／サンドマット工法	132
sandbag／土のう	262
sandy soil／砂質土	128
schedule chart／工程図表	114
schedule control curve／工程管理曲線	114
scoria／スコリア	178
scour／洗掘	192
screwed pile／回転杭工法	44
secondary consolidation／2次圧密	270
secondary wave velocity／S波速度	28
sediment transport pehemenon／流砂現象	368
seepage control work／遮水工	158
seismic coefficient method／震度法	172
seismic deformation method／応答変位法	36
seismic design／耐震設計	208
seismic inertia force／地震慣性力	144
seismic performance／耐震性能	206
seismic response analysis／地震応答解析	142
seismic response spectrum／地震応答スペクトル	144
seismic wave／地震波	146
semiautomatic welding／半自動溶接	294
sensibility ratio／鋭敏比	24
separately calculation method／分離計算法	324
separate wall type／分離壁形式	324
serviceability／使用性	166
serviceability limit state／使用限界状態	166
settlement-force relationship／沈下関係図	230

索 引

settlement method／沈下促進法	230
settlement-time curve／沈下曲線	230
shaft, vertical shaft／立坑	210
shallow foundation／浅い基礎	4
shallow mixing stabilization method／浅層混合処理工法	194
shallow soil stabilization／浅層安定処理	192
shallow trench drain／地下排水工	222
shape factor／形状係数	92
shear stress ratio during earthquake／地震時せん断応力比	146
shear test／せん断試験	194
shearing capacity／せん断耐力［コンクリート］	196
sheet pile／矢板	352
ship-bottom-type slip surface／船（底）型すべり面	316
shirasu／しらす	168
short pile／短杭	214
shotcrete spray grating crib works／吹付け枠工	310
side wall／側壁	200
sidewalk live load／群集荷重	90
signal matching analysis／波形マッチング解析	288
single reinforcement bar／単鉄筋	218
single wall type／単独壁形式	218
sinking plan／沈設計画	230
site reconnaissance／現地踏査	100
skin friction／周面摩擦力	162
skin frinction／周面摩擦	162
slab track／スラブ軌道	182
slab, floor slab／床板	166
slaking／スレーキング	182
slaking test of rocks／岩のスレーキング試験	18
sleeper／まくら木	340
sleepered solid bed track／まくら木直結軌道	340
slime／スライム	180
slime removal／スライム処理	180
slip form method／スリップフォーム工法	182
slip layer compound coated pile／SL 杭	26
slope／斜面	158
slope／法面	280

slope drainage／法面排水	280
slope protection works／法面工	280
slope protection works／法面保護工	280
slope stability works／斜面安定工	158
slope vegetation works／法面緑化工	280
slow load method／緩速載荷工法	58
slurry／安定液	12
slurry-hardening wall／泥水固化壁	238
SMAC strong motion accelerograph／SMAC 型強震計	180
soft ground／軟弱地盤	270
soft rock／軟岩	268
soil blanket on embankment slope／土羽土	262
soil boring log／土質柱状図	258
soil cement wall method／ソイルセメント壁工法	198
soil contamination countermeasures act／土壌汚染対策法	258
soil disposal area／土捨場	260
soil nailing system／地山補強土工法	158
soil spreading／まき出し	340
soldier beam／親杭	38
soldier beam earth retainig wall／親杭横矢板壁	40
soldier beam method／親杭横矢板工法	40
solidified root／根固め球根	274
solidification method／固化工法	118
sonic prospecting, acoustic exploration／音波探査	40
sounding／サウンディング	126
special ground／特殊地盤	256
speicfied construction method／工法規定方式	116
spiral auger／スパイラルオーガ	180
spread foundation／直接基礎	228
spring constant／ばね定数	292
stability factor／安定係数	12
stability level／安定レベル	12
stability of excavation base／根切り底面の安定	276
stabilization／安定処理	12
stage embankment／段階盛土	212
standard gradient of slope／標準法面勾配	304
standard penetration test／標準貫入試験	302

索引

standard sand／標準砂	304
static axial compressive load test of pile／杭の押込み試験	80
static load test of pile／杭の静的載荷試験	84
steel bracing／鋼製切梁工法	110
steel circular column filled with concrete／コンクリート充填鋼管柱	120
steel composite concrete pile／SC 杭	28
steel diaphragm wall／鋼製地下連続壁	110
steel framed reinforced concrete／鉄骨鉄筋コンクリート	242
steel pier／鋼製橋脚	110
steel pipe and soil cement composite pile／ソイルセメント合成鋼管杭	198
steel pipe column／鋼管柱	106
steel pipe pile／鋼管杭	104
steel pipe sheet pile／鋼管矢板	106
steel pipe sheet pile foundation／鋼管矢板基礎	106
steel pipe sheet pile foundation combined with temporary cofferdam method／仮締切り兼用鋼管矢板基礎	54
steel pipe sheet pile foundation combined with temporary cofferdam method／仮締切り兼用方式	54
steel pipe sheet pile rising-type foundation／立上がり方式	210
steel pipe sheet pile skirt-type foundation／脚付型鋼管矢板井筒基礎	66
steel pipe sheet pile wel-type foundation／鋼管矢板井筒基礎	106
steel pipe sheet pile well-type foundation／井筒型鋼管矢板基礎	18
steel ratio, ratio of reinforcement／鉄筋比	240
steel sheet pile cellular-bulkhead／鋼矢板セル	118
steel sheet pile wall／鋼矢板壁	118
step tapered pile／ST 杭	28
stipulations deemed to satisfy／みなし規定	344
stirrup／スターラップ	178
storage coefficient／貯留係数	230
stratum of opposite dip／受盤	20
stream line／流線	368
strength／耐力	208
stress distribution／応力分散	36
structural analysis factor／構造解析係数	112
structural details／構造細目	112
structural factor／構造物係数	112
strut／切梁	72

strut bracket／切梁ブラケット	74
strut load／切梁反力	74
strut post／切梁支柱	74
strut pre-load／切梁プレロード	74
strut stress by temperature／切梁温度応力	72
subbase／路盤	376
subgrade／路床	374
subgrade reaction／地盤反力	154
subgrade reaction strength／地盤反力度	154
subgrade replacement method／路床置換工法	374
submerged caisson／沈埋函	230
substructure／下部構造	52
subsurface drainage; underdrainage; sub-drainage／暗渠排水	10
successive approximation method, calculation method for combined structures／一体計算法	16
sucking／吸出し	174
suction foundation／サクション基礎	128
sump／釜場	52
sump drainage／釜場排水	52
Super Geo-Material lightweight treated soil／SGM 軽量土	28
Super Open Caisson System／SOCS	202
super well point method／スーパーウェルポイント工法	178
support, bracing／支保工	156
① surcharge method, ② kentledge method／載荷重工法	124
surface creap／表層クリープ	304
surface drainage／表面排水	304
surface failure／表層崩壊	304
surface ground／表層地盤	304
surface of seismic bedrock／地震基盤面	144
surface soil improvement／表層処理工法	304
surplus soil／残土	130
surplus soil／発生土	290
Swedish weight sounding／スウェーデン式サウンディング	178

T

talus, talus cone, scree／崖錐	42

索 引

英語	日本語	ページ
tamper	タンパー	218
tamping roller	タンピングローラ	218
temporary cutoff wall	仮止水壁	52
temporary prop	構真柱	108
tension bar	引張鉄筋	300
tension crack	引張亀裂	300
terminal percussion piling method	最終打撃方式	124
terminal percussion prebored piling method	プレボーリング最終打撃工法	322
terrace	段丘	212
tertiary system, tertiary deposit	第三紀層	204
Terzaghi's equation	テルツァーギ式	242
test banking	試験盛土	140
test drilling	試験掘り	140
test pile	試験杭	140
test pit	テストピット	240
three-components cone penetration test	三成分コーン貫入試験	130
thermal conductivity of soil	土の熱伝導率	234
thin walled tube sampler with fixed piston	固定ピストン式シンウォールサンプラー	120
tidal water level	潮位	226
tie hoop	帯鉄筋	38
timber pile, wooden pile	木杭	60
tip of timber pile	末口	178
toe of slope, foot of slope	法尻	278
toe pressure of direct foundation	端し圧	214
TOFT method	TOFT工法	264
top of slope	法肩	278
top slab	上スラブ	22
top slab	頂版	228
top slab connection method	頂版接合方法	228
top-down construction method	逆打ち工法	126
toppling	トップリング	262
torsional shear test	ねじりせん断試験	276
total overburden pressure	全上載圧	192
total stress analysis	全応力解析	190
total stress analysis	土・水圧一体	258
total stress analysis method	全応力解析法	192
trackbed	道床	250

trafficability／トラフィカビリティ	264
tremie pipe／トレミー管	266
trench cut method／トレンチカット工法	266
trial execution／試験施工	140
trial wedge method／試行くさび法	140
triaxial compression test／三軸圧縮試験	130
T-type pier／T形橋脚	234
two wedge method／2ウエッジ法	232
two wedges method／2くさび｛楔｝法	270

U

U-shape／U形鋼矢板	354
ultimate bearing capacity／鉛直極限支持力	32
ultimate bearing capacity／極限支持力	70
ultimate limit state／終局限界状態	158
ultrasonic testing／超音波探傷試験	226
ultrasonic wave velocity／超音波伝播速度	228
unconfined compression test／一軸圧縮試験	14
unconfined compressive strength／一軸圧縮強さ	14
under flow water／伏流水	310
under pinning／アンダーピニング	10
underwater concrete／水中コンクリート	176
underwater cutting／水中切断	176
undrained shear strength／非排水せん断強度	302
undrained strength ratio／強度増加率	70
uniformity coefficient／均等係数	76
unit skin friction／周面摩擦力度	162
unloading point method／除荷点法	166
unsupported drainage／素掘り排水工	180
unsymmetrical earth pressure／偏土圧	330
unusual soil, problem soil／特殊土	256
uplift, uplift pressure／揚圧力	358
upper limit of bearing capacity／支持力の上限値	142
upper limit of subgrade reaction strength／地盤反力度の上限値	154
upper part embankment／上部盛土	166
upper pile (upper pile unit)／上杭	22

索引

U-type abutment／U 型橋台 …………………………………………… 354
U-type retaining wall／U 型擁壁 ………………………………………… 354

V

vacuum consolidation method／真空圧密工法 ………………………… 170
value of residual settlement／残留沈下量 ……………………………… 136
vane shear strength／ベーンせん断強さ ……………………………… 328
vane shear test／ベーンせん断試験 …………………………………… 328
variable load／変動荷重 ………………………………………………… 332
vegetation works／植生工 ……………………………………………… 168
velocity logging／速度検層 ……………………………………………… 200
velocity response spectrum／速度応答スペクトル …………………… 200
verification based on performance／性能照査型 ……………………… 184
verification based on performance criteria／性能規定型 ……………… 184
verification test／確認試験 ……………………………………………… 44
vertical drain method／バーチカルドレーン工法 ……………………… 280
vertical earth pressure／鉛直土圧 ……………………………………… 34
vertical load test／鉛直載荷試験（杭の）……………………………… 80
vibration compactor／振動コンパクタ ………………………………… 172
vibration deformation of ground during earthquake／地震時地盤変位 … 144
vibrationless and noiseless pile installation method／無振動無騒音工法 …… 346
vibration roller／振動ローラ …………………………………………… 172
vibro-flotation／バイブロフロテーション …………………………… 286
vibro-hammer／バイブロハンマー ……………………………………… 286
vibro-hammer casing method／バイブロケーシング工法 …………… 286
virtual caisson／仮想井筒 ……………………………………………… 46
virtual fixed point／仮想固定点 ………………………………………… 48
virtual retaining wall method／擬似擁壁工法 ………………………… 62
virtual seabed level／仮想海底面 ……………………………………… 48
virtual support point／仮想支持点 …………………………………… 48
void part over a pile／杭の空打ち部 …………………………………… 82
void ratio／間隙比 ……………………………………………………… 56

W

wale／腹起し …………………………………………………………… 292

wall-type foundation／壁式基礎	52
wall-type pier／壁式橋脚	52
wastes disposal and public cleaning act／廃棄物処理法	282
water absorption of coarse aggregate／礫の吸水量	372
water content／含水比	56
water drainage blanket／排水ブランケット	284
water post-proofing／後防水	8
water pre-proofing／先防水	128
waterproofing／防水工	334
watershed, divide／分水界	324
wave pressure formula／波圧公式	282
weathering rock landslide／風化岩地すべり	306
web rebar／腹鉄筋	310
well／ウェル	20
well point method／ウェルポイント工法	20
wet unit weight／湿潤単位体積重量	150
wharf, pier, quay, jetty／岸壁	58
widening of embankment／腹付け盛土	294
wing wall／ウイング	20
wing wall／翼壁	358
working chamber／作業室	128
working datum level／工事用基準面	108

Y

yield earthquake intensity／降伏震度	116
yielding of foundation／基礎の降伏	64
yielding seismic coefficient spectrum／降伏震度スペクトル	116

Z

Z-shape／Z型鋼矢板	188

$\beta \ell$／ベータエル	326
ϕ-material／ϕ材	306

図解　基礎工・土工用語辞典

定価はカバーに
表示してあります

平成 28 年 11 月 20 日　第 1 刷発行
令和 2 年 2 月 10 日　第 2 刷発行

編著者　「図解　基礎工・土工用語辞典」編集委員会
発行所　株式会社 総合土木研究所
代表者　沼倉　多加志
　　　東京都文京区湯島 4-6-12 湯島ハイタウン B-222
　　　☎(03) 3816-3091　FAX(03) 3816-3077　〒 113-0034
　　　ホームページ　http://www.kisoko.co.jp
　　　E-Mail　sogodoboku@kisoko.co.jp
　　　振替　00110-3-119965

Printed in Japan

印刷所　勝美印刷株式会社

落丁本・乱丁本はお取替えいたします。
本書の内容を無断で複写複製（コピー）すると法律で罰せられることがあります。
978-4-915451-18-8 C2051

Ⓒ 2020